U0295757

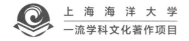

上海海洋大学
一流学科文化著作项目

上海海洋大学档案里的水产品加工及贮藏工程学

汪洁　主编

PROCESSING AND STORAGE OF AQUATIC PRODUCTS MINED FROM
THE ARCHIVE IN SHANGHAI OCEAN UNIVERSITY

上海三联书店

序

档案是人类文明进步的历史足迹，是一代代人劳动、思考、创造的智慧印证。高校档案是大学文脉传承的物质载体，是记载高校创校初心、办学精神、教学科研和大学文化的权威凭证。

上海海洋大学档案馆，藏有上海海洋大学水产品加工及贮藏工程学科一百多年来由创立到发展的各种档案。其中，有学科先驱心怀家国创立水产品加工及贮藏工程学科的使命担当，也有代代学人承前启后、不懈追求、探索创新的动人故事。

2017年，上海海洋大学入选国家"双一流"学科建设高校。学校档案馆萌发挖掘档案文献资源，为水产品加工及贮藏工程学科建设提供一本参考书的想法。学校也认为这是一件非常有意义的工作，有助于温故知新、以史鉴今，有助于为人才培养和知识创新提供百年积淀的文化滋养，于是，编写《档案里的水产品加工及贮藏工程学》一书被正式提上日程。

水产品加工及贮藏是人类一种非常古老的生产活动，以致而今尚无法说清楚最早产生于何时、发端于何地。中国沿海各地发现的众多贝丘遗址，以及河姆渡遗址、良渚遗址、半坡遗址、龙虬庄遗址等出土的鱼骨，零零星星展示了水产品加工及贮藏悠远的历史痕迹。位于黑龙江省密山县大、小兴凯湖之间，距今4000~6000年前的新开流遗址，发现有10座圆形和椭圆形两种小鱼窖。1972年发掘时，出土了大量层层堆放的完整鱼骨。在历史典籍中，对水产品加工及贮藏也多有记述，如《史记》载"鲍千钧"（鲍，即干鱼）。《庖人》载"夏行腒鱐"（鱐，就是干鱼）。古书所记"鱐之可以致远""腌腊糟藏可久存致远"，即包含水产品干制、腌制、酱制、腊制、糟制等加工手段。尽管如此，水产品加工及贮藏工程学正式成为高校讲授传习的一门课程、一门学问、一门学科，对中国人而言却肇始于 1912 年江苏省立水产学校（上海海洋大学前身）成立时开设的制造科。

1904 年，德、日等国侵渔猖獗，翰林院修撰、著名实业家、教育家张謇愤然提出"渔界所至，海权所在也"，向清廷倡议创办水产学校。他以吴淞居中国海岸线中位点，规划在吴淞重点筹措，沿海各省分别筹办。在著名教育家黄炎培襄助下，江苏省立水产学校于 1912 年正式创办，首任校长张镠，初设渔捞、制造二科。时光飞逝，一百多年如白驹过隙，经过代代师生接续奋斗，水产品加工及贮藏工程学已发展成为一门关系国计民生的重要学科。抚今追昔，成果斐然。该学科由 20 世纪初在吴淞口炮台湾因陋就简草创，历经一百多年筚路蓝缕、艰苦奋斗，逐步从上海走向长三角、走向华东地区、走向全国、放眼世界，发展成为众多高校和科研院所的主干学科之一。如今在尘封的历史档案里，寻访这一学科的发展谱系，俨然看到一颗小小的树种顽强地成长为一棵参天大树的生命谱系。

水产品加工及贮藏工程学在历史发展中创造了光辉灿烂的业绩、生动感人的故事和铿锵有力的精神。遗憾的是，由于一百多年跌宕起伏的国内外局势，有的业绩和故事不幸湮灭在战火狼烟里，有的遗失在奔腾不息的历史长河里……幸运的是有些得以保存传承下来，成为上海海洋大学档案馆弥足珍贵的档案文化遗产。如今翻开这些发黄的档案文页，似乎缺少鲜亮夺目的动人画面，没有余音绕梁的天籁之音，不见一呼百应的慷慨陈词，有的只是朴实的记述、模糊的相片、发黄的凭证，然而在这些档案资料中却折射着一种由内而外的生命张力、一种饱含家国情怀的热切和从容，一种追求民族梦想、学科梦想、产业梦想壮怀激烈的"渔歌渔号子"。其中人物星光璀璨，既有奠定中国水产品加工及贮藏工程学之基的前辈，也有中流续力、继往开来的大家名师；既有中国水产品加工及贮藏工程学科的顶层设计师、规划师，也有学有专长、福及千家万户的专家学者……可谓江海滔天、代有英才、后浪推前浪。

驻足回首,心潮澎湃;展望未来,热血沸腾。从档案视角梳理水产品加工及贮藏工程学科的酝酿与发展,是高校档案工作服务学科建设的有益尝试,有助于用权威的历史凭证书写代代学者的睿智、坚忍、壮志与豪情,讲述水产品加工及贮藏工程学科的发展史、奋斗史、创新史,呈现内蕴其中的隽永的学术精神、创新精神,为水产品加工及贮藏工程学科建设提供有价值的启示。当然,由于档案搜集的有限性、档案资料本身的历史局限性,以及撰写者能力所限,本书或许只是水产品加工及贮藏工程学科史当中的一朵浪花。"苔花如米小,也学牡丹开"。希望通过这浪花一朵,能取得一斑窥全豹之效,为水产品加工及贮藏工程学科创新发展、再创光荣与梦想提供镜鉴。

上海海洋大学校长 万 荣

2024 年 3 月 7 日

目 录

校名变更

上海海洋大学前身为民国元年（1912年）创办于吴淞炮台湾的江苏省立水产学校。

自1912年创办江苏省立水产学校至2023年上海海洋大学，一百多年来，学校校名历经十一次变更如下：

首创校名： 江苏省立水产学校（1912.12—1927.11）
第一次更名： 第四中山大学农学院水产学校（1927.11—1928.2）
第二次更名： 江苏大学农学院水产学校（1928.2—1928.5）
第三次更名： 国立中央大学农学院水产学校（1928.5—1929.7）
第四次更名： 江苏省立水产学校（1929.7—1937.8）
第五次更名： 上海市吴淞水产专科学校（1947.6—1951.3）
第六次更名： 上海水产专科学校（1951.3—1952.8）
第七次更名： 上海水产学院（1952.8—1972.5）
第八次更名： 厦门水产学院（1972.5—1979.5）
第九次更名： 上海水产学院（1979.5—1985.11）
第十次更名： 上海水产大学（1985.11—2008.3）
第十一次更名： 上海海洋大学（2008.3—　　）

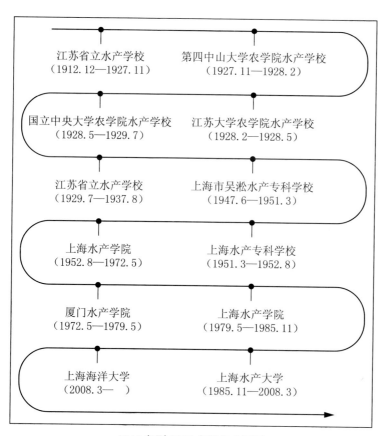

江苏省立水产学校
（1912.12—1927.11）

第四中山大学农学院水产学校
（1927.11—1928.2）

国立中央大学农学院水产学校
（1928.5—1929.7）

江苏大学农学院水产学校
（1928.2—1928.5）

江苏省立水产学校
（1929.7—1937.8）

上海市吴淞水产专科学校
（1947.6—1951.3）

上海水产学院
（1952.8—1972.5）

上海水产专科学校
（1951.3—1952.8）

厦门水产学院
（1972.5—1979.5）

上海水产学院
（1979.5—1985.11）

上海海洋大学
（2008.3—   ）

上海水产大学
（1985.11—2008.3）

1912 年到 2022 年校名变更图

图 1　江苏省立水产学校校门

图 2　江苏省立水产学校校景

图 3　上海海洋大学校门

图 4 上海海洋大学校景

图 5　上海海洋大学校景

上篇　学科追忆

一、学科含义

"民以食为天"，新鲜优质的食品与人类的健康有着密切的关系。水产品富含优质蛋白质，但水产品非常容易变质腐败，出水后必须采用保鲜手段，才能使其保持在较新鲜的食用状态。中国古代劳动人民很早就采用冷藏的方法来维持食物的新鲜度。距今约 3000 年前，中国就有了保藏食物的"冰鉴"，《周礼》中记载："祭祀供冰鉴。"《诗经》中有冬季凿冰储藏，供夏季食用的记载。周代专门设有管理冷藏食物的官职"凌人"。明代诗人于慎行《赐鲜鲥鱼》诗云："六月鲥鱼带雪寒，三千江路到长安。"鲥鱼是我国特有的一种珍稀名贵经济鱼类，自古是江南水中珍品。江南的鲥鱼，在六月炎热的天气下，经三千里路，运到长安后还能"带雪寒"，其所用的冷藏工具，即明代诗人何景明《鲥鱼》诗云"炎天冰雪护江船"的冰船。中国古代宫廷和民间冷藏食物所使用的冰全部是天然冰。近代水产保鲜加工起源于 20 世纪初，1908 年后，大连、青岛、烟台、威海、上海等地陆续建造了渔用制冰厂和冷库。机冰的使用，促进了水产品保鲜事业的发展。

中国水产品加工历史悠久，加工方式多样，传统加工方法主要为干制和腌制，传统加工特点为"一把刀、二把盐、晒三天"，方法简单，但卫生质量差。此外，还有熏制、糟制和发酵等。随着食品工业的发展和科技水平的不断提高，人们对食品质量要求日益提高，人们不再满足维持生存所需要的初级食品，而要通过工业加工提供品质优良、安全卫生、营养合理、品种多样、富有风味、方便实惠的食品，以满足不同年龄、职业、劳动强度、健康状况等的各种需求。进入 21 世纪，随着世界人口的不断增长，人类对资源的需求快速增加，人类的食品问题显得尤为严峻，水产品能提供优质的蛋白质资源，改善饮食结构，各国科学家们极为关注海洋和淡水生物的可持续利用，从而进一步推动了水产品加工及贮藏技术的研究和开发，促进了水产品加工及贮藏工程学科的发展和提高。

关于水产品加工及贮藏工程学科，在上海海洋大学档案馆馆藏的《水产》第四期（1922年7月）、《水产辞典》（2007年7月）、《上海海洋大学传统学科专业与课程史》（2012年10月）中已有较详细阐述。

在1922年7月江苏省立水产学校校友会发行的《水产》第四期"学艺"栏中冯立民《水产学是什么》一文中，对水产品加工及贮藏工程学科（即下文中所指的制造学）是这样阐述的：

水产学是什么

冯立民[1]

『水产』『水产』的声浪，一天一天的闹得大起来了；这果然是很可喜的现象。可是『水产学』是什么？他的定义和界说到底是怎样？——这问题当然是一个很重要的问题。现在我先把我的意见写出来，和大家讨论讨论：

……

可是那时所称的水产业，不过代表『渔捞』的永久行为；后来技术进步，捕得很多，不能当时如数交易，于是就用旁的方法贮藏起来，这就称『制造』。水产食料的需求，其后竟成为人类的一种习惯；可是渔捞的行为，因为别种自然力的阻碍，不能为水平的进行；制造和渔捞有联带关系，当然也是一样；所以后来又预先饲畜水产。以补渔捞和制造的不及；这就称『养殖』。所以水产业中，实包含渔捞、制造、养殖三种；这三种的学问，就称『渔捞学』、『制造学』、『养殖学』；总称之曰『水产学』。

……

---

[1] 冯立民（1899—1961.5）字宝颖，江苏宝山（今上海市宝山区）人。1918年1月，江苏省立水产学校渔捞科毕业。1924年8—12月，任江苏省立水产学校校长，1929年1月，再次担任江苏省立水产学校校长。

图 1-1　江苏省立水产学校校友会发行的《水产》第四期封面（1922 年 7 月）

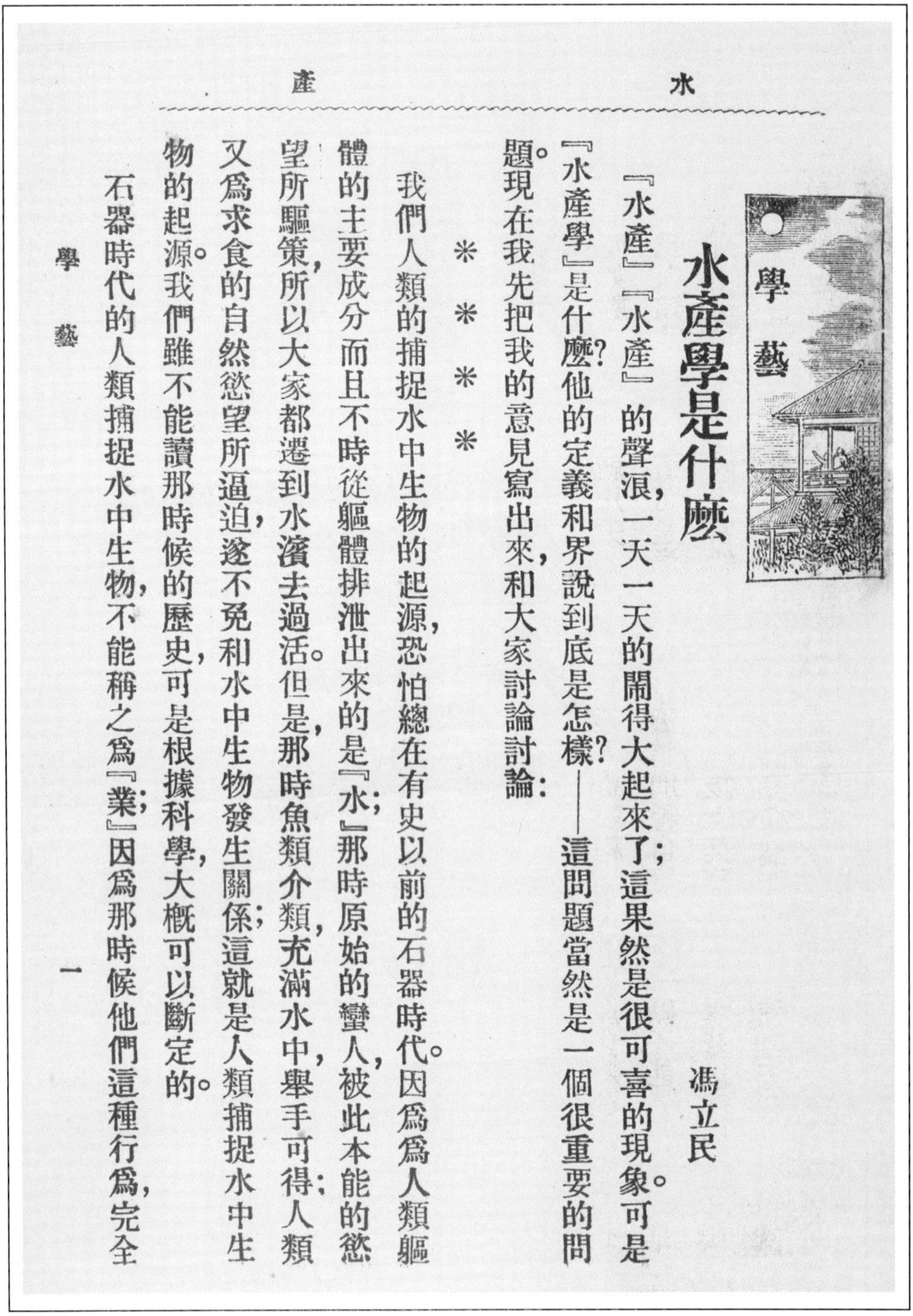

水 產

學 藝

水產學是什麼

馮立民

『水產』『水產』的聲浪，一天一天的鬧得大起來了；這果然是很可喜的現象。可是『水產學』是什麼?他的定義和界說到底是怎樣?——這問題當然是一個很重要的問題。現在我先把我的意見寫出來和大家討論討論：

* * * *

我們人類的捕捉水中生物的起源，恐怕總在有史以前的石器時代。因為人類軀體的主要成分而且不時從軀體排泄出來的是『水』那時原始的蠻人被此本能的慾望所驅策，所以大家都遷到水濱去過活。但是那時魚類介類充滿水中舉手可得人類又為求食的自然慾望所逼迫，遂不免有那時候的歷史可是根據科學大概可以斷定的。

石器時代的人類捕捉水中生物，不能稱之為『業』因為那時候他們這種行為，完全

學藝

物的起源我們雖不能讀那時候的歷史可是根據科學大概可以斷定的。

一

图 1-2　1922 年 7 月江苏省立水产学校校友会发行的《水产》第四期中对水产品加工及贮藏工程学（即文中所指的制造学）的阐述

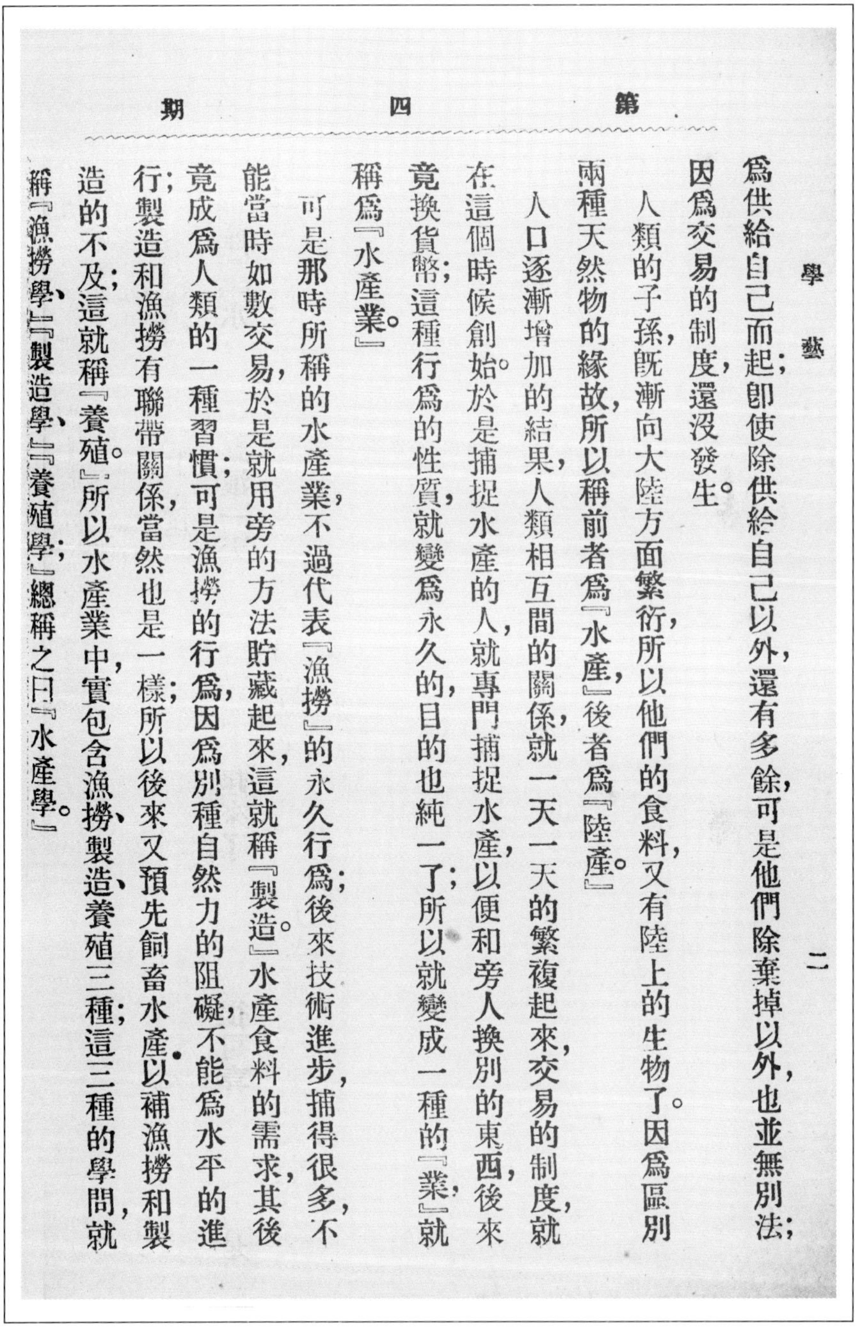

學藝

第　四　期

二

為供給自己而起，即使除供給自己以外，還有多餘，可是他們除棄掉以外也並無別法；

因為交易的制度還沒發生

人類的子孫，既漸漸向大陸方面繁衍，所以他們的食料，又有陸上的生物了。因為區別

兩種天然物的緣故所以稱前者為「水產」，後者為「陸產」。

人口逐漸增加的結果，人類相互間的關係，就一天一天的繁複起來，交易的制度，就

在這個時候創始於是捕捉水產的人，就專門捕捉水產以便和旁人換別的東西後來

竟換貨幣，這種行為的性質就變為永久的目的也純一了，所以就變成一種的「業」就

稱為「水產業」。

可是那時所稱的水產業，不過代表「漁撈」的永久行為；後來技術進步捕得很多，不

能當時如數交易，於是就用旁的方法貯藏起來，這就稱「製造」。水產食料的需求其後

竟成為人類的一種習慣；可是漁撈的行為因別種自然力的阻礙不能為水平的進

行；製造和漁撈有聯帶關係當然也是一樣，所以後來又預先飼畜水產以補漁撈和製

造的不及，這就稱「養殖」。所以水產業中實包含漁撈、製造養殖三種這三種的學問就

稱『漁撈學』『製造學』『養殖學』總稱之曰『水產學』。

图1-3　1922年7月江苏省立水产学校校友会发行的《水产》第四期中对水产品加工及贮藏工程学（即文中所指的制造学）的阐述

在 2007 年 7 月水产辞典编辑委员会编撰、上海辞书出版社出版的《水产辞典》中，水产品贮藏与加工学定义是这样写的：

水产品贮藏与加工学（sciences of aqua-products preservation and process）研究水产品原料的特性、保鲜、贮藏与加工的原理及其技术工艺的应用学科。是渔业科学分支之一。按研究内容，可分为：研究原料特性的"水产品原料学"；研究水产生物的化学特性，以及贮藏和加工过程中有关成分的化学变化或质变机理的"水产品食品化学"；研究加工水产食品和综合利用技术的"水产品综合利用工艺学"，其他尚有水产食品科学、水产食品工程和水产冷藏工艺学等。

图 1-4 《水产辞典》封面（2007 年 7 月）

生物饵料培养学（science of live food culture）研究生物饵料的筛选、培养及营养价值评价等的应用学科。主要研究筛选易于人工大量培养、满足水产经济动物特定阶段生长发育所需的饵料种类；在特定环境条件下的生物饵料种群生理生态、生长繁殖特性和规模化培养的理论，提高培养的技术水平；根据水产经济动物的营养需求，研究和评价生物饵料的营养价值，提高发育成活率和变态率等。

水产动物遗传育种学（aqua-animal genetics and breeding）　水产增养殖学分支之一。包括水产动物遗传学和水产动物育种学等。前者研究水产动物遗传与变异规律；后者研究水产动物育种的原理与方法。两者的关系极为密切，前者是后者的理论基础，后者又是前者的实际应用。

水产动物医学（aqua-animal medicine）　研究鱼类、甲壳类（虾、蟹）、贝类、两栖类（蛙）和爬行类（龟、鳖）等水产动物疾病发生的原因、流行规律以及诊断、预防和治疗的应用学科。包括水产动物疾病学、水产动物病原学、水产动物病理学、水产动物免疫学和水产动物药理学等。是动物医学的重要组成部分，也是水产增养殖学的分支之一。对控制水产动物病害大规模暴发，提高水产品产量和质量，减少水域的污染和保持良好的生态环境具有重要意义。

水产动物病原学（aqua-animal pathobiology）　亦称"水产动物病原生物学"。研究鱼类等水产动物病原生物（病毒、细菌、真菌和寄生虫等）形态、结构、生命活动规律，以及与机体相互关系的学科。可为水产动物疾病的诊断和防治等提供科学依据。至今，在中国对绝大多数寄生虫病的病原机理已经研究清楚，并掌握了防治方法。对细菌性疾病的诊断和防治上有明显的进展。对病毒性疾病已能从机体水平进展到细胞水平和分子水平，为进一步研究、诊断和治疗创造了条件。

水产动物病原生物学　即"水产动物病原学"。

水产动物免疫学（aqua-animal immunology）　研究鱼类等水产动物免疫性、免疫反应和免疫现象的学科。因免疫学的发展和应用，其分支学科主要有免疫生物学、免疫化学、免疫生理学和免疫遗传学等。都可为水产动物疾病的诊断和防治等提供理论基础和实用方法，其中酶联免疫吸附试验已制备出检测草鱼出血病、传染性胰腺坏死病、传染性造血组织坏死病的试剂盒，点酶法已制备出检测嗜水气单胞菌"HEC"毒素的试剂盒。

水产品贮藏与加工学（sciences of aqua-products preservation and process）　研究水产品原料的特性、保鲜、贮藏与加工的原理及其技术工艺的应用学科。是渔业科学分支之一。按研究内容，可分为：研究原料特性的"水产品原料学"；研究水产生物的化学特性，以及贮藏和加工过程中有关成分的化学变化或质变机理的"水产食品化学"；研究加工水产食品和综合利用技术的"水产品综合利用工艺学"，其他尚有水产食品科学、水产食品工程和水产冷藏工艺学等。

水产食品化学（aqua-food chemistry）　以化学的观点、方法，研究鱼、虾、贝、藻等水产原料的主要组分的化学成分、结构、营养和安全等性质，及其加工贮藏过程中的变化规律与其对水产食品品质、营养和安全性影响的应用学科。是水产品贮藏与加工学分支之一。为解决水产食品加工贮藏技术中有关化学问题提供理论依据。

水产食品科学（food science of aqua-products）主要研究鱼、虾、贝、藻等水产品加工原料的生物化学、营养、安全和品质等特性，及其在加工与贮藏过程中的变化与机理的应用学科。是水产品贮藏与加工学分支之一。为水产品的高度利用与水产食品加工业的发展提供科学依据。

水产食品工程（food engineering for aqua-products）　研究水产食品加工过程中的加工单元操作、生产流程、设备运行，以及各加工单元的相互关系和影响因素的应用学科。是水产品贮藏与加工学分支之一，也是食品工程与水产学的交叉学科。使传统的、以手工操作为主的水产食品加工发展成以机械操作为主，为实现连续化、半自动化或自动化等提供科学依据。

水产品冷藏工艺学（aqua-food cold storage technology）　研究利用人工制冷贮藏水产品和加工水产食品的理论和工艺的应用学科。是水产品贮藏与加工学分支之一。主要研究：水产品冷藏的基本原理；水产品冷却、冷藏、冻结、冻藏、解冻的理论、方法和设备；水产品在冷藏过程中的物理、化学及组织学的变化；水产冷冻食品的加工、贮藏、流通方法及质量控制等。

水产品综合利用工艺学（utilization technology of aqua-products）　研究水产品食用与非食用加工利用的原理与方法的应用学科。是水产品贮藏与加工学分支之一。主要研究：应用现代加工技术开发水产加工食品；利用水产品及其加工废弃物研制工业用品、农业用品、医药品及装饰工艺品等。为实现渔业资源的高度有效利用，提高其附加值，并对促进水产养殖、捕捞和加工的良性循环和渔业资源的可持续发展起着重要的作用。

海洋生物制药学（marine biological pharmacology）研究海洋药用生物及其药理活性物质的理论和临床试

图1-5　2007年7月《水产辞典》中的水产品贮藏与加工学定义

在 2012 年 10 月潘迎捷、乐美龙主编，上海人民出版社出版的《上海海洋大学传统学科、专业与课程史》中，有如下水产品加工及贮藏工程学科定义：

> 水产品加工及贮藏工程学科是以水产资源加工利用为学科原点，应用食品科学与食品工程原理，对水产经济动植物原料采用物理、化学、生物技术和工程学等方法，研究其保藏、加工工艺和综合利用的一门具有多学科内涵的应用学科。

图 1-6 《上海海洋大学传统学科、专业与课程史》封面（2012 年 10 月）

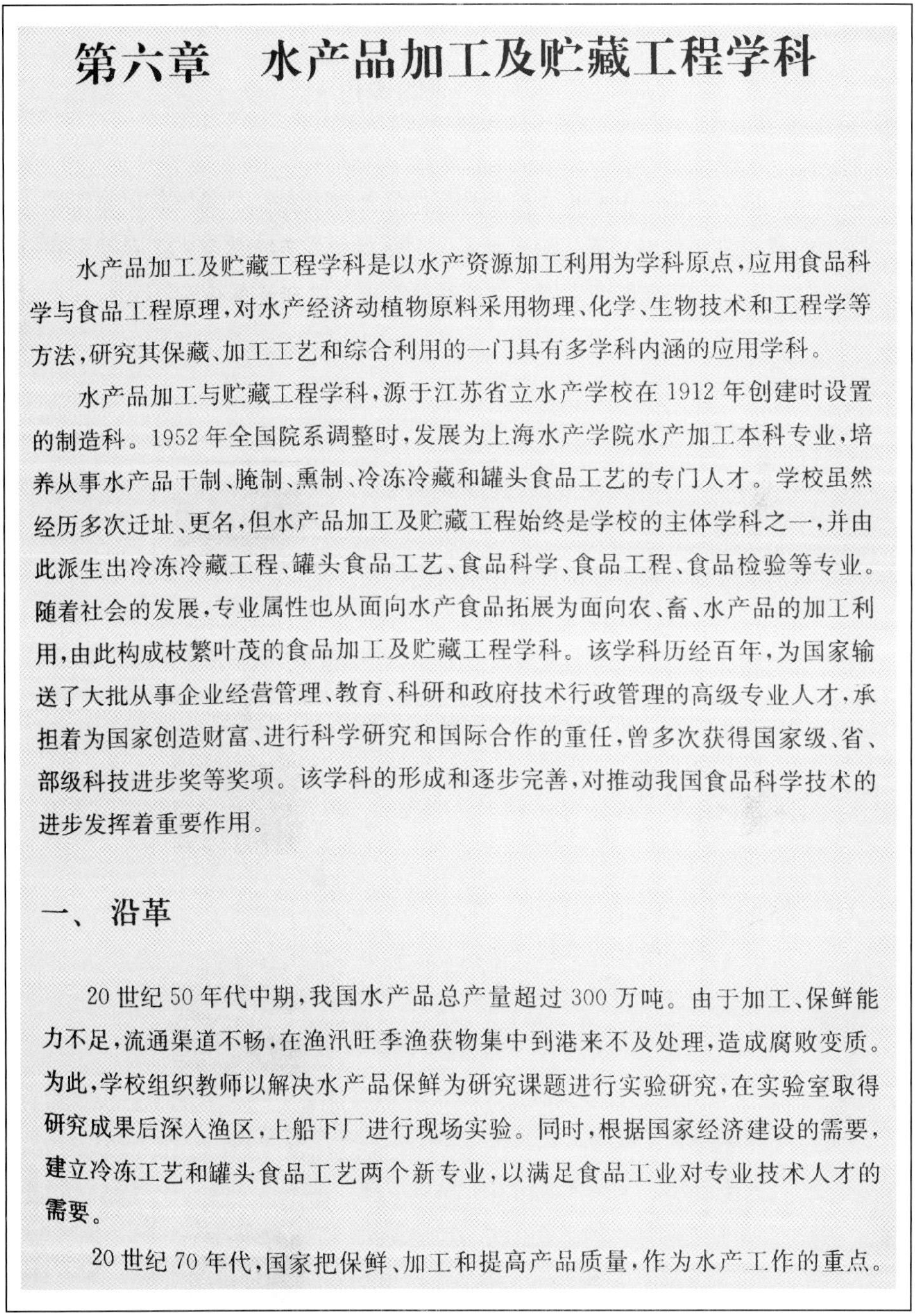

第六章　水产品加工及贮藏工程学科

水产品加工及贮藏工程学科是以水产资源加工利用为学科原点,应用食品科学与食品工程原理,对水产经济动植物原料采用物理、化学、生物技术和工程学等方法,研究其保藏、加工工艺和综合利用的一门具有多学科内涵的应用学科。

水产品加工与贮藏工程学科,源于江苏省立水产学校在 1912 年创建时设置的制造科。1952 年全国院系调整时,发展为上海水产学院水产加工本科专业,培养从事水产品干制、腌制、熏制、冷冻冷藏和罐头食品工艺的专门人才。学校虽然经历多次迁址、更名,但水产品加工及贮藏工程始终是学校的主体学科之一,并由此派生出冷冻冷藏工程、罐头食品工艺、食品科学、食品工程、食品检验等专业。随着社会的发展,专业属性也从面向水产食品拓展为面向农、畜、水产品的加工利用,由此构成枝繁叶茂的食品加工及贮藏工程学科。该学科历经百年,为国家输送了大批从事企业经营管理、教育、科研和政府技术行政管理的高级专业人才,承担着为国家创造财富、进行科学研究和国际合作的重任,曾多次获得国家级、省、部级科技进步奖等奖项。该学科的形成和逐步完善,对推动我国食品科学技术的进步发挥着重要作用。

一、沿革

20 世纪 50 年代中期,我国水产品总产量超过 300 万吨。由于加工、保鲜能力不足,流通渠道不畅,在渔汛旺季渔获物集中到港来不及处理,造成腐败变质。为此,学校组织教师以解决水产品保鲜为研究课题进行实验研究,在实验室取得研究成果后深入渔区,上船下厂进行现场实验。同时,根据国家经济建设的需要,建立冷冻工艺和罐头食品工艺两个新专业,以满足食品工业对专业技术人才的需要。

20 世纪 70 年代,国家把保鲜、加工和提高产品质量,作为水产工作的重点。

图 1-7　2012 年 10 月《上海海洋大学传统学科、专业与课程史》中
水产品加工及贮藏工程学科定义

二、创设初心

清朝末期，清政府积贫积弱，清廷懦弱无能，沙俄、德、日等国对我国沿海侵渔猖獗。清末状元、时任翰林院修撰张謇向清廷商部提议创办水产、商船两学校，以护渔权而张海权、兴渔利而助商战。

民国元年（1912 年）初，江苏省临时省议会知会于民国元年预算案内议决设立水产学校。

民国元年（1912 年）5 月 9 日，江苏都督委任日本东京水产讲习所归国留学生张镠为水产学校建校筹办员。

民国元年（1912 年）12 月 6 日，上海海洋大学前身——江苏省立水产学校创立，江苏都督委仼张镠为校长。

民国元年（1912 年）10 月，时任水产学校建校筹办员的张镠向江苏都督递交《呈都督胪陈本校办法文》，提出拟先设渔捞、制造两科，并在文中阐述设立制造科的原因和必要。

在民国四年（1915 年）《江苏省立水产学校之刊》（第一刊）中，记载民国元年（1912 年）10 月，张镠向江苏都督递交《呈都督胪陈本校办法文》：

呈都督胪陈本校办法文　　民国元年十月　日

为呈请事，窃镠于本年六月十九日将前往吴淞踏勘校址并以先行开办续筑校舍理由分别呈报在案。正拟编订预算筹备进行，忽于九月一日严父见背，方寸已乱。对于学校筹备各事，不得不暂时搁置。兹奉到民政司函催呈报二年度预算案，方知限期已过，抱歉殊深。爰就管见所及，分条胪列，呈请核准遵行。须至呈者，

右呈江苏都督程

谨拟办法如下：

一程度遵照教育部令甲种实业学校办法。

一拟先设渔捞制造两科，五年后续办养殖科。

……

（乙）查日本水产物输入我国累年比较表内，明治三十三年水产制造物输入我国总额计日金二百万一千余圆，其后逐年加增。至昨年仅咸鱼一项，骤增至二百万圆，合计总额不下千万金。考其理由，大率闽浙粤三省渔获物年减一年，而内国之需用，不得不仰给于咸鱼。其次则以各省拟还赔款，举办各种新政，入不敷出，辄加盐税，盐税增而盐价益高。日人乘之，竭力以咸鱼输入。小民争买，惟恐不得。邻之利，我之害也。此改良制造之所必要也。

图 1-8 1915 年《江苏省立水产学校之刊》(第一刊)封面

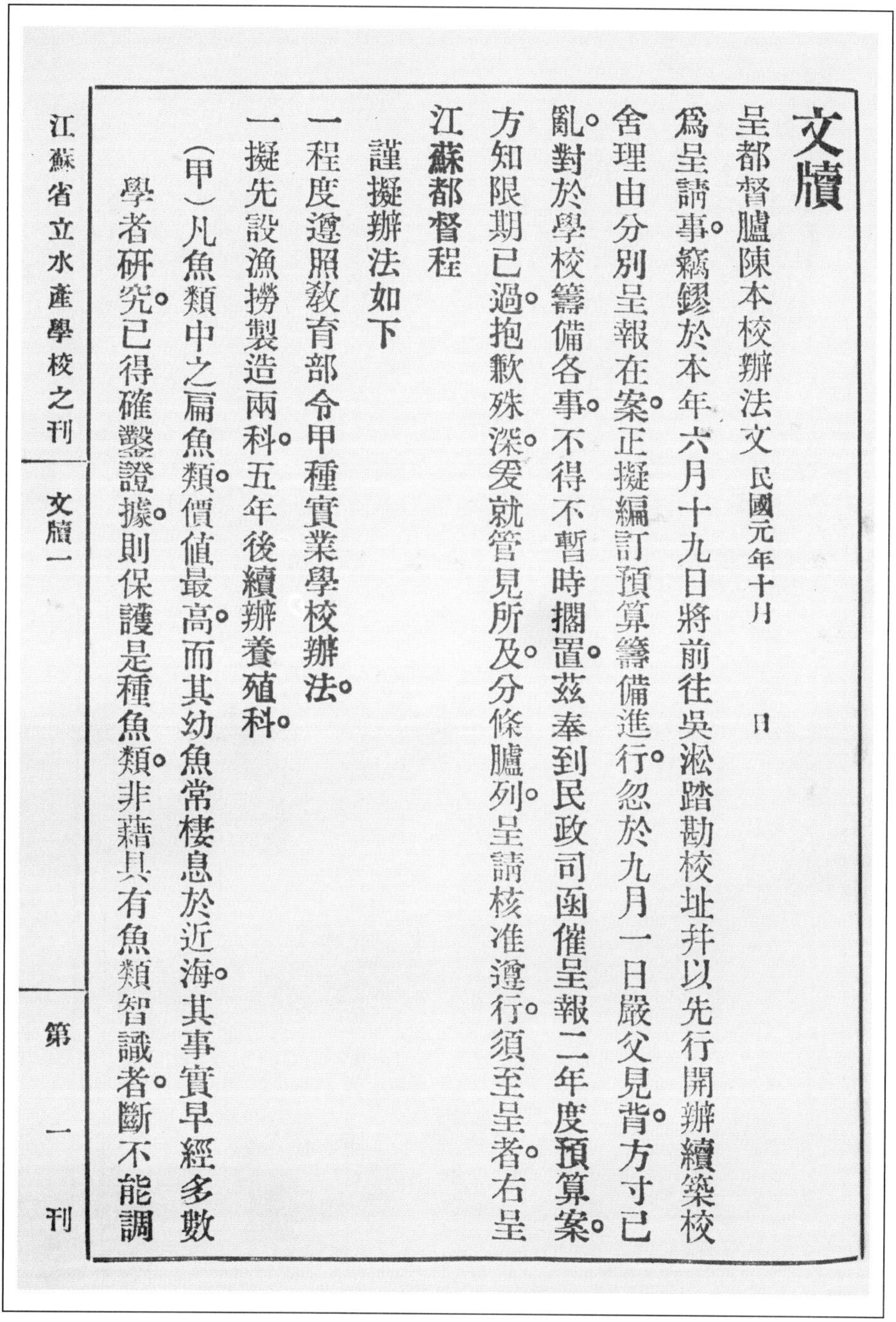

文牘

呈都督臚陳本校辦法文　民國元年十月　日

為呈請事竊鏐於本年六月十九日將前往吳淞踏勘校址並以先行開辦續築校舍理由分別呈報在案正擬編訂預算籌備進行忽於九月一日嚴父見背方寸已亂對於學校籌備各事不得不暫時擱置茲奉到民政司函催呈報二年度預算案方知限期已過抱歉殊深就管見所及分條臚列呈請核准遵行須至呈者右呈

江蘇都督

謹擬辦法如下

一程度遵照教育部令甲種實業學校辦法。

一擬先設漁撈製造兩科五年後續辦養殖科。

（甲）凡魚類中之扁魚類價值最高而其幼魚常棲息於近海其事實早經多數學者研究已得確鑿證據則保護是種魚類非藉具有魚類智識者斷不能調

江蘇省立水產學校之刊　文牘一

第一刊

图 1-9　1915年《江苏省立水产学校之刊》(第一刊)中记载民国元年十月（1912年10月）《呈都督胪陈本校办法文》

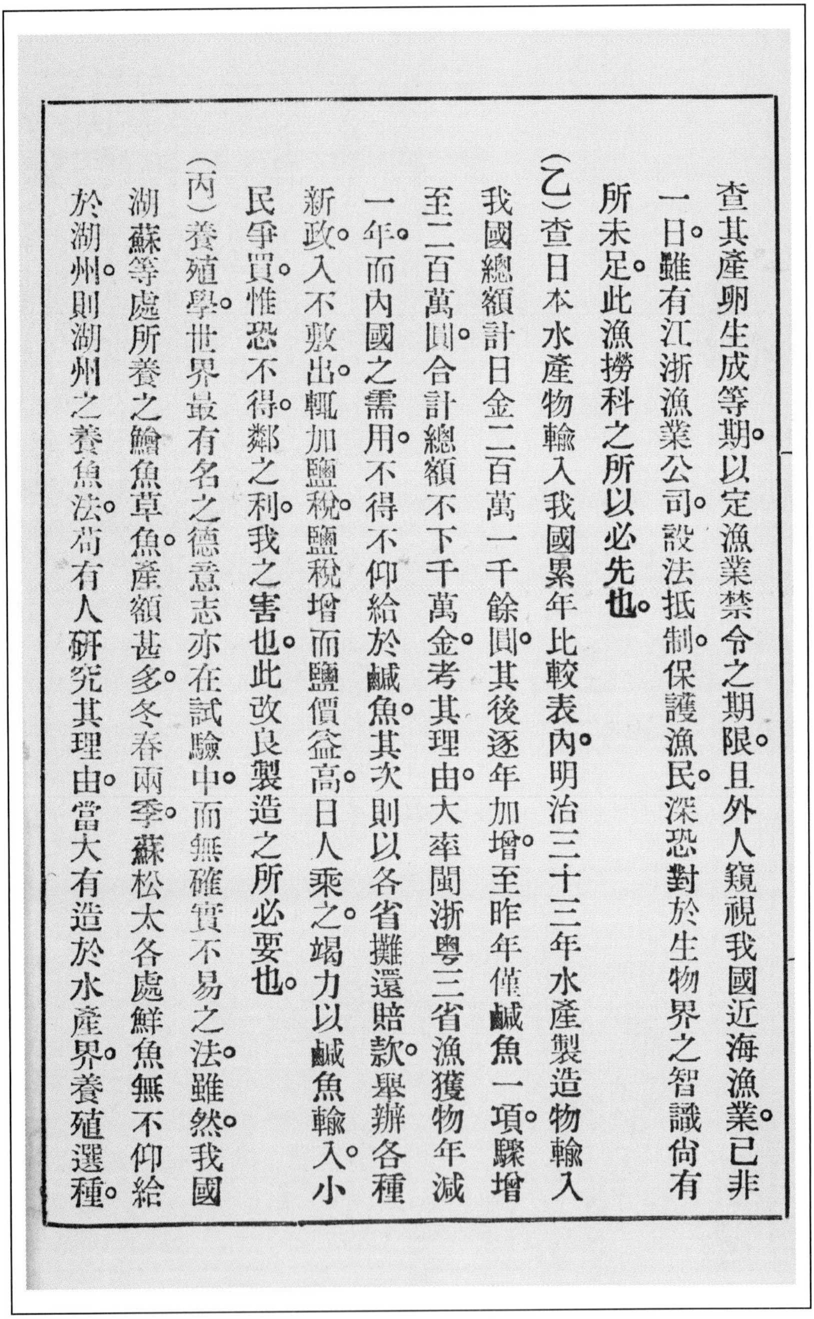

查其產卵生成等期。以定漁業禁令之期限。且外人窺視我國近海漁業已非

一日。雖有江浙漁業公司設法抵制保護漁民深恐對於生物界之智識尚有

所未足此漁撈科之所以必先也。

（乙）查日本水產物輸入我國累年比較表內明治三十三年水產製造物輸入

我國總額計日金二百萬一千餘圓其後逐年加增至昨年僅鹹魚一項驟增

至二百萬圓合計總額不下千萬金考其理由大率閩浙粵三省漁獲物年減

一年而內國之需用不得不仰給於鹹魚其次則以各省攤還賠款舉辦各種

新政入不敷出輒加鹽稅鹽價益高日人乘之竭力以鹹魚輸入小

民爭買。惟恐不得鄰之利我之害也此改良製造之所必要也。

（丙）養殖學世界最有名之德意志亦在試驗中。而無確實不易之法雖然我國

湖蘇等處所養之鱔魚草魚產額甚多冬春兩季蘇松太各處鮮魚無不仰給

於湖州則湖州之養魚法苟有人研究其理由當大有造於水產界養殖選種。

图 1-10　1915 年《江苏省立水产学校之刊》（第一刊）中记载民国元年十月
（1912 年 10 月）《呈都督胪陈本校办法文》

三、历史沿革

上海海洋大学水产品加工及贮藏工程学起源于民国元年（1912年）江苏省立水产学校初创时设立的制造科。

一百多年来，水产品加工及贮藏工程学与学校同发展共命运，与国家经济建设需要和产业发展相始终。该学科从无到有，从稚嫩、逐步完善到日臻强大，承担着为国家创造财富、开展科学研究和国际合作的重任，为国家培养和输送了大批教育、科研、行政管理、企业经营管理等高级专业人才，承担的国家级、省部级项目，多次获国家级、省部级科技进步奖等奖项，为我国食品科学技术的进步和水产事业的发展作出了重要贡献。

上海海洋大学水产品加工及贮藏工程学科百年发展历程，在上海海洋大学档案馆厚重的档案里留下了珍贵的记载和真实的痕迹，该学科发展大体可分为 5 个时期。

（一）江苏省立水产学校时期

民国元年（1912年），上海海洋大学的前身——江苏省立水产学校初创时，设置了制造科。

创办初期，学校非常重视实践实习教学。通过实践实习，丰富制造科教学，提高学科水平。

在民国四年（1915年）《江苏省立水产学校之刊》（第一刊）中，记载制造科学生在进行显微镜观察实习和分析实习的图片如下：

(科 造 製)　習　實　鏡　微　顯

图 1-11　1915 年《江苏省立水产学校之刊》(第一刊) 中制造科学生
在进行显微镜观察实习的图片

（科造製）　習　　實　　析　　分

图 1-12　1915 年《江苏省立水产学校之刊》(第一刊) 中
制造科学生在进行分析实习的图片

实践实习的主要内容有盐藏品加工、干制品加工、罐头制品制造、瓶装食品实习、综合利用实习、制盐、化学分析实习、生物专业实习、制造工场管理等。

民国四年（1915年）《江苏省立水产学校之刊》（第一刊）中记载如下：

制造科

……

……发轫之初，基础未定。首拟由浅入深，由小及大。先备人力手机，推而至于动力器械。广集罐材涂料，逐一试验。并设化学分析室、细菌研究室。藉得学理之真相，免除制造上之缺点。兹以实习各科分类述之：

盐藏品　石首鱼　黄花鱼　带鱼　虎鱼　勒鱼（俗曰鲞鱼）等

干制品　乌贼鲞　干虾　银鱼　明骨　鱼肚　鱼翅　堆翅
　　　　海参　鲍鱼　干贝　紫菜　海带　洋菜（日名寒天）等

罐诘品　制罐　水煮　调味　油渍　糖渍　酱渍等

坛诘品　水煮　熏制　糖渍等

化制品　鱼油蜡之精制　制革　碘　鱼胶　肥料等

制盐　　采卤　煎制　晒制　精制

分析　　定性　定量　容量

生物学　鱼类之解剖　细菌之培养　显微镜使用法

管理法　制造场管理法

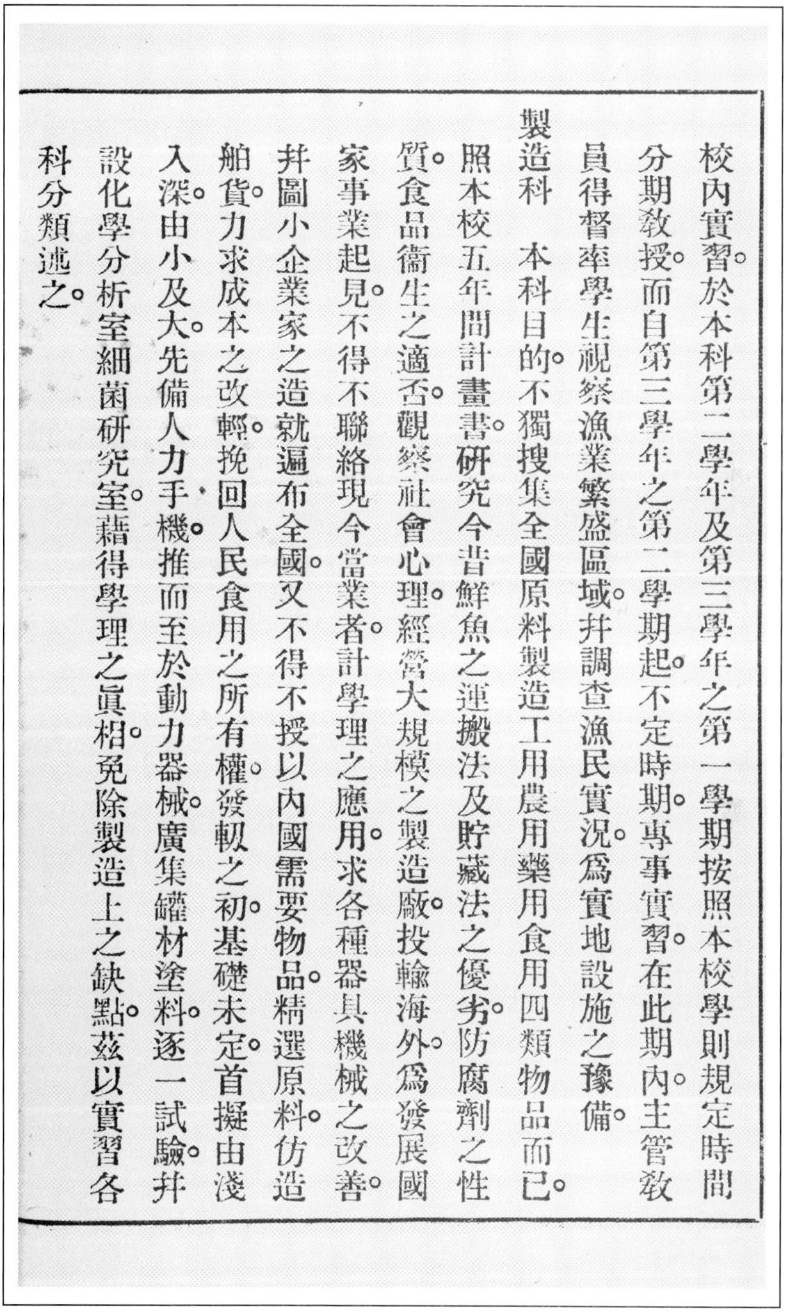

校內實習。於本科第二學年及第三學年之第一學期按照本校學則規定時間分期教授而自第三學年之第二學期起不定時期專事實習在此期內主管教員得督率學生視察漁業繁盛區域并調查漁民實況為實地設施之豫備。

製造科　本科目的不獨搜集全國原料製造工用農用藥用食用四類物品而已。照本校五年間計畫書研究今昔鮮魚之運搬法及貯藏法之優劣防腐劑之性質食品衛生之適否觀察社會心理經營大規模之製造廠投輸海外為發展國家事業起見不得不聯絡現今當業者計學理之應用求各種器具機械之改善并圖小企業家之造就遍布全國又不得不授以內國需要物品精選原料仿造舶貨力求成本之改輕挽回人民食用之所有權發軔之初基礎未定首擬由淺入深由小及大先備人力手機推而至於動力器械廣集罐材塗料逐一試驗并設化學分析室細菌研究室藉得學理之眞相免除製造上之缺點茲以實習各科分類述之。

图 1-13　1915 年《江苏省立水产学校之刊》（第一刊）中记载的制造科实践实习内容

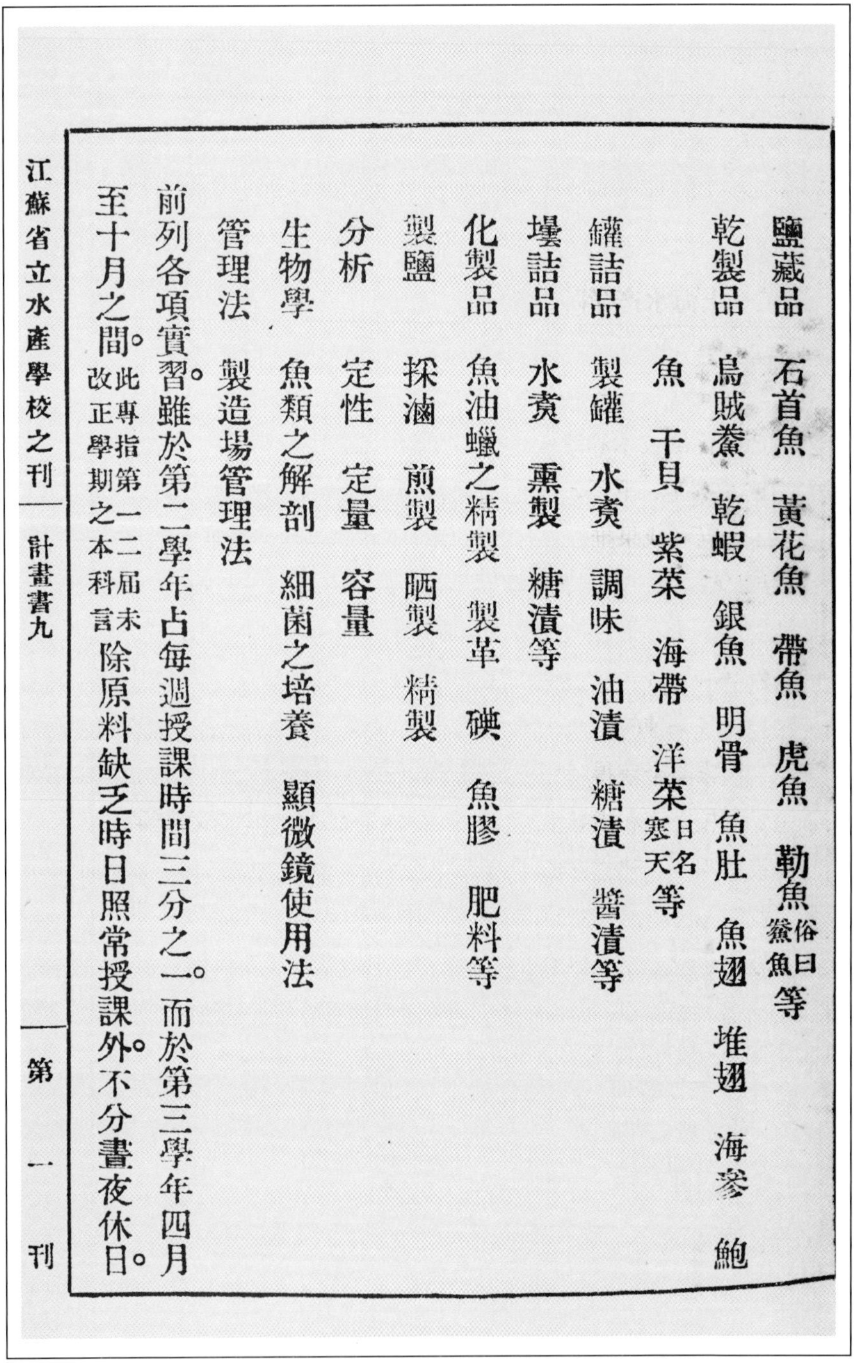

鹽藏品　石首魚　黃花魚　帶魚　虎魚　勒魚（俗曰鰳魚）等
乾製品　烏賊鯗　乾蝦　銀魚　明骨　魚肚　魚翅　堆翅　海參　鮑魚　干貝　紫菜　海帶　洋菜（日名寒天）等
罐詰品　製罐　水煮　調味　油漬　糖漬　醬漬等
壜詰品　水煮　熏製　糖漬等
化製品　魚油蠟之精製　製革　碘　魚膠　肥料等
製鹽　採滷　煎製　晒製　精製
分析　定性　定量　容量
生物學　魚類之解剖　細菌之培養　顯微鏡使用法
管理法　製造場管理法
前列各項實習。雖於第二學年占每週授課時間三分之一。而於第三學年四月至十月之間。（此專指第一二屆末改正學期之本科言）除原料缺乏時日照常授課外。不分晝夜休日。

江蘇省立水產學校之刊——計畫書九　第一刊

图 1-13　1915 年《江苏省立水产学校之刊》（第一刊）中记载的制造科实践实习内容

（二）上海水产学院时期

该时期，学校积极推行教学、科研与生产实践相结合。组织师生开展水产品保鲜技术和罐头的实验研究，在实验室取得研究成果后，深入渔区、上船、下厂，进行调查研究、现场试验，总结生产经验，开展技术创新和成果推广。如：开展金霉素冰用于拖网渔轮渔获物的保鲜效果研究、土霉素用于墨鱼雨天防腐的研究、马口铁罐头密封用硫化乳胶的研制、马口铁罐头用防粘涂料的研制、大功率超声波杀菌器的研制及应用等，形成密切联系生产实际、研究课题从生产实践中来、科技成果迅速转换为生产力的学科特色。邀请罗马尼亚鱼类加工厂厂长、国家奖金获得者、鱼类熏制专家雷波维奇和商品学专家华尔多洛密伊来校交流和指导，提升学科水平。此外，1958年，根据国家经济建设的需要，建立冷冻工艺和罐头食品工艺两个新专业，以满足食品工业对专业技术人才的需要。这一时期所取得的教学和科研成果，提高了教学质量，提升学术水平，对学科发展起到重要的推动作用。

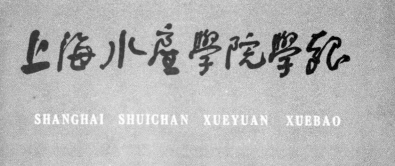

图 1-14 1960 年《上海水产学院学报》封面

关于乌贼化学防腐中醋酸消失过程的
生化变化及其与防腐效果的关係

骆肇荛 季家驹 徐玉成

(一)前 言

本院加工系师生已在1954年以来从事雨天乌贼加工化学防腐的研究中，通过实验室和生产试验，証实了醋酸对乌贼原料的防腐效果，在16～26℃的温度范围，用相当于原料重1.5%的醋液浸渍乌贼1小时，可以保持2～6晝夜（48小时至144小时）不腐败的良好效果*。

与此同时，在試驗中观察到这样一些与醋酸防腐效果有关的事实：

(1) 乌贼渍酸品在試驗保存期间，进行感官观察可以发现，醋酸的气味逐漸减弱，当其减弱到感觉不出时，乌贼且卽开始发臭，轉向腐败。一般在酸气味还可以嗅到时，则并无腐败现象产生。

(2) 保存試驗中乌贼由良好轉向腐败的过程中間存在一个表面产生白膜的阶段（我們称为"白膜期"。如果是浸在醋酸溶液中则酸液的表面同样会产生这种白膜）。卽經过一个[良好]→[白膜]→[腐败]的过程。当产生白膜后，酸气迅速减弱到消失，随之卽开始发臭腐败。將此种白膜置显微鏡下观察，发现其系由大量野生酵母菌和酸发酵菌类所形成。

(3) 浸醋酸后乌贼肌肉的pH一般在5.0前后，保存試驗期间逐步上升，当其約超过5.4的界限时，卽开始发臭腐败。

(4) 用相当于原料重1.5%的醋酸浸渍乌贼时，采用5，10，20，30，60分鐘不同时间浸酸，发现随着浸酸，时间和肌肉中醋酸渗透着的增加，其保存期限（防止不腐败的时间）亦随之增長。

根据以上观察到的一系列现象可以得到一个論断，卽醋酸防腐期限的長短或防腐效果的大小，在一定范圍内和肌肉中含有的醋酸量有关，当醋酸由于某些尚不明确的原因而消失时，随之卽产生腐败。

这种肌肉中醋酸消失的原因是什么呢？首先考虑到的是貯藏試驗过程中醋酸自

---

* 本院加工系：雨天乌贼加工中醋酸防腐的生产試驗报告。（未发表）

图 1-15 骆肇荛、季家驹、徐玉成发表于 1960 年《上海水产学院学报》的论文

魚体向空气中的蒸发减少。这一点經过我們將浸酸烏賊一种攤放在竹簾上和一种堆放在竹篩中观察比較的結果，証实在同一浸酸濃度时間与保存气温的条件下，（温度18～23℃），攤放者只保持了72小时，而堆放者保存了150小时，这显然是由于攤放者較堆放者醋酸易于揮发，因而較速地消失所致。

堆放中的烏賊保存的时間虽然較久，但仍然在一定时間后酸量减少，pH上升。这种酸量的减少很难認为是醋酸向空气中蒸发的結果（因为堆得很紧密的情况下，堆中的烏賊不和空气接触，无从蒸发。）这种情况，我們也曾考慮过是否由于肌肉腐敗分解中产生的氨和其他碰性物質对醋酸中和的結果。但是經过我們測定保存过程中揮发性鹽基氮的变化情况，发現在很多次的測定中，揮发性鹽基氮的增加都是和烏賊发臭腐敗同时开始的，而在这以前，虽然醋酸逐漸减少消失，但揮发性鹽基氮的量几乎都是維持不变的（甚至有少数例子，揮发性鹽基氮反而有减少的倾向）。

此外再一个事实就是：在多次使用醋酸甲醛（0.03～0.05%的甲醛）进行防腐时，防腐期限較單純醋酸为长。（如試驗中在18～23℃的温度下，用1.5%醋酸＋0.05%甲醛（均系对魚体重）溶液浸漬者，与單純用1.5%浸漬者比較，后者仅保存102小时，而前者保存了150小时）。

为了进一步查明醋酸在防腐过程中消失的原因及其和防腐效果的关系，本院1957年在舟山沈家門水产供銷公司加工厂进行了試驗。

(二)試驗方法和結果

用研碎之新鲜烏賊肌肉100gm加蒸餾水稀釋至1,000ml，先振蕩浸出后，濾取其肌肉浸出液，加不同的醋酸量和甲醛量（見表），放置观察其变化。并每日測定其揮发性鹽基氮•pH可可滴定酸量（换算成醋酸量）。揮发性鹽基氮的測定采用了蒸气蒸餾法，pH采用一般比色法。与此同时每日进行了感官观測。結果如下。

根据以下表（一）到表（十）的測定結果极明确而有规律的显示出了以下一些醋酸及甲醛在烏賊防腐中的重要生化变化以及与两者的防腐作用和防腐效果有关的重要事实。

从表（一）至表（十）可以很清楚地看到不同濃度的醋酸和醋酸甲醛混合液对烏賊肌肉浸出液的防腐期限的长短和作用的大小。首先是醋酸具有一定的防腐效果，当对照試驗在第三天开始腐敗时，而不同濃度的醋酸溶液的保持不腐敗的期限，最长的达17天以上（4.0%的醋酸），最短的亦达8天（0.3%醋酸）。醋酸甲醛混合液则較單純使用醋酸时有着更大的防腐作用。如單純醋酸0.5%的濃度，其保存防腐期限约为10天时，而加0.05%甲醛与0.5%醋酸混合液的防腐期限达17天以上，甚至較4.0%的醋酸液的防腐期限还长；0.5%醋酸＋0.02%甲醛混合液的防腐期限

图 1-16　骆肇荛、季家驹、徐玉成发表于 1960 年《上海水产学院学报》的论文

乌贼肌肉浸出液防腐过程中挥发性盐基氮、PH、可滴定酸量及感官变化（表一）

放置天数	气温 (°C)	肌 肉 浸 出 液 ＋ 4 ％ 醋 酸			
		挥发性盐基氮含量（mg%）	可滴定酸量（醋酸%）	pH	感 官 变 化
1	24	5	3.8	4.0	有醋酸气味
2	24	8	2	—	〃
3	25	3	3.8	4.0	〃
4	25	3	—	4.1	〃
5	25	—	—	—	〃
6	25	—	—	—	〃
7	26	3	3.8	3.9	〃
8	22	—	—	—	〃
9	22	—	—	—	〃
10	21	3	3.9	3.8	〃
11	24	—	—	—	〃
12	24	—	—	—	〃
13	21	3	3.8	3.9	〃
14	21	—	—	—	〃
15	21	3	3.9	4.0	液面有极薄白膜出现
16	—	—	—	—	〃
17	26	3	3.8	4.0	〃

（註）双綫为开始生成白膜的分界綫

乌贼肌肉浸出液防腐过程中挥发性盐基氮、PH、可滴定酸量及感官变化（表二）

放置天数	气温 (°C)	肌 肉 浸 出 液 ＋ 2 ％ 醋 酸			
		挥发性盐基氮含量（mg%）	可滴定酸量（醋酸%）	pH	感 官 变 化
1	24	2	2.0	4.3	有醋酸气味
2	24	3	—	4.3	〃
3	25	2	2.0	4.3	〃
4	25	3	—	4.3	〃
5	25	—	—	—	〃
6	25	—	—	—	〃
7	26	3	2.0	3.9	〃
8	22	—	—	—	〃
9	22	—	—	—	〃
10	21	3	2.0	3.9	〃
11	24	—	—	—	〃
12	24	3	2.0	4.1	液面开始出现白膜
13	21	3	2.0	4.1	白膜增多
14	21	2	1.9	4.2	液面逼满白膜
15	21	1	1.5	4.2	〃
16	—	—	—	—	〃
17	26	1	1.0	4.3	〃

图 1-16 骆肇荛、季家驹、徐玉成发表于 1960 年《上海水产学院学报》的论文

图 1-17　1956 年 9 月，罗马尼亚专家雷波维奇和华尔多洛密伊来校交流座谈

图 1-18　1956 年 9 月，罗马尼亚专家雷波维奇和华尔多洛密伊来校交流座谈

图 1-19 1958 年加工系学生在国营上海益民食品二厂参加实罐生产

（三）厦门水产学院时期

1972—1979 年，学校在厦门办学，教师克服困难，坚持科研工作，进一步开展水产品保鲜技术加工应用的研究，如：水产品烘干房的设计推广研究，同时还开展气调保鲜、水产品综合利用等研究，如：水产品蒸汽加热空气干燥设备的研究、马面鱼综合利用加工工艺与设备的研究、鱼蛋白发泡剂的研究、传统鱼露生产工艺改进的研究等。

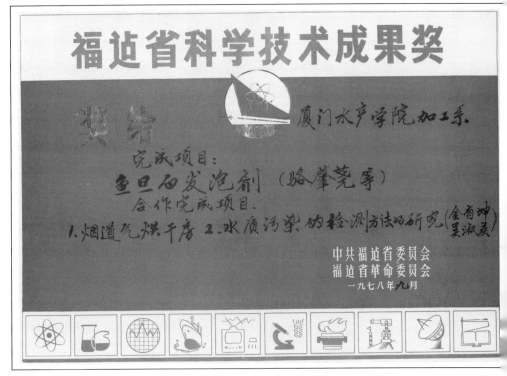

图 1-20　科研项目"鱼蛋白发泡剂"（骆肇荛等）"烟道气烘干房"
"水质污染的检测方法的研究"（金有坤、吴淑英）获奖奖状

图 1-21　科研项目"鱼露生产工艺改革"获奖奖状

（四）上海水产大学初期

该时期，随着我国改革开放的发展和国际交往的日益频繁，学校先后获得两期世界银行农业教育贷款项目。学校利用世界银行农业教育贷款项目，引进一批先进的仪器设备，加强实验室建设，并选派教师出国留学或进修，邀请国外知名专家、学者来校讲学或科研项目合作，提高水产品加工与贮藏工程学科的基础理论和应用技术水平。其间，主要开展了罐头、饮料、褐藻胶、气调保鲜、鱼类加工、水产品综合利用等研究，如：水产品软罐头的研制、粒粒橙果汁饮料的研制、椰子汁饮料生产技术的开发、食用褐藻胶淀粉薄膜的研究、褐藻糖胶的研究、水产品加工机械与设备的研究、气调保鲜工艺研究、水产品保鲜加工技术研究、淡水鱼类生化特性和细菌污染及其对鲜度的影响研究、淡水鱼内脏油的利用研究等。

1986 年，国务院学位委员会批准学校具有"水产品贮藏与加工"硕士学位授予权。

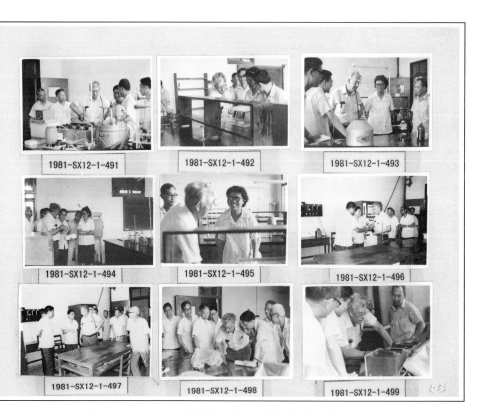

图 1-22　1981 年，世界银行代表团来校参观考察加工系

图 1-23　1984 年 5 月，美国新泽西州罗格斯大学食品科学系主任、
美籍华人张驷祥教授来校讲学

图 1-24　学校科研人员开展水产品保鲜技术研究试验

（五）上海水产大学后期和上海海洋大学时期

该时期，学校通过农业部与日本国际农林水产业研究中心达成中日两国政府间合作研究，围绕中国淡水渔业资源利用技术开发项目，开展长达 10 年的国际合作，取得了一系列成果，对中国淡水鱼加工业由粗加工向精深加工方向发展、对淡水渔业资源利用加工的技术进步和产业发展起到有力的推进作用，也有力地促进了水产品加工及贮藏工程学科的发展。此外，开展鱼类加工的研究、水产品综合利用的研究、超低温均温解冻关键技术研究、豆制品保鲜及豆浆脱腥技术研究、食品真空冷却过程中传热传质问题研究、蔬菜低温流通技术和安全体系的研发和应用、城市猪肉产品安全供给保障关键共性技术研究、生物技术研究、海洋生物大分子研究等，拓展学科研究视野，提升学科教学和科研水平，推动学科的创新与提高。

1998 年，水产品加工及贮藏工程学科被评为农业部重点学科。2003 年，国务院学位委员会批准学校具有"水产品加工及贮藏工程"博士学位授予权。2009 年经国家人力资源和社会保障部批准，设立食品科学与工程博士后科研流动站。2011 年，国务院学位委员会批准学校具有"食品科学与工程"一级学科博士学位授予权。

图 1- 25　第三届中日合作淡水渔业资源加工利用技术研讨会

上海市科学技术奖

证 书

为表彰上海市技术发明奖获得者,特颁发此证书。

项目名称:农产品冷藏链中关键技术研究与设备
创新

获 奖 者:上海海洋大学

奖励等级:二等奖

上海市人民政府

2008年12月01日

证书号:20083032-2-D01

图 1-26 科研项目"农产品冷藏链中关键技术研究与设备创新"获奖证书

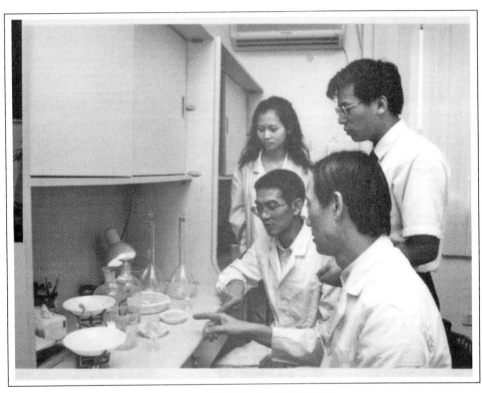

图 1-27　导师指导研究生进行科学研究

四、学科发展及专业派生

上海海洋大学水产品加工及贮藏工程学起源于 1912 年江苏省立水产学校初创时设立的制造科。1952 年全国高校院系调整时，发展为上海水产学院水产加工本科专业。虽然学校历经多次迁址、更名，但水产品加工及贮藏工程学始终是学校的主体学科之一，并由此派生出冷冻冷藏工程、罐头食品工艺、食品科学、食品工程、食品检验等专业。随着社会的发展，专业属性从面向水产食品拓展为面向农、畜、水产品的加工利用。国家学科专业目录调整后，该学科隶属食品科学与工程学科。

图 1-28 《水产品冷藏工艺学》(1961 年，农业出版社)

图 1-29 《水产食品加工工艺学》(1961 年，农业出版社)

图 1-30　《罐头食品工艺学》(1961 年，上海科学技术出版社)

图 1-31　《食品冷冻工艺学》(1984 年，上海科学技术出版社)

图 1-32 《水产品加工机械与设备》(1996 年，中国农业出版社)

图 1-33 《食品冷藏链技术与装置》(2010 年，机械工业出版社)

图 1-34 《食品低温保藏学》(2011 年，中国轻工业出版社)

图 1-35 《食品安全学》(2012 年，化学工业出版社)

中篇　史迹留痕

鱿鱼片

品

鱿鱼卷

一、首届制造科

首届制造科学制四年。其中，预科一年，本科三年。

上海海洋大学档案馆馆藏的民国三年（1915年）《江苏省立水产学校之刊》（第一刊）中记载，民国元年（1912年）12月15日，举行第一届预科生入学考试。民国2年（1913年）1月16日，第一届预科第一学期开学。民国2年（1913年）12月27日，宣布升级、留级办法。民国3年（1914年）1月5日，举行预科学年考试。预科一年成绩合格的学生，进入本科学习三年，第一届本科生共二十八名。其中，制造科生十五名。民国3年（1914年）2月8日，本科第一学年开始。

1915年《江苏省立水产学校之刊》（第一刊）中记载上述内容的相关原文如下：

十二月六日都督委任筹办员张镠为校长

十五日行预科生入学试验

……

十六日预科第一学期始业

……

二十七日宣布升级留级办法

规定学年试验成绩，以总平均数得六十分以上各科均满四十分者升级。总平均数不及六十分或有不及四十分之学科者仍留原级。但总平均数过六十分一科不及四十分者，该科得于始业时补受试验一次。及格者仍得升级。

……

五日行预科学年试验

……

在学学生名录

第一届本科生二十八名

……

制造科生十五名

姚流砥 _{南汇}　　苏以义 _{宝山}　　陈廷煦 _{嘉定}　　陈椿寿 _{浙江嘉禾}

陈谋琅 _{浙江鄞}　　杨勤仁 _{上海}　　王　刚 _{江阴}　　张礼铨 _{南汇}

王汉侠 _{崇明}　　樊汝霖 _{崇明}　　郑翼燕 _{浙江鄞}　　凌鹏程 _{崇明}

伍瑞林 _{丹徒}　　张毓骙 _{崇明}　　姚致隆 _{江阴}

……

八日本科第一学年及第二届预科第一学期始业

室。至是得都督府函知已准省教育會函允照辦。

十二月六日都督委任籌辦員張鏐爲校長

十五日行預科生入學試驗

以未足學額於二十八日續試一次。兩次

共錄取六十八名。

二十九日定校旗校服及幅章式

由第一次職員會議決校旗參用海軍旗

式以紅地藍白紋黑字製成（如圖）校服

用普通制服惟以鈕章及領章標幟之幅

章式與旗紋同。

二年一月七日假滬西商團操場爲體操及遊息地

開辦之初，無適當操場，函請省教育會轉商滬西商團公會借會後西林寺後商

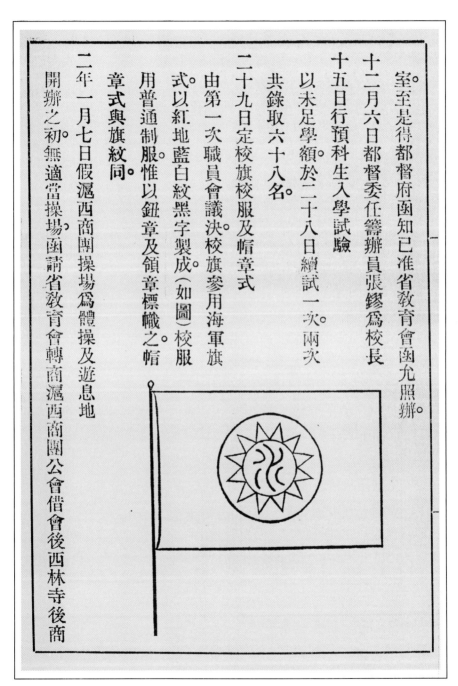

图 2-1　1915 年《江苏省立水产学校之刊》(第一刊) 中记载，
民国元年 (1912 年)12 月 15 日，举行第一届预科生入学考试

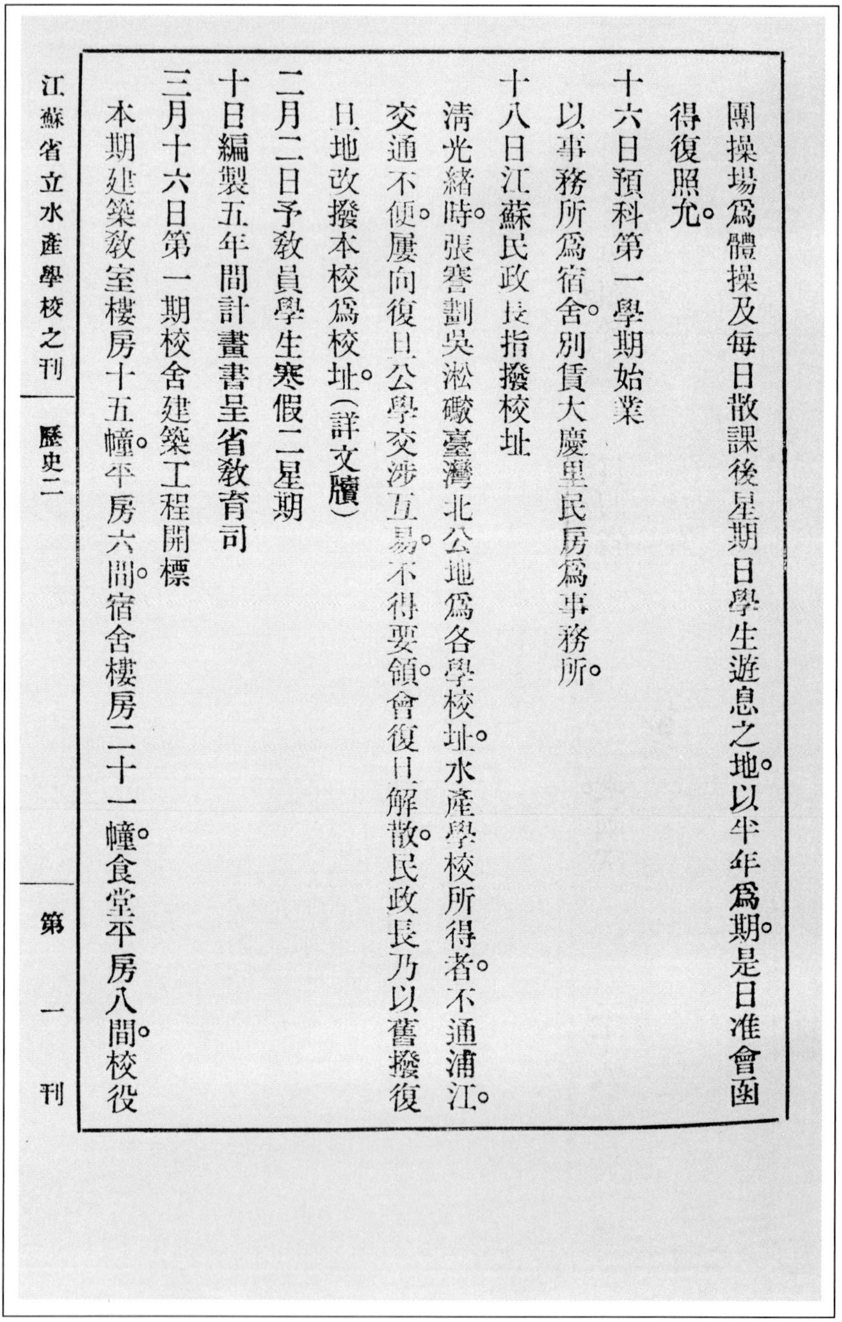

江蘇省立水產學校之刊 | 歷史二 | 第一刊

團操場爲體操及每日散課後星期日學生遊息之地。以半年爲期。是日准會函得復照允。

十六日預科第一學期始業

以事務所爲宿舍別賃大慶里民房爲事務所。

十八日江蘇民政长指撥校址

清光緒時張謇劃吳淞礮臺灣北公地爲各學校址水產學校所得者不通浦江。

交通不便屢向復旦公學交涉互易不得要領會復旦解散民政長乃以舊撥復

且地改撥本校爲校址（詳文牘）

二月二日予教員學生寒假二星期

十日編製五年間計畫書呈省教育司

三月十六日第一期校舍建築工程開標

本期建築教室樓房十五幢平房六間宿舍樓房二十一幢食堂平房八間校役

图2-2　1915年《江苏省立水产学校之刊》(第一刊)中记载，
民国2年(1913年)1月16日，第一届预科第一学期开学

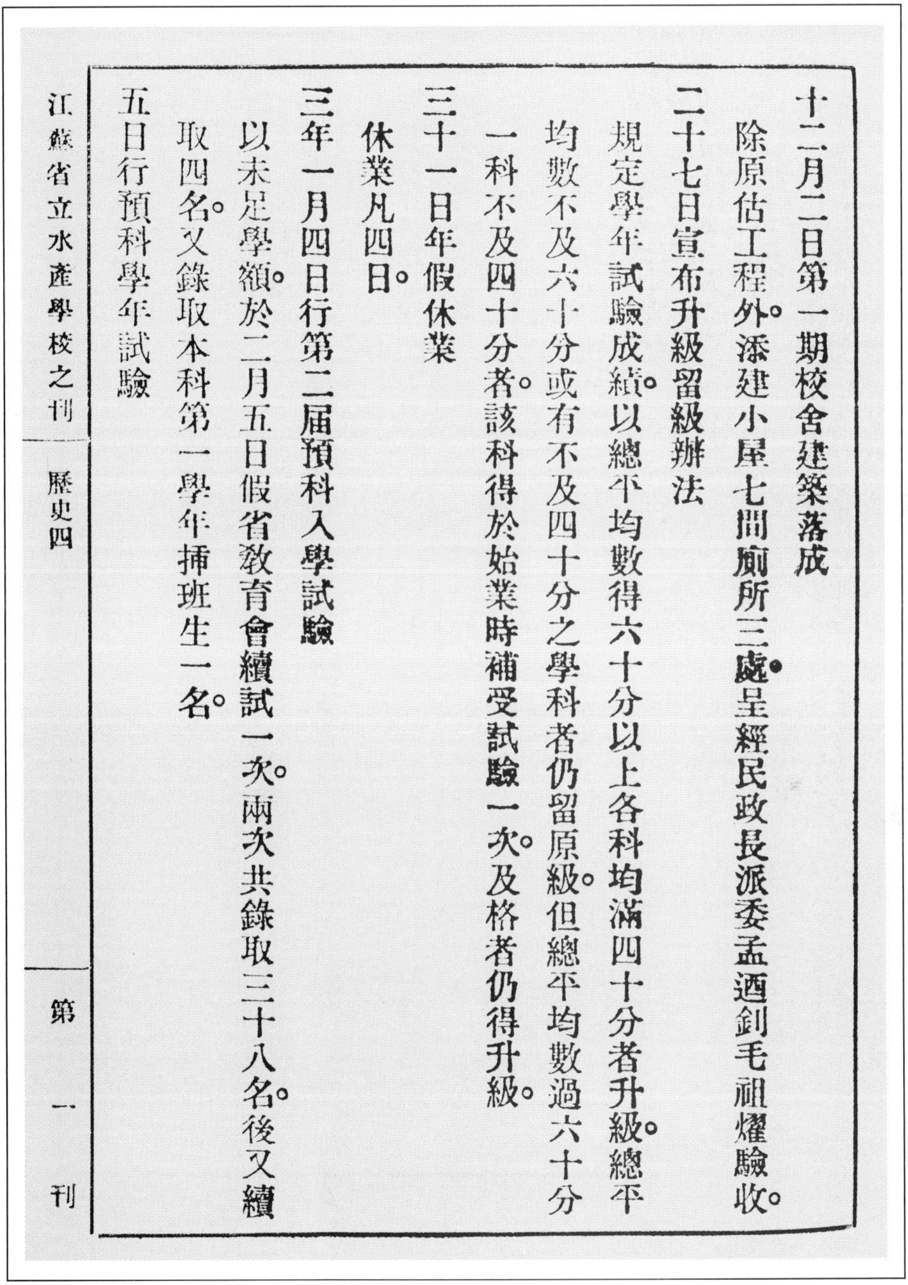

十二月二日第一期校舍建築落成

除原估工程外添建小屋七間廁所三處呈經民政長派委孟迺釗毛祖燿驗收。

二十七日宣布升級留級辦法

規定學年試驗成績以總平均數得六十分以上各科均滿四十分者升級總平

均數不及六十分或有不及四十分之學科者仍留原級但總平均數過六十分

一科不及四十分者該科得於始業時補受試驗一次及格者仍得升級。

三十一日年假休業

休業凡四日。

三年一月四日行第二屆預科入學試驗

以未足學額於二月五日假省教育會續試一次。兩次共錄取三十八名。後又續

取四名又錄取本科第一學年挿班生一名。

五日行預科學年試驗

江蘇省立水產學校之刊　歷史四　第　一　刊

图 2-3 1915 年《江苏省立水产学校之刊》(第一刊) 中记载，民国 2 年 (1913 年) 12 月 27 日，
宣布升级、留级办法。民国 3 年 (1914 年) 1 月 5 日，举行预科学年考试

江蘇省立水產學校之刊　歷史十一

在學學生名錄

第一屆本科生二十八名 今第二學年第二學期開始

漁撈科生十三名

趙錦文 上海　　金志銓 青浦　　倪尚達 上海　　沙玉嘉 江陰

張柱尊 江陰　　黃鴻籌 崇明　　張則鰲 浙江鄞　　張景葆 江陰

陳慶雲 星五 湖北
楊敦慶 霈 蓁山
李士襄 東鄉 崇明
吳 禹 皋明 奉化
桿其達 克競 吳興 六合
錢時霖 雨生 浙江
時雄飛 襟偉 常熟

體操教員 體操圖畫教員
英文教員
漁撈科主任
教員
學漁船運用
航海術氣象
法教員
應用機械學
製圖教員
細菌學教員
國文教員

第一刊

图 2-4　1915 年《江苏省立水产学校之刊》(第一刊) 中记载，第一届本科生二十八名

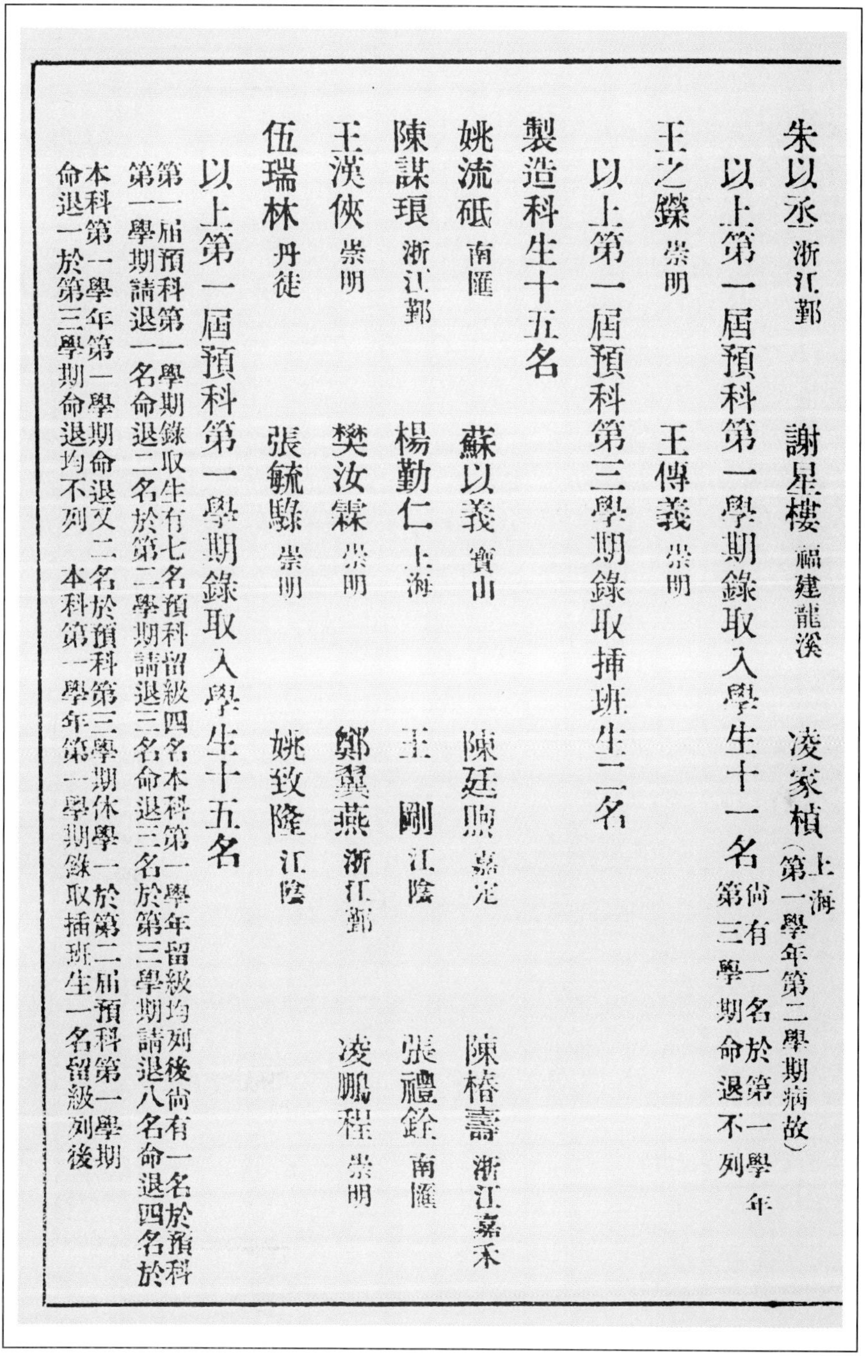

朱以丞 浙江鄞　謝星樓 福建龍溪　凌家楨 上海（第一學年第二學期病故）

以上第一屆預科第一學期錄取入學生十一名 尚有一名於第一學年第三學期命退不列入學年

王之鑠 崇明　王傳義 崇明

以上第一屆預科第三學期錄取插班生二名

製造科生十五名

姚流砥 南匯　蘇以義 寶山　陳廷煦 嘉定　陳椿壽 浙江嘉禾

陳謀琅 浙江鄞　楊勤仁 上海　王剛 江陰　張禮銓 南匯

王漢俠 崇明　樊汝霖 崇明　鄭翬燕 浙江鄞　凌鵬程 崇明

伍瑞林 丹徒　張毓縣 崇明　姚致隆 江陰

以上第一屆預科第一學期錄取入學生十五名 第一屆預科第一學期錄取生有七名預科留級四名本科第一學年留級均列後尚有一名於預科第一學期請退三名命退三名於第三學期請退八名命退四名於

本科第一學期命退一名於第三學年第一學期命退均不列又二名於預科第三學年第一學期休學一於第三屆預科第一學期錄取插班生一名留級列後 本科第一學期錄取插班生一名留級列後

图2-5　1915年《江苏省立水产学校之刊》（第一刊）中记载，制造科生十五名

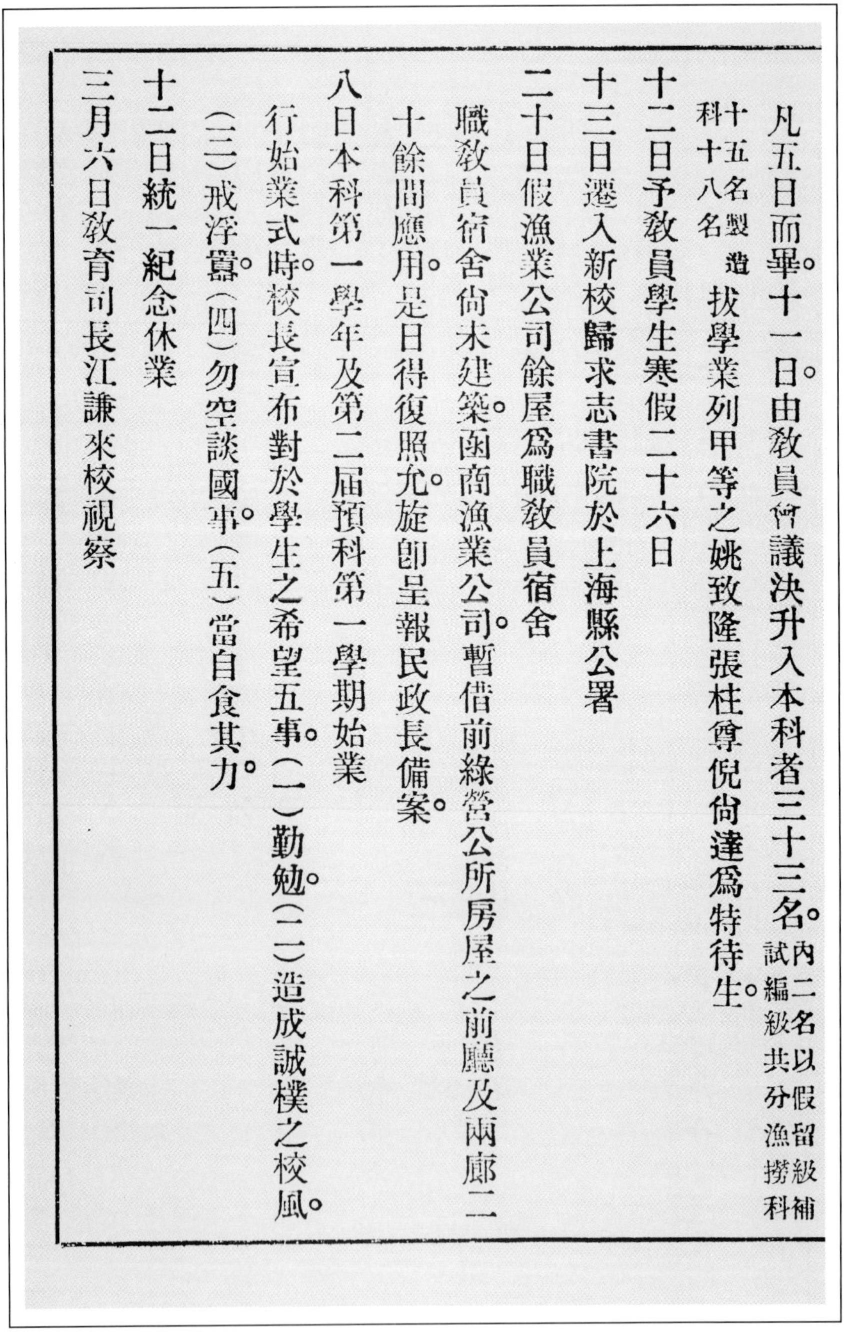

凡五日而畢十一日。由教員會議決升入本科者三十三名。內二名以假留級補試編級共分漁撈科

拔學業列甲等之姚致隆張柱尊倪尚達為特待生。十五名製造科十八名

十二日予教員學生寒假二十六日

十三日遷入新校歸求志書院於上海縣公署

二十日假漁業公司餘屋為職教員宿舍

職教員宿舍尚未建築函商漁業公司暫借前綠營公所房屋之前廳及兩廊二十餘間應用。是日得復照允旋即呈報民政長備案。

八日本科第一學年及第二屆預科第一學期始業

行始業式時校長宣布對於學生之希望五事(一)勤勉(二)造成誠樸之校風。

(三)戒浮囂(四)勿空談國事(五)當自食其力。

十二日統一紀念休業

三月六日教育司長江謙來校視察

图 2-6　1915 年《江苏省立水产学校之刊》(第一刊)中记载,
民国 3 年(1914 年)2 月 8 日,本科第一学年开始

民国 6 年（1917 年）1 月，第一届学生毕业，共二十五名。其中，制造科生十四名。

1922 年《江苏省立水产学校十寅之念册》中记载如下：

民国六年一月

第一届学生毕业，渔捞科十一名，制造科十四名。省长派代表杨传福来校致训。

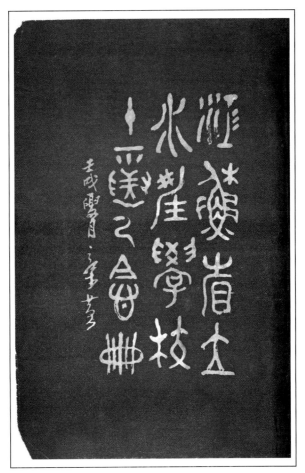

图 2-7　《江苏省立水产学校十寅之念册》封面

六	五	四	三	二	元	年 月
第一届毕业生十四名楊傳福来省校长一名致派製造科漁業代表訓科漁	上校长李士襄病假以漁撈科務任代理校	省校視察外運動場成第二期校舍建築科割用之公共操場址為校任始調設漁撈科准呈	遴選入台灣本科一名始歸假上求志歸職教員部李士襄為四名餘屋新校院舍	鐵取第二屆頭科一名本科插班生	台灣指撥吳淞炮為校址民政長遊及游戲假滬西商團操息地操場為體育	一

图 2-8　1922 年《江苏省立水产学校十寅之念册》记载，民国 6 年（1917 年）1 月，第一届学生毕业，制造科十四名

上海海洋大学（1912—2012）《校友名录》中记载的第一届制造科十四名毕业生名单如下：

王　刚（子建）　　王汉侠（君毅）　　伍瑞林（祥士）　　凌鹏程（凌九）

姚致隆（咏平）　　张礼铨（仲衡）　　陈廷煦（钦和）　　杨勤仁（济民）

张毓骒（楚青）　　陈谋琅（莲馆）　　樊汝霖（惠农）　　陈椿寿（德年）

苏以义（百宜）　　郑翼燕（茂华）

图 2-9　上海海洋大学（1912—2012）《校友名录》封面

1916年第一届制造科

王　刚（子健）　　王汉侠（君毅）　　伍瑞林（祥士）　　凌鹏程（凌九）　　姚致隆（詠平）
张礼铨（仲衡）　　陈廷煦（钦和）　　杨勤仁（济民）　　张毓骎（楚青）　　陈谋琅（莲馆）
樊汝霖（惠农）　　陈椿寿（德年）　　苏以义（百宜）　　郑翼燕（茂华）

图 2-10　第一届制造科十四名毕业生名单

二、首位制造科主任

1915年《江苏省立水产学校之刊》（第一刊）中记载，民国3年（1914年）8月7日，任用曹文渊为制造科主任。原文如下：

八月七日任用曹文渊为制造科主任

图2-11　1915年《江苏省立水产学校之刊》（第一刊）中记载，
任用曹文渊为制造科主任

1915年《江苏省立水产学校之刊》（第一刊）累年职员表中记载：曹文渊，字悟深，浙江天台人，制造科主任（民国三年八月至十二月，民国四年一月至三月）。

图 2-12　1915 年《江苏省立水产学校之刊》（第一刊）中累年职员表

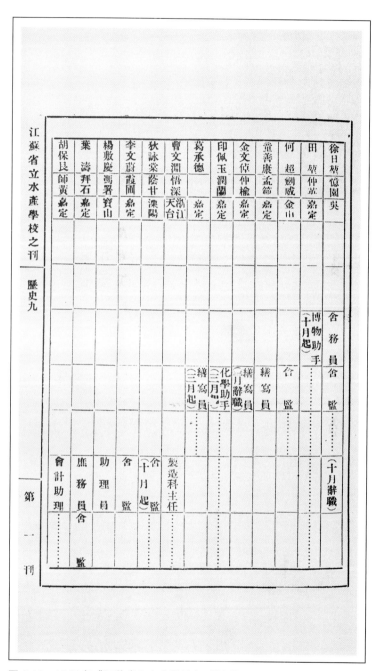

图 2-13　1915 年《江苏省立水产学校之刊》（第一刊）累年职员表中记载，曹文渊，字悟深，浙江天台人，制造科主任（民国三年八月至十二月，民国四年一月至三月）

三、首个制造科主任职务服务规则

1915 年《江苏省立水产学校之刊》(第一刊)中记载了校长、各科主任、各科教员等职务的服务规则。其中，制造科主任职务服务规则原文如下：

服务规则

一 校长职务

......

二 渔捞科主任职务

......

三 制造科主任职务

关于制造科设计预算之事

关于制造实习之事

关于制造科物品添置设备保管之事

关于整理实习室实习场之事

关于使用职工及取缔雇人之事

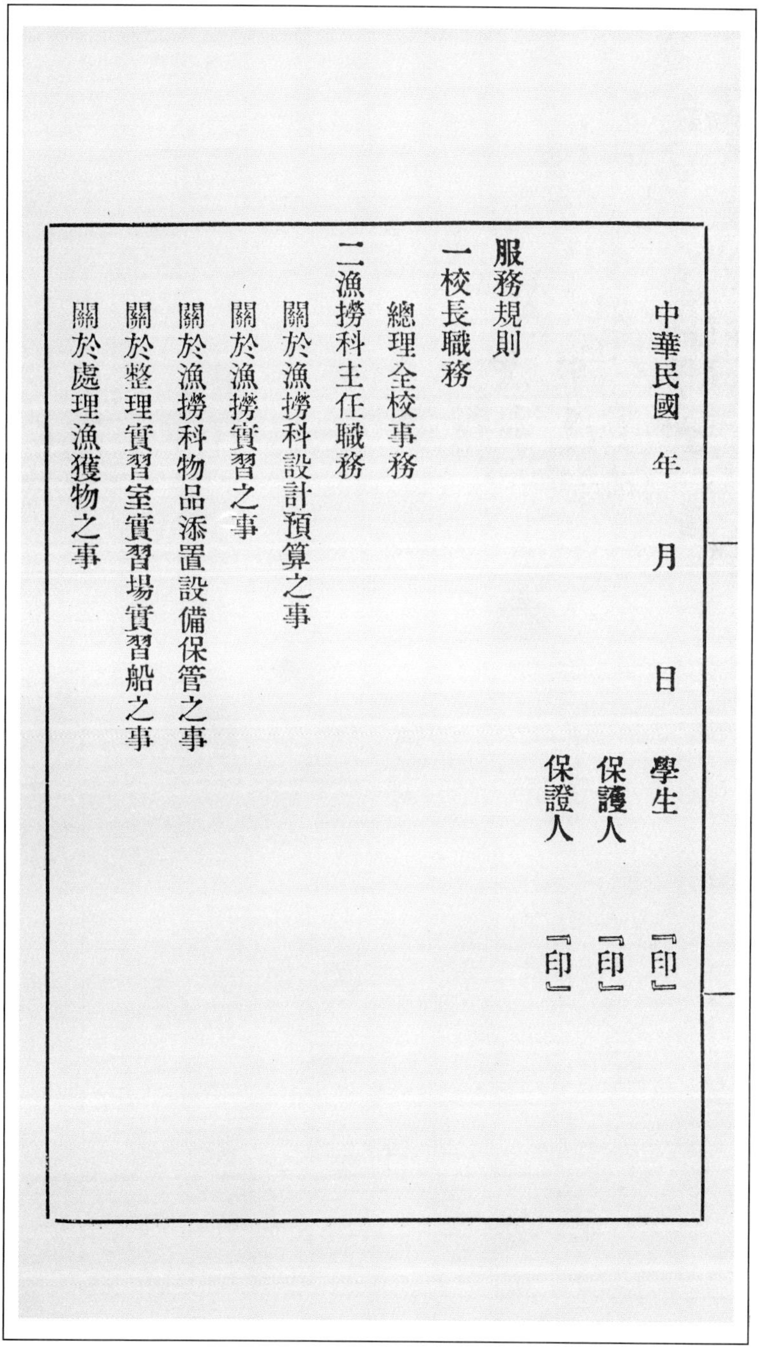

服務規則

一校長職務

總理全校事務

二漁撈科主任職務

關於漁撈科設計預算之事

關於漁撈實習之事

關於漁撈科物品添置設備保管之事

關於整理實習室實習場實習船之事

關於處理漁獲物之事

中華民國　年　月　日

學生　　［印］

保護人　［印］

保證人　［印］

图 2-14　1915 年《江苏省立水产学校之刊》(第一刊) 中记载的服务规则

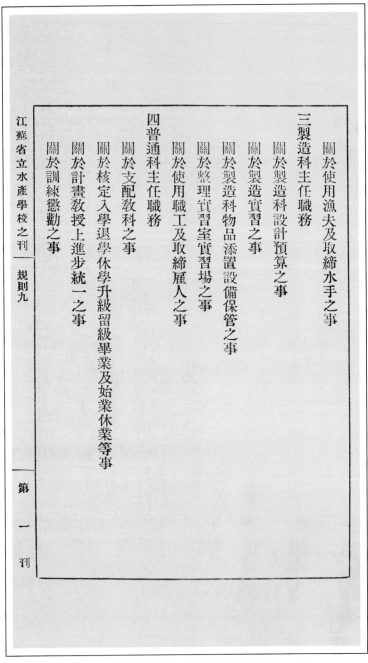

图 2-15　1915 年《江苏省立水产学校之刊》（第一刊）中
记载制造科主任职务服务规则

四、首次课程设置

民国三年（1915年）《江苏省立水产学校之刊》（第一刊）中记载预科和制造科本科具体课程如下：

预 科

修身（实践道德之要旨）、国文（记事文）、外国语（日文、日语）、地理（世界地理、本国地理、人生地理）、数学（算术、代数、几何）、理科（无机化学、动物学、植物学、物理大意、矿物学）、图画（自在画、用器画）、体操（柔软操、器械操）

制造科

修身（伦理学一班）、外国文（日语、英语）、地理（商业地理）、数学（几何、三角、解析几何大意）、物理（热力学）、化学（有机化学）、图画（用器画）、体操（兵式操）、簿记、水产通论、水产动植物学、制造法、渔捞法、制造化学、细菌学、应用机械学、气象学、渔业经济、渔业法规、实习（与渔捞科同）

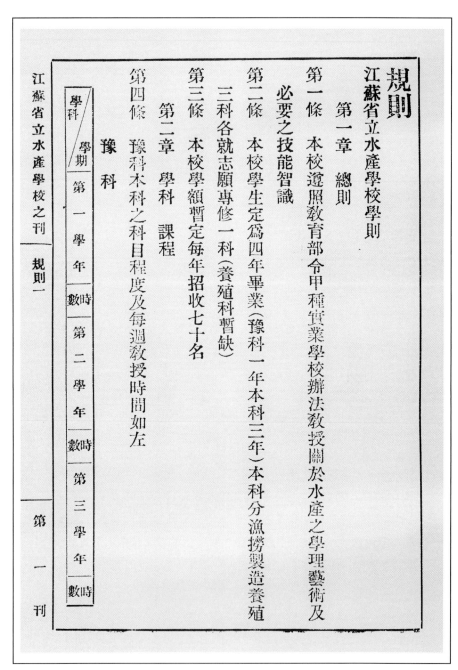

規則

江蘇省立水産學校學則

第一章　總則

第一條　本校遵照教育部令甲種實業學校辦法教授關於水産之學理藝術及必要之技能智識

第二條　本校學生定爲四年畢業（豫科一年本科三年）本科分漁撈製造養殖三科各就志願專修一科（養殖科暫缺）

第三條　本校學額暫定每年招收七十名

第二章　學科　課程

第四條　豫科本科之科目程度及每週教授時間如左

豫　科

學科 學期	第一學年		第二學年		第三學年		第一
	時數	時數	時數	時數	時數		刊

江蘇省立水産學校之刊　規則一

图 2-16　1915 年《江苏省立水产学校之刊》(第一刊)中记载,
预科各学年具体课程名称和教授时数

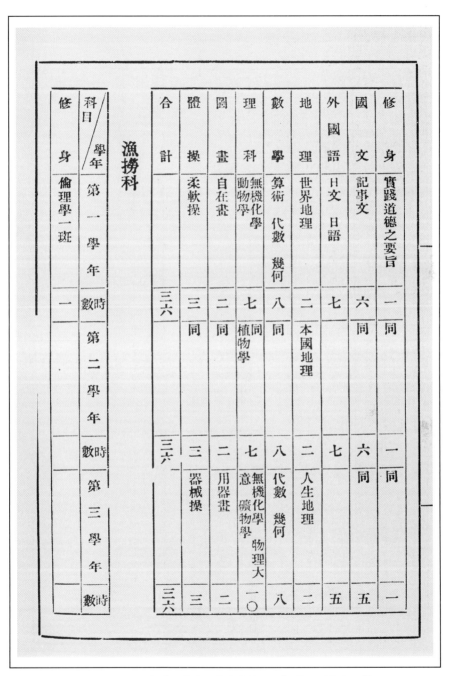

科目／學年		第一學年數時	第二學年數時	第三學年數時
修身	實踐道德之要旨	一	一　同	一
國文	記事文	六	六　同	五
外國語	日文　日語	七	七	五
地理	世界地理／本國地理／人生地理	二	二　本國地理	二　人生地理
數學	算術　代數　幾何	八　同	八　同	八
理科	動物學　無機化學	七　植物學	七　意礦物學無機化學	一〇　無機化學礦物學物理大
圖畫	自在畫	二	二　用器畫	二
體操	柔軟操	三　同	三　器械操	三
合計		三六	三六	三六

（漁撈科）

（修身　倫理學一班　一）

图 2-17　1915 年《江苏省立水产学校之刊》(第一刊)中记载，
预科各学年具体课程名称和教授时数

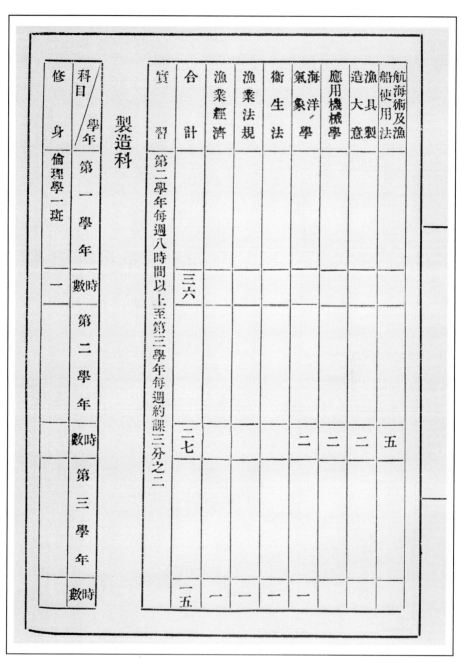

科目／学年	第一学年 数时	第二学年 数时	第三学年 数时
修身 伦理学一班	一		

制造科

科目	第一学年 数时	第二学年 数时	第三学年 数时
实习			
合计	三六	二七	一五
渔业经济			一
渔业法规			一
卫生法			一
海洋、气象学		二	一
应用机械学		二	
造大意		二	
渔具制			
船使用法		五	
航海术及渔			

实习 第二学年每周八时间以上至第三学年每周约课三分之二

图 2-18　1915 年《江苏省立水产学校之刊》（第一刊）中记载，
制造科本科各学年具体课程名称和教授时数

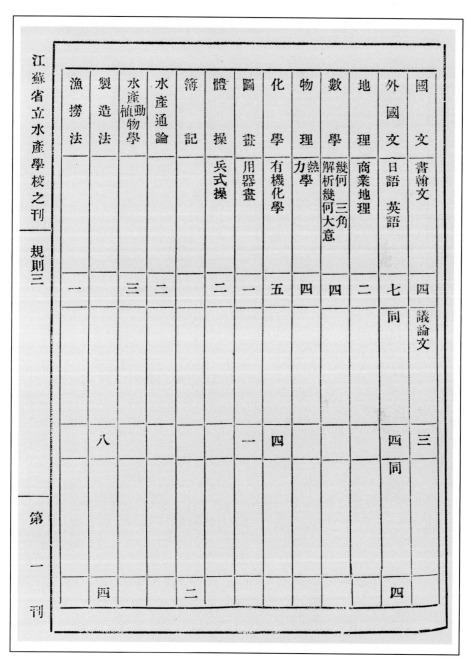

图 2-19　1915 年《江苏省立水产学校之刊》(第一刊) 中记载，
制造科本科各学年具体课程名称和教授时数

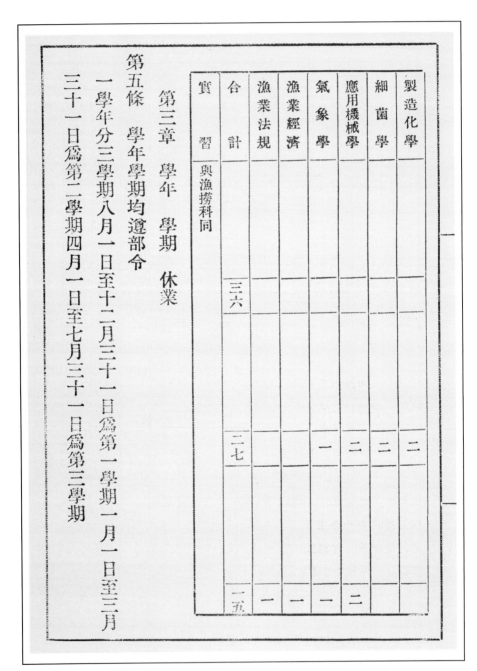

製造化學	細菌學	應用機械學	氣象學	漁業經濟	漁業法規	合計	實習
						三六	與漁撈科同
二	二	二	一			二七	
		二	一	一	一	一五	

第三章　學年　學期　休業

第五條　學年學期均遵部令

一學年分三學期八月一日至十二月三十一日爲第一學期一月一日至三月三十一日爲第二學期四月一日至七月三十一日爲第三學期

图 2-20　1915 年《江苏省立水产学校之刊》（第一刊）中记载，制造科本科各学年具体课程名称和教授时数

五、首个水产制造公司成立

民国九年（1920年）江苏省立水产学校校友会发行的《水产》第三期中记载，民国八年（1919年）11月16日，江苏省立水产学校校友会附设水产制造公司成立，水产制造公司专制盐藏、干制、罐头、贝扣四种，用以发挥学校成绩并发展中国水产事业。原文如下：

本会附设水产制造公司之成立

本校向以注重盐藏、干制、罐头、贝扣为宗旨，学生所制之是项制品颇能受社会欢迎，第因限于时间、经费不能多量制造以应需要，实为憾事。本会有鉴于斯，乃集合校友资本五千元，组成水产制造公司，专制盐藏、干制、罐头、贝扣四种，用谋发挥学校成绩并发展我水产事业也，民国八年十一月十六日，假座本校大教室开公司创立会，推金有章君为临时主席，首有本会会长张公镠报告开会宗旨，次公决公司简章（见记载栏），继选举给果，夏颂莱、曾经五、张楚卿、张君丰、陈饮和五君当选董事，秦衡江、张祉澄二君当选监察。

图 2-21　1920 年江苏省立水产学校校友会发行的《水产》第三期封面

水　　　産

雜
纂

校內紀聞

海豐漁船之建造

本校前以實習船僅有淞航一艘不敷應用雖已經七
年度省會之議決添造一艘然以省經費關係未能卽
行着手去歲復經校長張君極力籌劃始克就緒乃由漁
撈科主任教員張君一規定計劃由上海鴻昌造船
廠承造於十二月九日開始建造本年三月八日下水
呈奉齊省長命名海豐由張君復於三月二十九日由省署委
派第一工科校長陳企孫先生偕同張校長赴滬驗收
按該船總噸數十三噸三長五十二呎闊十呎深四呎三
吋機關係二十四匹馬力之石油發動機速率每小時七
浬五造船費共計五千餘元造船期中復由張生任日
往督工故船體之堅固運轉之敏捷觀者均無異詞云

雜　纂

本會附設水產製造公司之成立

本校向以注重鹽藏乾製製罐頭貝扣為宗旨學生所製
之是項製品頗能受社會歡迎第因限於時間經費不
能多量製造以應需要為憾事本會有鑒於斯乃集
合校友資本五千元組織水產製造公司專製鹽藏乾
製罐頭貝扣四種用謀發展學校成績并發展我水產
事業也民國八年十一月十六日假座本校大教室開
公司創立會推金有章君為臨時主席首由本會會長
張公鏐報告開會宗旨次公決公司簡章（見紀載欄）
繼選舉給果夏頌萊曾經五張楚卿張君豐陳欽和五
君當選董事秦蔚江張祉澄二君當選監察

水產製造公司第一次股東大會

九年八月三十一日本會附設之水產製造公司開第
一次股東常年大會其秩序（一）推秦蔚江君為臨時
主席（二）董事代表陳欽和君報告開會宗旨及成立
以來之營業狀況（三）監察代表秦蔚江君報告賬目
一

六、民国九年水产制造公司广告

民国九年（1920 年）江苏省立水产学校校友会发行的《水产》第三期中刊登了水产制造公司广告一则。原文如下：

水产制造公司广告

本公司应社会需要集校友资本专制盐干鱼介　罐头食物　螺甸纽扣等品倘蒙　各界　惠顾请至吴淞炮台湾江苏省立水产学校内本公司办事处接洽可也

水产制造股份有限公司谨启

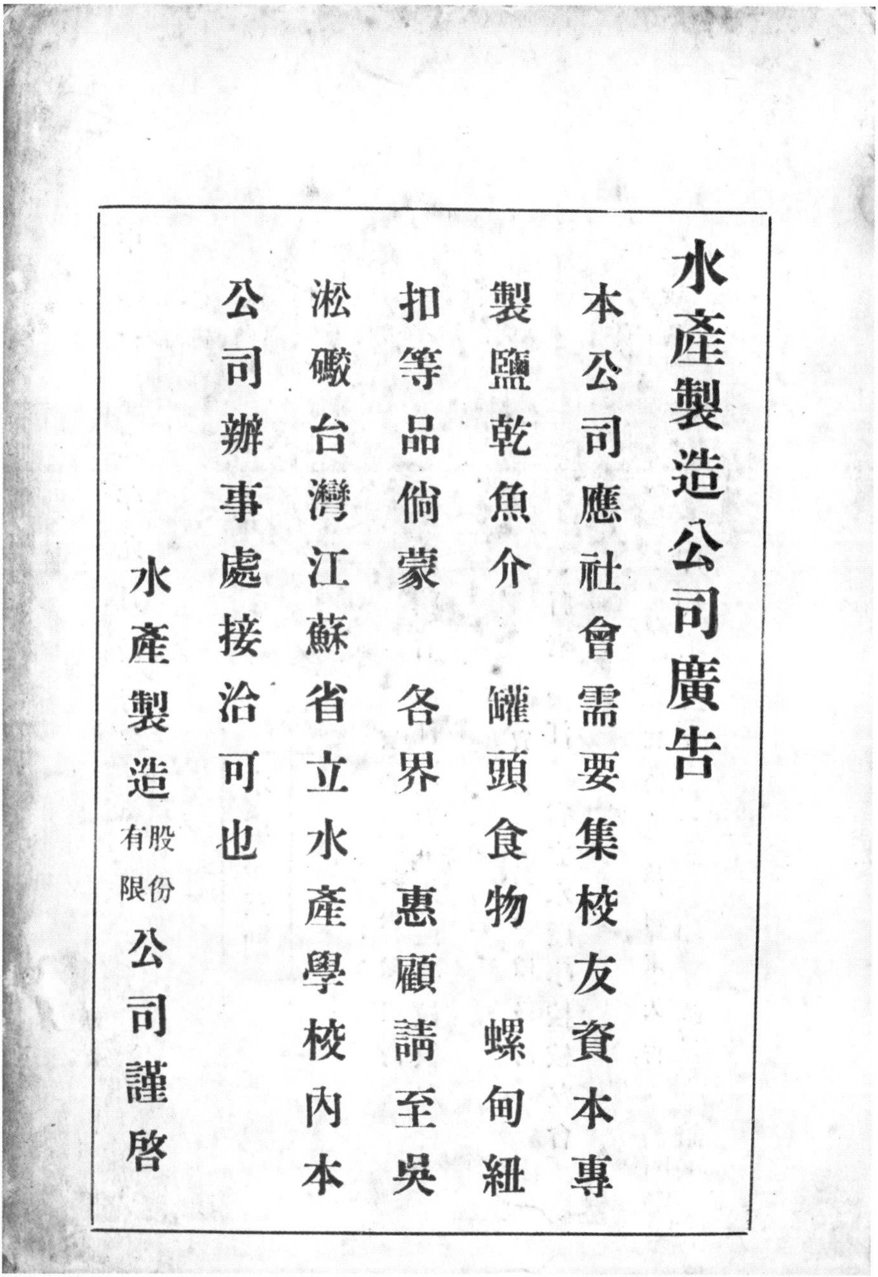

水產製造公司廣告

本公司應社會需要集校友資本專

製鹽乾魚介罐頭食物螺甸紐

扣等品倘蒙 各界 惠顧請至吳

淞礮臺灣江蘇省立水產學校內本

公司辦事處接洽可也

水產製造 有股限份 公司謹啟

图 2-23　1920 年江苏省立水产学校校友会发行的《水产》第三期中
记载的水产制造公司广告

七、民国九年制造科毕业证书

民国九年（1920 年）江苏省立水产学校校友会发行的《水产》第三期中记载，1920 年江苏省立水产学校第五届制造科学生毕业，共三人，分别为：胡郁文、朱士麒、方善圻。

第三期

記載

第四届製造科畢業

姓名	字	籍貫	地址
王錦雲	漢章	嘉定	南翔鎮尹家衖
余鵬	翥雲	湖北孝感	上海法界白爾路三七號
鄒應荔	協文	吳縣	蘇州吉由巷
吳爐	筆峯	浙江奉化	甯波北門民醒砂皮廠
徐郁	棣華	如皋	如皋挢茶東市
汪文成	聲石	崇明	山西護溝縣縣署
高蔚章	寰震	吳縣	蘇州護龍街五〇六號
吳人瑞	子熙	寶山	寶山貧民習藝所
張聲洋	金陵	湖北光化	上海法界白爾路三七九號余寓
楊正青	臨滄	松江	嘉興楊柳衖嘉昌貝扣公司
陳挺之	禹謨	南匯	松江五星貝扣公司

第五届漁撈科畢業

姓名	字	籍貫	地址
張祉澄	志誠	淞江	西門外塔射園
徐士沄	自行	浙江富陽	諸暨縣新恆隆號轉交 紫園

第五届製造科畢業 六

姓名	字	籍貫	地址
鈕士萊	詠北	浙江嘉興	嘉興黎里南棚天福園茶社
胡郁文	鏡周	寶應	寶應縣汜水鎮仁風巷
朱士麒	頌閣	上海	上海閔行鎮西沙閘口
方善圻	廈京	浙江鎮海	甯波柏墅坊方福房

職教員

姓名	字	籍貫	地址
孫克鉅	伯宏	浙江紹興	上海江西路中華匯業銀行
崔致武	緯忱	奉天	吳淞砲台灣
鄒應炎	嶺文	吳縣	蘇州閶門内吉由巷

通常會員

姓名	字	籍貫	地址
季方	介吾	浙江玉環	玉環縣立第一高等小學校
徐坤生		宜興	宜興徐舍鎮徐信義號
高杏林	春園	泰興	泰興南門外孫乾泰轉
陳福基	敬齋	泰興	泰興南門
徐澄	潤甫	武進	上海西門外大吉路五十七號

图 2-24　1920 年江苏省立水产学校校友会发行的《水产》第三期中记载第五届制造科三位学生毕业

民国九年（1920 年）七月制造科学生胡郁文毕业证书如下：

图 2-25　1920 年 7 月江苏省立水产学校制造科学生胡郁文毕业证书

八、江苏省立水产学校时期教学计划

《江苏省立水产学校时期教学计划书》（约1922年至1937年）中较详细记载了当时罐头制造法、盐藏法、干制法、糊料制造法、制盐法、冷藏法各课程教学计划。原文如下：

罐头制造法教学计划

一、教学目标

1. 使明了水产罐头之价值及世界罐头制造业之大势与趋向
2. 使了解制造法之原理及制罐机械之用法与构造
3. 使理会制造上各种技术及方法
4. 发挥自动研究及企业之兴趣
5. 训练个人制造之记载方法及能力
6. 养成罐头制造工厂之设备统计及预算

二、教学时间及教材

本学程在制造科第一学年第二学期每周教学二时　第二学年第一学期每周二时　第二学期每周二时又实习六时　共八时　第三学年第一学期每周实习六时　第二学期连续实习四周　教材大纲如左（下）

历史与原理

罐头制造之发明与历史　罐头制造之进步与现状　制造法之原理　罐头食物之价值　罐头与细菌之关系　罐头与温度之关系　罐头内容物之变化　罐头内容物之分析　罐板与内容物之关系　罐头中毒之原因与预防

种类及检查

罐头分类法　加味制罐头　油渍制罐头　醋渍制罐头　糖液渍罐头　糟渍制罐头　杂制罐头

检查法之类别

空罐检查法　实罐检查法　外观检查法　击打检查法　细菌检查法　化学检查法

制造工场

位置及设备　房屋及其配置　各种机械之配置　工作配置法　工场与交通　工场与职工　工场与原料加热装置　燃料及烟突　汽锅及抽水机　蒸汽管蒸汽釜与脱气箱　杀菌用釜　普通灶及煮釜　工场用具　制罐机械　普通罐各种机械　卷罐各种机械　特殊罐各种机械　真空密封罐各种机械　玻瓶密封各种机械　密封用各种器具

容器

罐材　瓶材　洋铁罐　洋铁罐之利弊　玻瓶　玻瓶之利弊

空罐制造

制造顺序　各种罐制造法　胴制造法盖底制造法　封蜡　封合方法与器具　卷罐制造法　卷取罐制造法　特种罐制造法　空罐检查法　空罐处理法

实罐制造

装罐及其注意　装罐后之密封　加热　加热方法汤检　脱气加热　杀菌加热　真空排气密封法　检查与修理　加热与内容物之变化　加热后之处理　装饰　假漆　装饰纸　花漆　包装贮藏

原料性质

水产动物类　鱼类　介贝类　食用水产植物类　鸟兽类　蔬菜类　豆类　果实类　附调味用材料类　调味用香辛类

水产罐头制造法

水煮制罐头之价值　世界水煮制罐头之现状　用品　各种鱼类制造法　各种介贝类制造法　各种海兽制造法　各种鸟兽肉制造法　各种蔬菜制造法　各种豆类制造法

加味罐头制造法

加味制罐头之价值　世界加味制罐头之现状　用品　各种鱼类制造法　各种介贝类制造法　食用藻类制造法　各种鸟兽类制造法

油渍制罐头制造法

油渍制罐头之价值　油渍制罐头之重要与现状　用品　用具　材料之选择　各种鱼类罐头制造法　各种鱼类油炸制罐头制造法　各种鱼类熏制油渍制罐头制造法

醋渍制罐头制造法

醋渍制罐头之价值与现状　醋渍制罐头与容器之关系　食用醋　各种鱼类制造法　其他醋渍制罐头制造法

糖液渍制罐头制造法

糖液渍制罐头之价值与现状　用具　糖液　各种果实类制造法

糟渍制罐头制造法

鱼介类糟渍之价值　糟渍制罐头之现状　食用糟　各种鱼类制造法　各种介贝类制造法

杂制罐头制造法

松类　干物类　果酱　果胶　越几斯各种鱼松类制造法　各种介松类制造法　各种鱼介类越几斯罐头制造法

附录

世界重要水产物罐头之统计与现状　各国罐头检查标准　罐头与维他命　罐头制造用防腐剂

三、教学方法

1. 引用启发式指示法则及原理使完全明了与应用

2. 注意问题的讨论及实示标本模型机械之使用法与构造

3. 使学生笔记重要教材并鼓励课外阅读与参考

4. 指示各种罐头之实况并其内容物之优劣

5. 实地练习各种罐头制造方法使之工人他

6. 参观各罐头工厂之实在情形

四、成绩考查

1. 注重不定期之笔试与口试

2. 检阅平日之笔记及参考书籍

3. 测验实习时之方法能力并判断其优劣

4. 考查各种机械模型之应用与装置配修理

5. 评阅参观报告及实习报告

五、毕业标准

1. 完全明了制造罐食之原理与学识

2. 能切实应用技术方法制造各种罐头

3. 能配置各种制罐机械与修理

4. 能负担罐头工厂之技术事项

5. 确切负有设计罐头工厂之能力

图 2-26　　　　　图 2-27　　　　　图 2-28

图 2-29　　　　　图 2-30

江苏省立水产学校时期罐头制造法教学计划

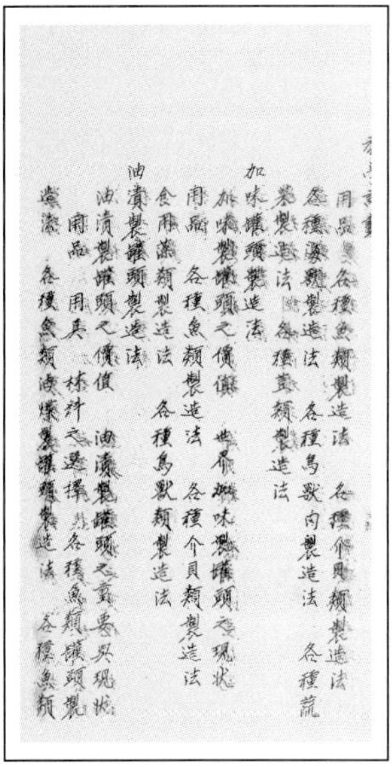

图 2-31

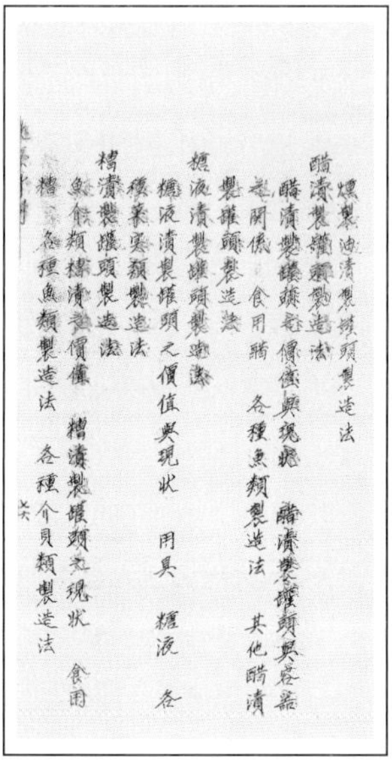

图 2-32

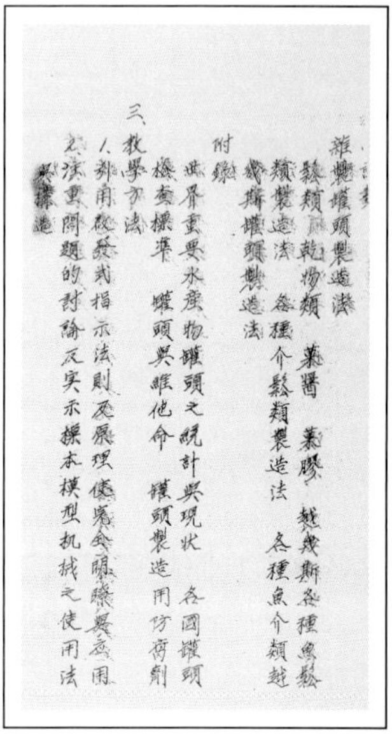

图 2-33

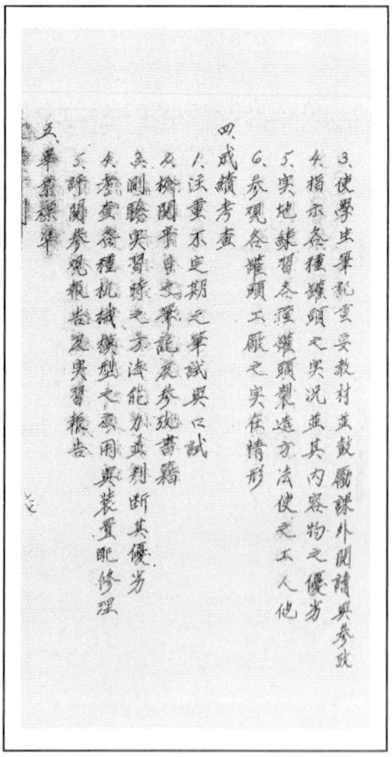

图 2-34

图 2-35

江苏省立水产学校时期罐头制造法教学计划

盐藏法教学计划

一、教学目标

1. 使周知世界水产盐藏品之分布与趋势

2. 使明了水产盐藏品之学理与技术

3. 使了解国内水产盐藏品之现状与其制法

4. 培养制造技术能力

5. 训练检查试验盐藏品之能力

6. 增进研究水产盐藏品之兴趣

二、教学时间及教材

本学程在制造科第一学年第二学期每周教学一时临时酌量加课实习第三学年第二学期连续实习一周教材大纲如左（下）

总论

盐藏之要旨　盐质与制品　盐水之浓度　盐与气候　盐之浸透度　盐水之浸透度　掩量鱼体成分之变化　盐藏期中制品之变化　盐藏期中之恶变　恶变之预防　盐藏品之细菌　盐藏品之分析　盐藏品之价值　国内盐藏品之现状与其优劣　国外盐藏品之发达与其现状　盐藏用补助品　补助品与制品　盐藏法之分类　盐渍法　盐水渍法　盐藏时之注意

分论

盐鲑　盐鳕　盐鲭　盐鳁　盐鲔　盐鳟　盐鲷　盐鰤　盐黄鱼　盐黄花鱼　盐米鱼　盐带鱼　盐鰤鱼　盐青鱼　盐乌贼　盐鲳鱼　海蜇　盐鱼卵　鲸肉盐藏　鲨肉盐藏　海豚肉盐藏　其他盐鱼类

附录

糟藏类　糟与制品　糟鱼之价值　糟藏之注意　糟藏方法　重要糟鱼类　国内糟藏品之概况　世界盐藏品之统计与近况　盐藏品之检查

三、教学方法

1. 指示制造方法与技能

2. 应用实物指示其优劣

3. 注重课内外之笔记

4. 指导参考材料

5. 各种制造法问题之讨论

6. 指示制品试验方法

四、成绩考查

1. 解答各种制造法之顺序与改良

2. 注意临时课内及实习时之口试

3. 评阅实习报告

4. 观察技术之优劣

五、毕业标准

1. 能应用学理及技术

2. 能检查各种盐藏品之品质成分

3. 有制造及研究之能力

4. 有设计预算工厂之能力

图 2-36

图 2-37

图 2-38

图 2-39

图 2-40

江苏省立水产学校时期盐藏法教学计划

干制法教学计划

一、教学目标

1. 使明了国内外水产干制品之现状与大势

2. 使了解各国水产干制品之制法并指示其优点

3. 使鉴识水产干制品之价值并其营养分之分析

4. 训练个人制造之方法与技术俾能应用

5. 养成干制品工厂之设备并经营之能力

6. 使熟悉国内干制品之制法与销路

二、教学时间及教材

本学程在制造科第二学年每周教学二时　渔汛时临时加课实习　第三学年第二学期连续实习二周　教材大纲如左（下）

原理与分类

原料　原料之腐败　原料之营养分　制品与腐败　制品与水分　制品与营养分　干燥之要旨

干燥之原理　干制品之恶变　恶变之处理　恶变之预防　原料水分定量法　制品水分定量法　真空干燥之原理　干燥与温度　干燥与湿度　干燥品之分类

干燥法

干燥法之分类　天然干燥法　人工干燥法　干燥与空气之交换　空气之温度与水蒸气　干燥与品质　干燥场　干燥室　真空干燥至设备　极端干燥　干燥法与营养分之关系

素干品

素干品之价值　制造时之注意　素干品之现状与销路　鱿鱼　鱼翅　海咸　鲸筋　柴鱼　班鱼干　大池鱼干　海带　柴菜　发菜　鳗鲞　章鱼鲞　鱼肚　鱼唇　鱼皮　干蛤　银丝　鲚干　其他素干品类

盐干品

盐干品之价值　盐干之要旨　盐干品之现状与销路　黄鱼鲞　铜盆鱼鲞　大头鱼鲞　鳗鲞　青串鱼鲞　鳁鲞　抱鲞鲨

肉　比目鱼鲞　飞鱼鲞　黄华鱼鲞　鱼腊　其他盐干制品类

煮干品

煮干品之价值　煮干时间与煮度　煮熟用水　煮熟时原料品质与变化　煮熟时之注意　煮干品之现状与销路　堆翅　虾米　虾干　明骨　海参　淡菜　江瑶柱　干鲍　干牡蛎　蛏干　螺干　干鳀　虾子　节类　其他干煮品类

熏干品

熏干品之价值　熏干之要旨　熏干室　熏烟材料　熏烟方法　温熏法　冷熏法　熏鲑　熏鲢　熏鳕　熏鳗　熏秋刀鱼　熏鲏　熏青鱼　熏鲦　熏乌贼　其他熏干品类

冻干品

冻干品之价值　冻干品之性质与成分　冻干品之要旨　冻干之方法　冻干品之现状与销路　冻干场　冻干与气象　原料　制造法　精制法　制品　制品之性质　制品之用途　商品

附录

干制品之检查　干制品之保存　干制品之统计

三、教学方法

1. 指示国内水产干制品之现状及制法

2. 实示国外干制品与国内干制品之比较

3. 使学生笔记重要教材

4. 使实习各种干制品之制法并考察其优劣

5. 参观并调查国内干制品之实在情形

6. 引起改良国内干制品之价值

四、考查成绩

1. 注重临时考试

2. 考察课内外之笔记

3. 测验实习时之方法与能力

4. 检阅实习参观调查等报告

5. 试制干制工厂之预算和设备

6. 检查参观及调查之心得

五、毕业标准

1. 完全了解制造之学理与技术

2. 明了国内干制品之制法并其改良之点

3. 能经营干制工厂俾得自行制造

4. 能熟练制造上各种技术

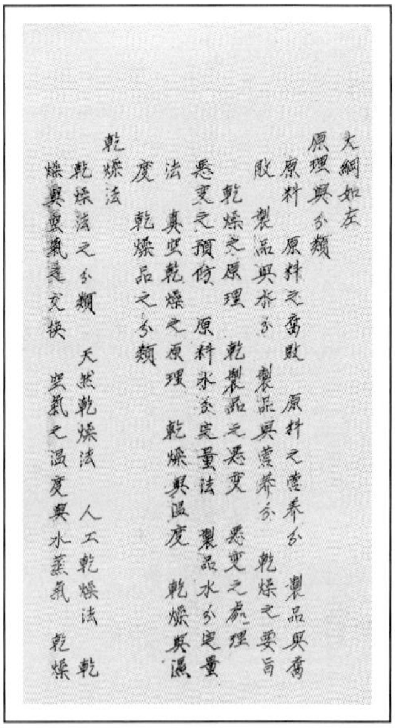

5. 能鉴定各种干制品之优劣

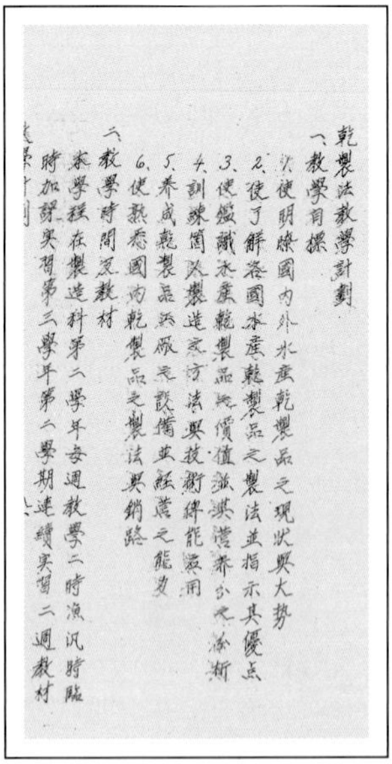

图 2-41

图 2-42

江苏省立水产学校时期干制法教学计划

與品質　乾燥場　乾燥室　真空乾燥之設備
種類乾燥　乾燥法與營養之關係
素乾品
素乾品之價值　製造時之注意　素乾品之現狀
與銷路　鹹魚　魚翅　海蜇　鰾筋　柴魚　班
魚乾　大池魚乾　海帶　紫菜　髮菜　鰻鯗
章魚鯗　魚肚　魚唇　魚皮　乾蛤　銀魚　鯑
乾　其他素乾品類
鹽乾品
鹽乾品之價值　鹽乾之要旨　鹽乾品之現狀與
銷路　黃魚鯗　銅盆魚鯗　大頭魚鯗　鰻鯗

图 2-43

青津魚鯗　鰻鯗　抱鯗　鯊魚肉　比目魚鯗　飛
魚鯗　黃華魚鯗　魚臘　其他鹽乾品類
煮乾品
煮乾品之價值　煮乾時間與煮度　煮熟用水
煮熟時原料品質之變化　煮熟時之注意　煮乾
品之現狀與銷路　堆翅　蝦米　蝦乾　明骨
海參　淡菜　江瑤柱　乾鮑　乾牡蠣　燻乾
螺乾　乾鰮　蝦子　節類　其他乾煮品類
燻乾品
燻乾品之價值　燻乾之要旨　燻乾室　燻烟材
料　燻烟方法　溫燻法　冷燻法　燻魷　燻鰊

图 2-44

燻鱈　燻鰻　燻秋刀魚　燻蚶　燻青魚　燻
鰣　燻烏賊　其他燻乾品類
凍乾品
凍乾品之價值　凍乾品之性質與成分　凍乾品
之要旨　凍乾之方法　凍乾品之現狀與銷路
凍乾場　凍乾與氣象　原料　製造法　精製法
製品　製品之性質　製品之用途　商品
附錄
乾製品之檢查　乾製品之保存　乾製品之統計
三、教學方法
1. 指示國內水產乾製品之現狀及製法

图 2-45

2. 實示國外乾製品與國內乾製品之比較
3. 使學生筆記重要教材
4. 使實習各種乾製品之製法並考察其優劣
5. 參觀並調查國內乾製品之實在情形
6. 引起改良國內乾製品之價值
四、考查成績
1. 注重臨時考試
2. 考察課內外之筆記
3. 測驗實習時之方法與能力
4. 檢閱實習參觀調查等報告
5. 試製乾製工廠之預算及設備

图 2-46

6. 檢查參觀及調查之心得
五、畢業標準
1. 完全了解製造之學理與技術
2. 明瞭國內乾製品之製法並其改良之点
3. 能經營乾製工廠俾得自行製造
4. 能熟練製造上各種技術
5. 能鑒定各種乾製品之優劣

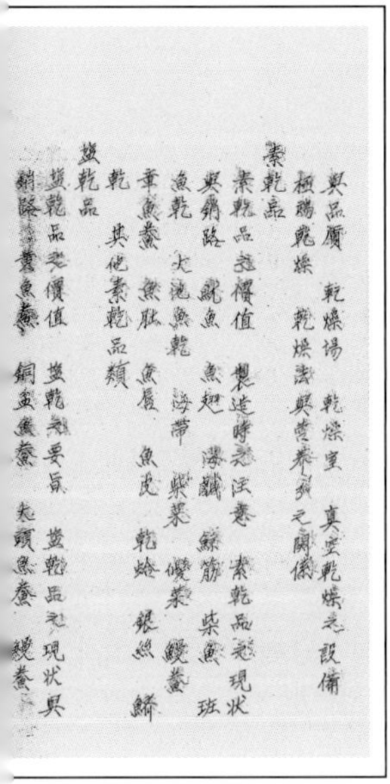

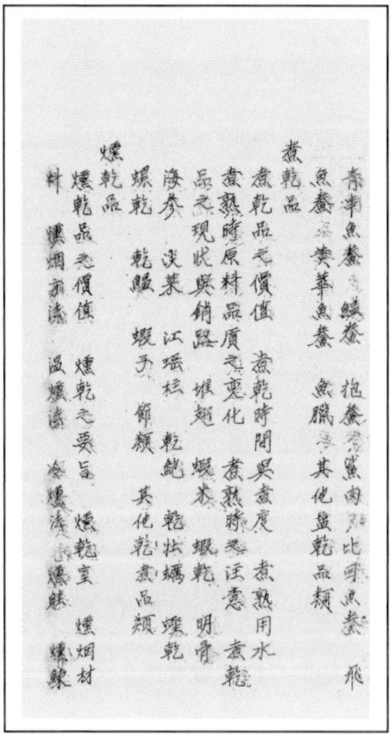

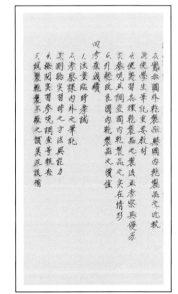

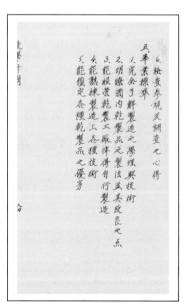

图 2-47

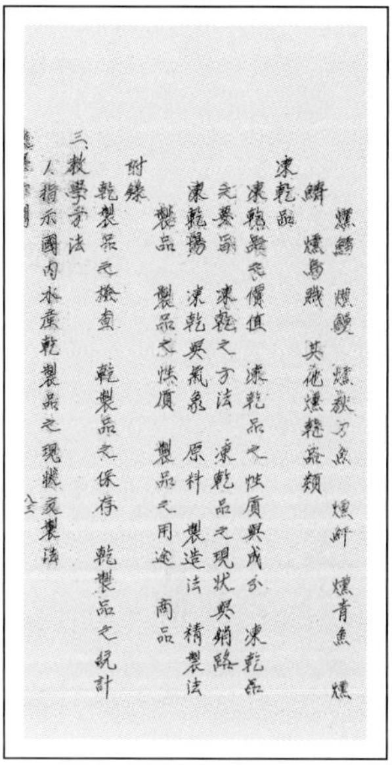

江苏省立水产学校时期干制法教学计划

糊料制造法教学计划

一、教学目标

1. 使明了制糊之原理与技术

2. 使了解利用水产植物之观念

3. 使熟悉糊料之性质探求合于制造之原料

4. 使诱起研究糊料之兴趣

二、教学时间及教材

本学程在制造料第三学年第一学期每周教学一时　实习临时酌定　教材大纲如左（下）

原料

原料之生殖状态　原料之产期反采收方法　原料成分之分析　原料糊分之确定　有用原料之探知　原料之干燥　原料之鉴别法　原料与水之关系　原料之保存　原料发酵腐败之预防　原料之配合

制造

削截法　切断与删削之应用　软化法　发酵与浸水之应用　脱蓝法　抄制法　扩制法　褪色漂白法　粘合法　撤水日干法　撤水日干时之变化　干燥　干燥后之处置　混制品之制造法

制品

制品之贮藏　贮藏时品质之变化　制品之分析　制品之种类　制品之用途　制品之现状　制品之销路与价格

商品

市场之习惯　市场之评价　普通包装法　包装法之类别

三、教学方法

1. 实示糊料之标本研究其性质与成分

2. 指示各种糊料之制法与学理

3. 笔记重要教材增进其学识之充实

4. 训练技术之熟练养成独自制造之能力

四、成绩考查

1. 测验原料之鉴别能力

2. 考察平日笔记

3. 注重临时口试与笔试

4. 考察研究与参考能力

五、毕业标准

1. 能完全明了制造之学理与技能

2. 能利用藻类之特性制成优良之制品

3. 能鉴别及采集各种适当之原料

4. 能试验及分析原料及制品之成分

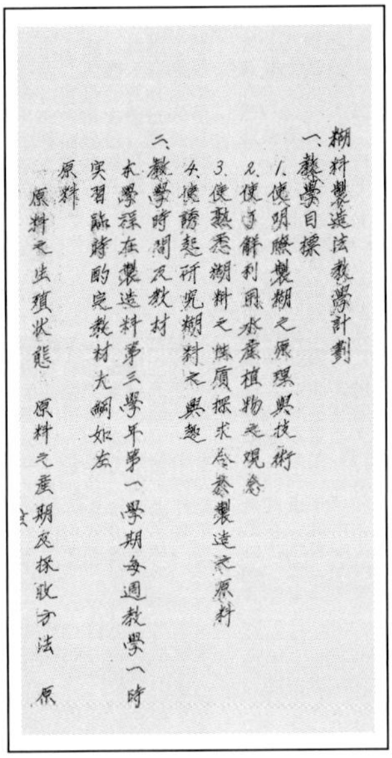

糊料製造法教學計劃
一、教學目標
1.使明瞭製糊之原理與技術
2.使了解利用水產植物之觀念
3.使熟悉糊料之性質探求參考製造之原料
4.使誘起研究糊料之興趣
二、教學時間及教材
本學程在製造科第三學年第一學期每週教學一時
實習臨時酌定教材大綱如左
原料
原料之生殖狀態 原料之產期及採取方法 原

图 2-48

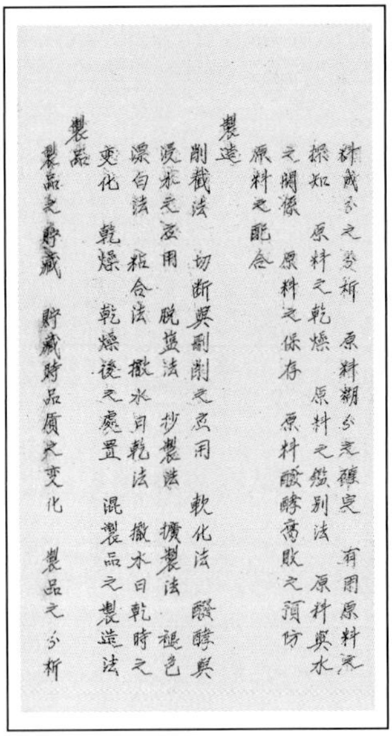

料成分之分析 原料糊分之確定 有用原料之
採取 原料之乾燥 原料之鑑別法 原料與水
之關係 原料之保存 原料醱酵腐敗之預防
原料之配合
製造
削截法 切斷與刷削之应用 軟化法 醱酵與
浸水之应用 脫鹽法 抄製法 擠製法 褪色
漂白法 粘合法 撤水日乾法 撤水日乾時之
變化 乾燥 乾燥後之處置 混製品之製造法
製品
製品之貯藏 貯藏時品質之變化 製品之分析

图 2-49

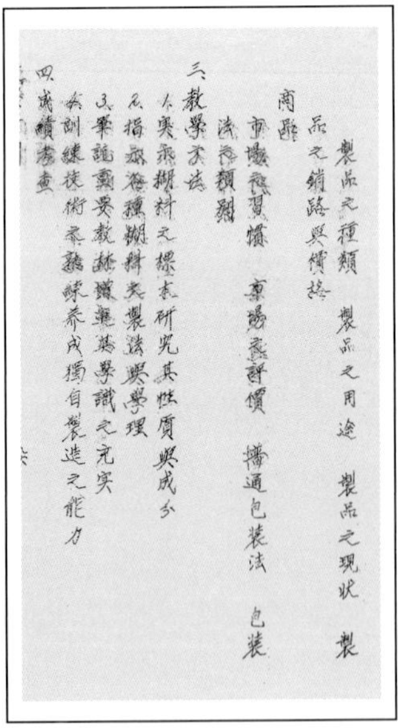

製品之種類 製品之用途 製品之現狀 製
品之銷路與價格
商略
市場之習慣 市場之評價 普通包裝法 包裝
法之種類
三、教學方法
1.實示糊料之標本研究其性質與成分
2.指示各種糊料之製法與學理
3.筆記重要教材增進其學識之充實
4.訓練技術之熟練養成獨自製造之能力
四、成績考查

图 2-50

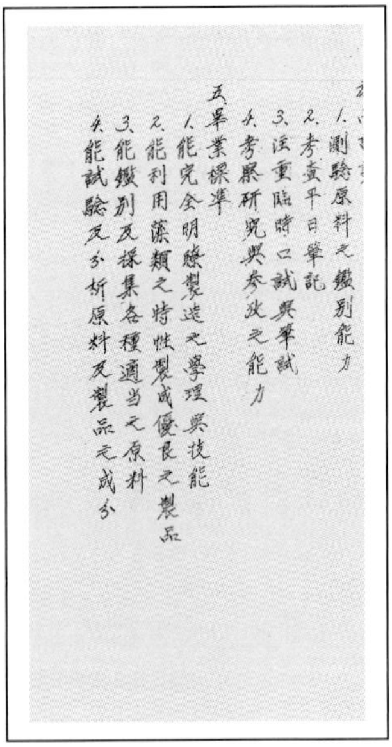

1.測驗原料之鑑別能力
2.考查平日筆記
3.注重臨時口試與筆試
4.考察研究與參考之能力
五、畢業標準
1.能完全明瞭製造之學理與技能
2.能利用藻類之特性製成優良之製品
3.能鑑別及採集各種適當之原料
4.能試驗及分析原料及製品之成分

图 2-51

江苏省立水产学校时期糊料制造法教学计划

制盐法教学计划

一、教学目标

1. 使畅晓吾国盐制盐场及各盐业情形

2. 使明了世界各国制盐业之趋势

3. 使了解精盐变性盐与普通盐制法与品质上之异点

4. 养成制造各种食盐之技能

5. 引起制盐企业上之兴趣

6. 使明了制盐副产物之利用方法

二、教学时间及教材

本学程在制造科第三学年第一学期每周教学二时　第二学期连续实习三周　教材大纲如左（下）

食盐概论

种类　成分　性质　结晶　溶度　咸水之比重　咸水之冰点和沸点

食盐品质鉴定法

物理学鉴定法　化学鉴定法

制盐法

水中盐量测定法　采卤法　晒制法　冻制法　煎制法　再制法　精制法　型盐制法　变性盐制法　苦卤之利用

我国盐业状况

两淮　山东　长芦　辽宁　两浙　福建　广东　四川　云南　河东

各国制盐要略

美国　英国及其他

盐制

各国盐制　我国盐制　新盐法

三、教学方法

1. 发挥教材并补充之

2. 选择制盐业参考书报使其课外阅读

3. 实习　设备食盐制造器械采购制盐药品俾实地练习制造技能

4. 参观　参观各盐场及各精盐公司实况以资借镜

四、成绩考查

1. 不定期口试及笔试

2. 评定实习时之技术能力及考勤

3. 核阅实习工作报告及参观报告

4. 实习成绩品之鉴别

五、毕业标准

1. 能了解我国制盐业情形及各种食盐制造方法

2. 能独立研究制盐改进方案

3. 有实地制造或鉴别各种食盐之技能

4. 对于精盐硫酸镁等之工厂能实地经营管理

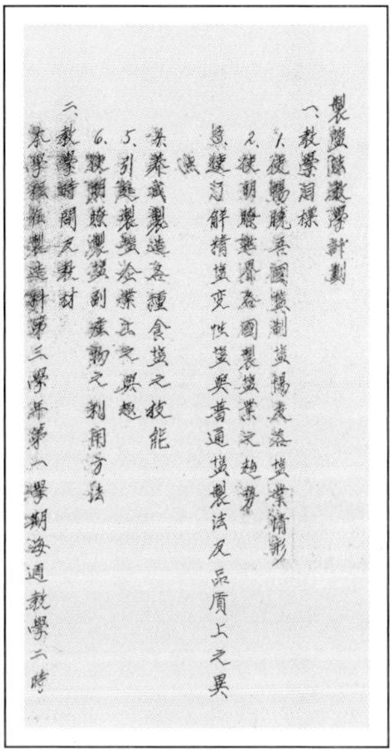

製鹽課教學計劃
一、教學目標
1.從暢曉吾國製鹽場及各鹽業情形
2.使明瞭世界各國製鹽業之趨勢
3.使了解精鹽變性鹽與普通鹽製法及品質上之異點
4.養成製造各種食鹽之技能
5.引起製鹽企業之興趣
6.使明瞭副產物之利用方法
二、教學時間及教材
本學程製造科第三學年第一學期每週教學二時

图 2-52

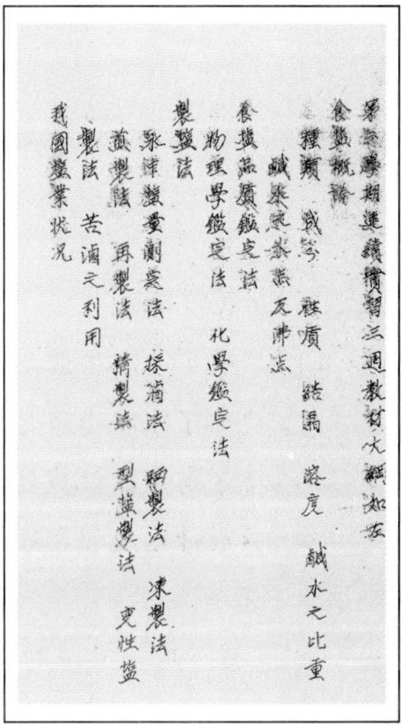

第一學期選續實習三週教材大綱如左
食鹽概論
種類 成分 性質 結晶 溶度 鹹水之比重
鹹水之蒸發及沸點
食鹽品質鑑定法
物理學鑑定法 化學鑑定法
製鹽法
海洋鹽量測定法 採滷法 晒製法 凍製法
煎製法 再製法 精製法 型鹽製法 變性鹽
副製法 苦滷之利用
我國鹽業狀況

图 2-53

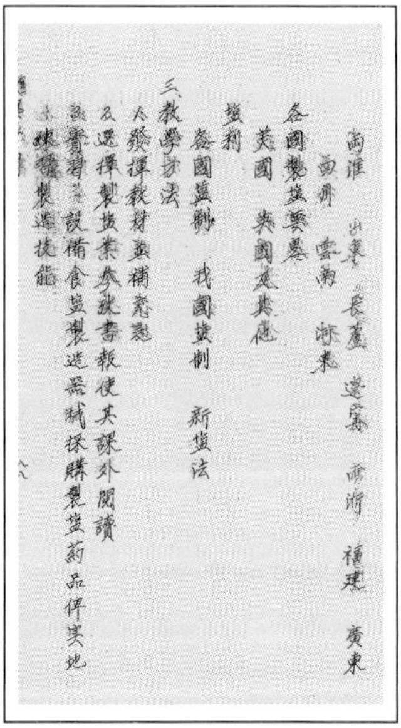

兩淮 山東 長蘆 遼寧 兩浙 福建 廣東
兩川 雲南 浙東
各國製鹽要畧
美國 英國及其他
鹽制
各國鹽制 我國鹽制 新鹽法
三、教學方法
1.發揮教材並補充之
2.選擇製鹽業參考書報使其課外閱讀
3.實習設備食鹽製造器械採購製鹽藥品俾實地
練習製造技能

图 2-54

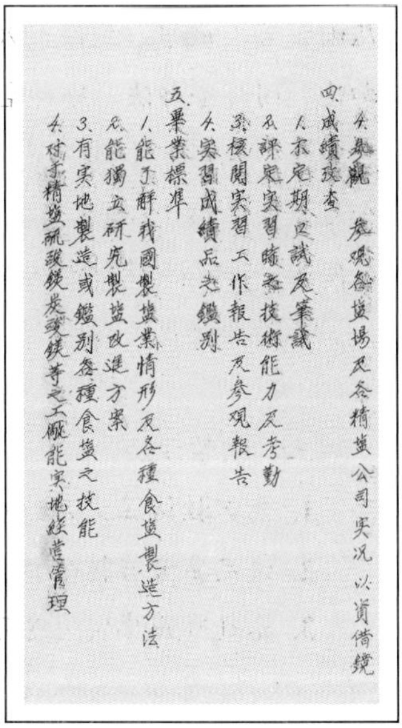

4.參觀 參觀各鹽場及各精鹽公司实況以資借鏡
四、成績考查
1.不定期口試及筆試
2.評定实習時之技術能力及考勤
3.核閱实習工作報告及參观報告
4.实習成績品之鑑別
五、畢業標準
1.能了解我國製鹽業情形及各種食鹽製造方法
2.能獨立研究製鹽改進方案
3.有实地製造或鑑別各種食鹽之技能
4.對于精鹽廠設鍋爐等之工作能实地經營管理

图 2-55

江苏省立水产学校时期制盐法教学计划

冷藏法教学计划

一、教学目标

1. 使明了冷冻工业与水产及其他工业之关系

2. 使明了冰藏冷藏之原理及应用

3. 使了解制冰机械之种类及其管理法

4. 养成计划及管理冷藏库之技能

二、教学时间及教材

本学程在制造科第三学年第一学期每周教学二时　第二学期连续实习二周　教材大纲如左（下）

冷却法之原理及分类　冰场　冰藏库　起寒剂　液化性气体压缩装置　咸水　绝缘物及绝缘法　冷藏库冷却之方式（直接冷却法　间接冷却法　冷却空气冷却法）　冷冻之应用（冷冻法应用之趋势　渔船之冷藏装置　肉类之冷藏　果物蔬菜之冷藏　鱼类之冷藏及手续）　制冰（制冰工场　冻钣式罐水）　世界冷藏机械之发达　世界冷藏业之现状

各国冷藏业之统计

三、教学方法

1. 发挥教材涵义并补充之

2. 选定参考书籍令其课外阅读并报告其心得

3. 派赴冷藏库实地练习

四、成绩考查

1. 定期试验

2. 举行不定期口试及笔试

3. 评阅实习报告

五、毕业标准

1. 能完全明了冷藏之学理及方法

2. 能应用机械冷藏方法实行鱼类之冷藏

3. 能熟悉鱼类在冷藏期中性质上之变化

4. 能经营简单之冷藏库及冷藏渔船

图 2-56

图 2-57

图 2-58

江苏省立水产学校时期冷藏法教学计划

九、中华人民共和国成立后首次聘任的制造科教员

1950 年 6 月，学校补发 1949 年 8 月 1 日至 1950 年 1 月 31 日间受聘教员聘书。

1950 年 6 月，学校补发的部分制造科师资聘书存根中记载：

水聘字第 003 号　兹聘王刚先生为本校教授兼职业部主任担任水产各种用品制造；

水聘字第 005 号　兹聘金焓先生为本校兼任教授担任制造科主任及食品学；

水聘字第 006 号　兹聘杨树恒先生为本校兼任教授担任实习主任及连续实习定期实习；

水聘字第 018 号　兹聘俞之江先生为本校副教授担任教学并专科部制造科一年级级任导师；

水聘字第 023 号　兹聘张毓骒先生为本校兼任教授担任水产制造学；

水聘字第 029 号　兹聘钱锺先生为本校副教授担任英文兼专科部制造科二年级级任导师；

水聘字第 040 号　兹聘成亚林先生为本校助教担任生物学及实验标本制造兼专科部渔捞科一年级级任导师；

水聘字第 045 号　兹聘孙洁黄先生为本校职业部国文教员兼职业部制造科二年级级任导师。

图 2-59　　　　　　　图 2-60　　　　　　　图 2-61　　　　　　　图 2-62

图 2-63　　　　　　　图 2-64　　　　　　　图 2-65　　　　　　　图 2-66

1950 年 6 月，学校补发的部分制造科师资聘书存根

1950 年 6 月，学校颁发 1950 年 2 月 1 日至 1950 年 7 月 31 日间受聘教员聘书。

1950 年 6 月，学校颁发的部分制造科师资聘书存根中记载：

水聘字第 3 号　兹聘金焰先生为本校兼任教授担任制造科主任及食品学；

水聘字第 6 号　兹聘王刚先生为本校教授担任职业部主任及水产制造学并代理制造科主任；

水聘字第 23 号　兹聘张毓骙先生为本校兼任教授担任水产制造学；

水聘字第 29 号　兹聘顾大铭先生为本校副教授担任国文生活辅导委员会副主任委员兼专科部制造科二年级级任导师；

水聘字第 32 号　兹聘吴惊宙先生为本校副教授担任国文英文及专科部制造科一年级级任导师。

图 2-67

图 2-68

图 2-69

图 2-70

图 2-71

1950 年 6 月，学校颁发的部分制造科师资聘书存根

十、罗马尼亚鱼类加工专家来访

1956年9月5日,罗马尼亚布加拉(勒)斯特一个最大的鱼类加工厂厂长、国家奖金获得者、鱼类熏制专家雷波维奇和商品学专家华尔多洛密伊来校访问,并与学校水产加工系教师进行座谈交流等。

1956年9月29日《上海水产学院院刊》第2期头版对此进行报道如下:

罗马尼亚鱼类加工专家来院访问

九月五日,罗马尼亚布加拉斯特一个最大的鱼类加工厂厂长、国家奖金获得者、鱼类熏制专家雷波维奇和商品学专家华尔多洛密伊来我院访问,在我院会议室与水产加工系教师举行了座谈会。雷波维奇详尽地介绍了冷熏和热熏的制鱼方法,回答了教师们提出的问题。他说鱼类熏制罐头在欧洲和国际市场极受欢迎,罗马尼亚罐头制品在国外享有很高的声誉。他还说到在我国参观访问期间,看到很多海产鱼类如鲹、鳕等都是适合熏制的好原料,建议我院进行试制。

罗马尼亚专家们还和院长、青年助教合影留念。

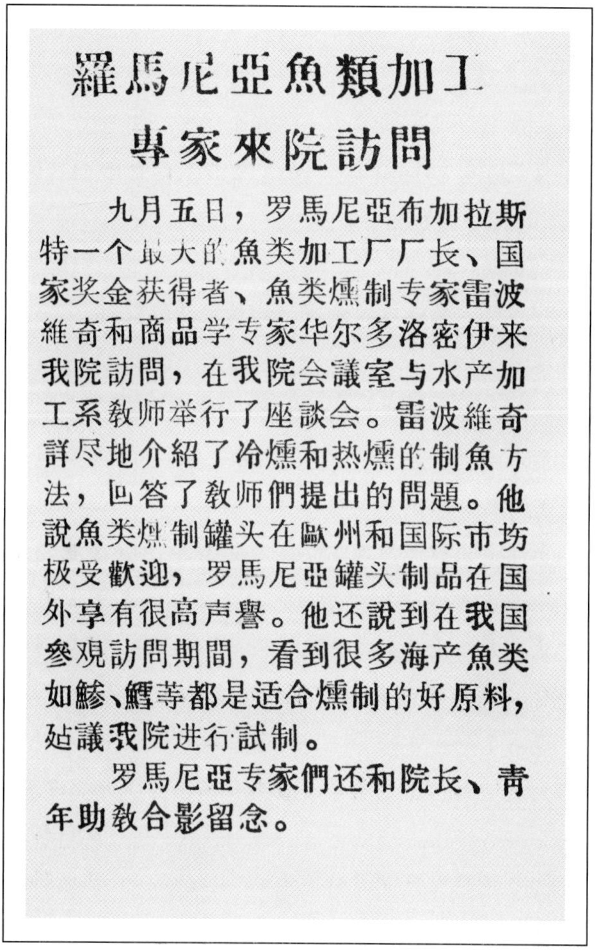

羅馬尼亞魚類加工專家來院訪問

九月五日，罗马尼亞布加拉斯特一个最大的魚类加工厂厂长、国家奖金获得者、魚类燻制专家雷波維奇和商品学专家华尔多洛密伊来我院訪問，在我院会議室与水产加工系教师举行了座談会。雷波維奇詳尽地介紹了冷燻和热燻的制魚方法，回答了教师們提出的问题。他說魚类燻制罐头在歐州和国际市场极受歡迎，罗馬尼亞罐头制品在国外享有很高声譽。他还說到在我国參观訪問期間，看到很多海产魚类如鯵、鱈等都是适合燻制的好原料，建議我院进行試制。

罗馬尼亞专家們还和院长、青年助教合影留念。

图 2-72 《罗马尼亚鱼类加工专家来院访问》,《上海水产学院院刊》第 2 期（1956 年 9 月 29 日）

十一、翻译苏联教学大纲

根据高等教育部要求，1955年学校承担翻译苏联高等水产学校水产品工艺学专业等教学大纲。

1957年上海水产学院翻译的《苏联水产教学大纲》（高等水产学校适用）合订本（原文1955年版、1956年版）目录中记载的水产品工艺学专业适用的教学大纲如下：

苏联高等水产学校教学大纲目录

……

Ⅱ【水产品工艺学】专业适用的教学大纲

1. 水产品工艺学 —————————— 莫斯科（1953年）

2. 水产品加工企业装备 ————————— 莫斯科（1953年）

3. 食品企业设计原理 —————————— 莫斯科（1953年）

4. 冷冻技术 ——————————————— 莫斯科（1956年）

5. 鱼类加工生产的技术化学检验 ———— 莫斯科（1955年）

6. 食品生产自动化过程原理（食品工业高等学校技术专业
   适用）——————————————— 莫斯科（1954年）

7. 鱼类学和水生生物学（鱼类食品工艺学专业适用）
   ——————————————————— 莫斯科（1955年）

8. 一般技术生产实习标准大纲 ———— 莫斯科（1955年）

9. 学生毕业前生产实习教学大纲 ——— 莫斯科（1953年）

图 2-73　1957 年上海水产学院翻译的《苏联水产教学大纲》合订本封面

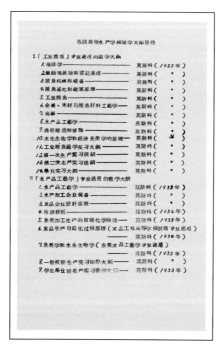

图 2-74　1957 年上海水产学院翻译的《苏联水产教学大纲》合订本中
苏联高等水产学校教学大纲目录

十二、实习在祖国的南方

1957 年 5 月 30 日《上海水产学院院刊》第 9 期第 3 版、第 4 版，对学校加工系三年级学生赴北海水产加工厂进行为期十五天的水产品加工操作实习进行报道。原文如下：

实习在祖国的南方

加三　颜学文

三月的上海，树梢上还是光秃秃的，人们穿着过冬的棉袄，可是，就在这个时候，祖国的南方却已经呈现一片初夏的景色，到处是浓荫郁绿，花朵盛开。道旁高大的芭蕉树，在微风中轻轻地挥舞她的"大手掌"，好像是在迎接那远道而来的客人，也好像在招呼过路的人们，尝一尝她抚育出来的丰盈的果实。

我们来到了实习单位：——北海水产加工厂。

北海，位在北部湾的边上，虽说城市不大（只有八万人口），可是，谁要是到过那儿准会说，她是一个美丽城市。围绕着她的那片碧绿澄清的海水，真是叫人越看越感到舒畅。

一进入加工厂，给我们最初也是最深的印象，就是那丰富的五光十色的水产品。红的、绿的、黄的、白的、花的……从不到一寸的小鱼到几千斤的大鱼真是样样都有。几十几百种的鱼类再加上为数不多的甲壳软体动物，看上去确实叫人眼花，也难怪人们把水晶宫描写得那样淋漓尽致，作为一个未来的水产工作者，我们真为祖国这样富饶的水产资源而感到由衷的喜悦。

进厂的第二天，我们就开始实习工作，第一天加工的是鱿鱼，后来又做了赤鱼、墨鱼、鱼翅、鱼松等产品的加工操作实习，虽然实习的时间不长，可是，我们学到的东西的确不少。我们都有这样的感觉，似乎接触到的都是新鲜的东西，似乎谁也不再说：盐干加工嘛，就是一把刀二把盐老一套。广东的水产加工品其种类之多、品质之高也许大家已经是熟悉的，其中鱿鱼、干贝、海参、鱼翅等……不仅驰名国内，而且在南洋及民主国家也享有盛誉。然而其中很多宝贵的经验正有待我们去逐步发掘和总结。当然加工中存在的问题不少，而大多是以前被我们视为老生长谈而毫无介意之类的问题，如发红、油烧、腐败、生虫等等，可是即使是这些老问题，为什么我们还无法来帮助解决。每当碰到工人同志的时候，他们总是对我们说：我们文化低，这里的技术也很差，希望你们多加帮助，而我对于这些殷切真诚的眼睛，简直一句话也讲不上来，我感到惭愧，感到内心的谴责，为什么不多知道一些呢？

我们很早就听说，广东人就是富有热情的，这次我们才体会到这话的确不假。他们，从厂长到工人个个都是那样热情诚恳，使我们一点也不感到生疏枯燥。他们有个习惯，凡是熟悉和见过的人叫起来前面总是加个"老"字，进厂后没几天我们和他们之间也都是老来老去的了。使我们最为感动的是工人同志们对我实习的关心和帮助。两位老车间主任一见到我们，就和大家谈这谈那，把他所知道的都告诉我们，每次当我们进行操作的时候，旁边总站着很多工人，他们都是主动地来帮助我们，虽然言语不太懂，但是他们那样耐心地一遍一遍地告诉我们："要这样剖那样搞"……直到我们听懂为止。有一个为叫唐佩卿的女工同志，我们都亲热地称呼她"阿唐"每次操作她几乎都陪着我们，帮我们从准备实习工具一直到收入台场。有一次我们做的鱼松搞到深夜一点多钟，她也不肯去休息，而一直帮着我们，这样热情的帮助，谁会不感动呢？

时间过的真快啊！十五天的实习时间结束了，这难忘的十五天呀！它教给了我们多少东西。四月十日清晨，我们依悉地步出了加工厂的大门，又重新乘那颠震荡的汽车，当我们回头望着那片碧波起伏的海洋的时候，我们是怀着多么深和感激的心情，一遍又一遍地重复着：再见吧！北海。

實習在祖國的南方　　加三 顏學文

三月的上海，树梢上还是光秃秃的，人们还穿着过多的棉袄，可是，就在这个时候，祖国的南方却已经呈现一片夏和夏的景色，到处是浓荫都绿，花朵盛开。道旁高大的芭蕉树，在微风中轻轻地挥舞她的"大手掌"，好像是在欢迎那远道来的客人，也好像在招呼过路的人们，尝一尝她那抚育出来的丰盈的果实。

我们来到了实习单位：——北海水产加工厂。

北海，位在北部湾的边上，虽说城市不大（只有八万人口），可是，谁要是到过那儿准会说，她是一个美丽城市。围绕着她的那片碧绿澄清的海水，真是叫人越看越感到舒畅。

一进入加工厂，给我们最初也是最深的印象，就是那丰富的五光十色的水产品。红的、绿的、黄的、白的、花的……、从不到一寸的小鱼到几千斤的大鱼真是样样都有。几十几百种的鱼类再加上为数不少的甲壳软体动物，看起来确实叫人眼花，也难怪人们把水晶宫描写得那样琳瑯瑰絕，作为一个未来的水产工作者，对我祖国这样富饒的水产资源而感到由衷的喜悅。

进厂的第二天，我们就开始实习工作，第一天加工的是魷鱼，后来又做了赤鱼、墨鱼、魚翅等产品的加工操作实习，虽然实习的时间不长，可是，我们学到的东西的确不少。我们都有这样的感覚，似乎接触到的都是全新的东西，到底是谁也不再说：盐干加工嘛，就是一把刀二把盐老一套。广东的水产加工品其种类之多、品质之高也許大家已经是熟悉的：明魷鱼、干貝、海参、魚翅等……不仅驰名国内，而且在南洋及民主国家也享有盛誉。然而其中很多宝贵的经验正有待我们去逐步发掘和总結。当然加工中

存在的问题不少，而大多是以前被我们視为老生长談而毫无介意之类的问题，如发红、油烧、腐败、生虫等等，可是即使是这些老问题，为什么我们还无法来帮助解决。每当碰到工人同志的时候，他们总是对我们说：我们文化低，这里的技术也很差，希望你们能帮助，而我对着这些殷切，真诚的眼睛，简直一句话也接不上来，我感到慚愧，感到内心的譴責，为什么不多知道一些呢？

我们很早就听说，广东人就是富有热情的，这次我们才体会到这话的确不假。他们，从厂长到工人个个都是那样热情誠恳，使我们一点也不感到生疏枯燥。他们有个习惯，凡是熟悉和见过的人叫来前面总加个"老"字，进厂后没几天我们和他们之间也都是老来老去的了。使我们最为感动的是工人同志们对我实习时的关心和帮助。两位老車間主任一见我们，就和大家这谈那，把他告訴我们，每次当我们进行操作的时候，旁边总是站着很多工人，他们都是主动地来帮助我们，虽然言語不太懂，但是他们那样耐心地一遍一遍地告訴我们："要这样就那样搞"……直到我们听懂为止。有一个为叫唐佩卿的女工同志，我们都亲热地称呼她"阿唐"每次操作她几乎都陪着我们，帮我们为准备实习工具一直到收入台勞。有一次我们的鱼松搞到深夜一点多钟，她也不肯去休息，而一直帮着我们，这样热情的帮助，谁会不感动呢？

（下接第 4 版）

图 2-75 《实习在祖国的南方》,《上海水产学院院刊》第 9 期（1957 年 5 月 30 日）

（上接第三版）

时间过的眞快啊！十五天的实习时间结束了，这难忘的十五天呀！它敎給了我們多少东西。四月十日清晨，我們依悉地步出了加工厂的大門，又重新乘那巓震盪的汽車，当我們回头望着那片碧波起伏着的海洋的时候，我們是怀着多么深和感激的心情，一遍又一遍地重复着：再见吧！北海。

图 2-76 《实习在祖国的南方》,《上海水产学院院刊》第 9 期（1957 年 5 月 30 日）

十三、创设五年制本科冷冻专业

20 世纪 50 年代，中国的冷藏库、冷藏车、冷藏船取得长足发展，但是冷冻冷藏专业技术人才的培养还远远跟不上发展的需要。为培养新中国制冷科技人才，1957 年，城市服务部（第二商业部的前身）致函学校，拟确定委托学校培养制冷工程人员 100 人（自 1958 年开始，分 5 年，每年 20 人），并拨给学校一套小型制冷压缩机供教学实习之用。

1958 年，学校与城市服务部、工业部达成培养冷冻和食品等专业技术人才意向。在水产加工系设立五年制本科冷冻专业。将 1958 年招收的水产加工专业学生分别转入冷冻专业和罐头食品工艺专业，其中转入冷冻专业的学生共计 38 人，成为中国启动培养的第一代食品冷冻冷藏本科专业专门人才。

上海海洋大学档案馆馆藏档案中记载的转入新成立的五年制本科冷冻专业 38 名学生名单如下：

图 2-77 学校档案馆馆藏档案中记载的 38 名冷冻专业学生名单

十四、水产加工系召开校友座谈会

为了进一步提升教学和科研能力，1958年12月24日，学校加工系利用各地校友来上海参加全国罐头会议的机会，召开校友座谈会，听取校友们对学校教学和科研工作等方面的意见和建议。

1958年1月8日《上海水产学院院刊》第35期头版对此进行报道。原文如下：

水产加工系与各地校友座谈

水产加工系为了更多地吸收各方面的意见帮助整改，乘很多校友在上海参加全国罐头会议的机会，在12月24日下午召开了座谈会。座谈会上每人都充满着愉快和兴奋的心情谈到母校的加速发展，并从每次全国罐头会上可以看到，我院的校友一年年增多，成为全国罐头业中一支主要的技术力量；有的由于各地技术人员的缺乏，还担负了罐头、冷冻等几项技术工作，因此厦门罐头厂校友葛渭滨说：国家这样需要加工干部，而自己过去在校时，认为不知毕业后担任哪一项技术工作，而放松了学习，现在知道是不对的。在校时首先应该把功课学好。

会上校友们都结合了自己在工作岗位上发生的困难对母校的教学工作提出了意见。孙历同志说：学校开的课基本上能满足需要，但很少联系实际；罐头的内容应广些，在实际工作中，除水产罐外，鸡、肉、果、蔬很多，教材中应当适当加进去，或将有关的参考资料告诉同学。张怀仁同志说：教材内容，好多已陈旧，学校应与各厂密切联系，了解目前各厂采用的设备，学校还应向各厂多采样品，开展科研工作。陈叔明同志还对化学、微生物学、检验与分析、加工原料等课程提出应充实的具体意见，并认为学校对学生应加强思想教育，毕业实习应参加体力劳动。史大卫同志说：学校应培养学生毕业时能掌握一国外文，过去这方面很不够，因此阅读外文参考书很费力。还认为基础课还学得不够广，应付不了复杂问题。会上还对学校的实习，与校友、科学机关、生产单位间的联系、交流资料等发表了意见。

水産加工系与各地校友座談

　　水産加工系为了能更多地吸收各方面意見帮助整改，乘很多校友在上海参加全國罐头会議的机会，在12月24日下午召开了座談会。座談会上每人都充滿着愉快和兴奋的心情談到母校的加速發展，并从每次全國罐头会上可以看到，我院的校友一年年增多，成为全國罐头業中一支主要的技術力量；有的由于各地技術人員的缺乏，还担負了罐头、冷冻等几项技術工作，因此廈門罐头厂校友葛渭濱說：國家这样需要加工干部，而自己过去在校时，認为不知畢業后担任哪一项技術工作，而放松了学習，现在知道是不对的。在校时首先应該把功課学好。

　　会上校友們都結合了自己在工作崗位上發生的困难对母校的教学工作提出了意見。孫歴同志說：学校开的課基本上能滿足需要，但很少联系实际；罐头的內容应广些，在实际工作中，除水産罐外，鷄、肉、菓、蔬很多，教材中应适当加進去，或將有关的参考资料告訴同学。張怀仁同志說：教材內容，好多已陈旧，学校应与各厂密切联系，了解目前各厂采用的設备；学校还应向各厂多采样品，开展科研工作。陈叔明同志还对化学、微生物学、檢驗与分析、加工原料等課程提出应充实的具体意見，并認为学校对学生应加强思想教育，畢業实習应参加体力劳动。史大衛同志說：学校应培养学生畢業时能掌握一國外文，过去这方面很不够，因此閱讀外文参考書很费力。还認为基礎課还学得不够广，应付不了复雜問題。会上还对学校的实習，与校友、科学机关、生産單位間的联系、交流资料等發表了意見。

图 2-78 《水产加工系与各地校友座谈》，《上海水产学院院刊》第 35 期（1958 年 1 月 8 日）

十五、提高盐干鱼质量的研究有成就

为解决高温季节盐干鱼类在加工贮藏中的变质和淡干鱼片加工中的腐败问题，加工系师生在水产生产部门的协作下，开展化学防腐问题的试验研究，并取得了一定的成就。

1959年9月20日《上海水产学院院刊》第72期第3版对此进行报道。原文如下：

提高盐干鱼质量的研究有成就

为解决盐干鱼类在高温季节加工贮藏中的变质和淡干鱼片加工中腐败问题，加工系师生从1954年以来在党的领导下，在生产部门，特别浙江舟山地区水产生产部门的协作下，进行盐干鱼防止发红问题、酸盐渍防腐上减少用盐量问题的试验研究。

目前师生为迎接国庆，经过十天苦战，在高温季节鱼类盐渍中的品质变化，及雨天乌贼加工中的化学防腐问题的研究上取得了一定的成就。

图为加工系教师正在进行酶香鱼加工中生化变化的观察。

（邵源摄）

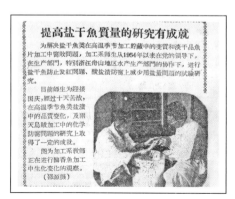

图 2-79　《提高盐干鱼质量的研究有成就》，《上海水产学院院刊》
第72期（1959年9月20日）

十六、从鱼胶鱼精中提取"阿及宁"成功

1959年，学校加工系三年级"阿及宁"科研小组，开展用鱼胶鱼精作为原料提取"阿及宁"的试验，并取得成功。鱼精、鱼胶被用来代替明胶作为提取贵重药品"阿及宁"的原料，不仅为国家节省了资金，同时又为水产品综合利用开拓了新的途径。

1959年12月31日《上海水产学院院刊》第82期第3版对此进行报道。原文如下：

从鱼胶鱼精中提取"阿及宁"成功

加三"阿及宁"科研小组，在完成了以廉价的鱼胶代替昂贵的白明胶作为原料试制"阿及宁"成功以后，经过了八天的苦战，于本月28日以鱼精作为原料提取"阿及宁"又初步告捷。用鱼精来直接提取"阿及宁"在国内还未试制过。因此在试制过程中困难层出不穷，曾失败过很多次。但是由于党的领导教师的指导和同学们的苦思钻研，终于使这个项目提前三天完成，向元旦献礼。

"阿及宁"又名精氨酸，作为体内肝脏合成尿素的催化剂，与葡萄糖一起注射后，可以治疗肝脏失去新陈代谢的机能；将NH3合成尿素，以防止大量NH3毒害中枢神经系统。还可治疗原发性精子衰退现象。因此是一种贵重的药品。每公斤市售二千多元。

鱼精，以前是作为鱼的废料，只是用来做鱼粉。价格极为低廉；而白明胶是工业上有用的原料，市面上难以买到，价格较昂贵。鱼精、鱼胶被利用来代替明胶作为提取贵重药品"阿及宁"的原料，不但为国家节省了资金，同时又为今后水产品综合利用开拓了新的途径。

（振国）

从鱼胶鱼精中提取"阿及宁"成功

加三"阿及宁"科研小组，在完成了以廉价的鱼胶代替昂贵的白明胶作为原料試制"阿及宁"成功以后，經过了八天的苦战，于本月23日以鱼精作为原料提取"阿及宁"又初步告捷。用鱼精来直接提取"阿及宁"在国內还未試制过。因此在試制过程中困难层出不穷，曾失败过很多次。但是由于党的領导教师的指导和同学們的苦思钻研，終于使这个项目提前三天完成，向元旦献礼。

"阿及宁"又名精氨酸，作为体內肝脏合成尿素的催化剂，与葡萄糖一起注射后，可以治疗肝脏失去新陈代謝的机能；将ＮＨ３合成尿素，以防止大量ＮＨ３毒害中枢神經系統。还可治疗原发性精子衰退現象。因此是一种貴重的药品。每公斤市售二千多元。

"罐头成分"的分析的研究，已初步得出結果，并写出了报告。

……综合利用呢？我們和教师一起又……析"、"維生素Ｂ12提取"、"甲壳……

魚精，以前是作为鱼的废料，只是用来做鱼粉。价格极为低廉；而白明胶是工业上有用的原料，市面上难以买到，价格較昂貴。魚精、魚胶被利用来代替明胶作为提取貴重药品"阿及宁"的原料，不但为国家节省了資金，同时又为今后水产品綜合利用开拓了新的途径。

向党献礼 张宝奎作

（振　国）

图 2-80 《从鱼胶鱼精中提取"阿及宁"成功》，《上海水产学院院刊》第 82 期（1959 年 12 月 31 日）

十七、学校学报创刊号和复刊上发表的
水产加工相关文章

　　1960 年,《上海水产学院学报》创刊。1960 至 1991 年 32 年间仅出版创刊号一期。1992 年复刊,国内外公开发行。随着学校更名,学校学报依次更名为《上海水产大学学报》《上海海洋大学学报》。

　　上海海洋大学档案馆馆藏的 1960 年《上海水产学院学报》创刊号上共发表文章 9 篇,其中水产加工相关文章 2 篇,分别为:《关于乌贼化学防腐中醋酸消失过程的生化变化及其与防腐效果的关系》(作者:骆肇尧、季家驹、徐玉成)、《鱼类酸盐渍的防腐效果与减少用盐量研究的初步报告》(作者:骆肇尧、吴汉民等)。

图 2-81　1960 年《上海水产学院学报》创刊号封面

上海水产学院学报

1960年　創刊号

目　录

图 2-82　1960 年《上海水产学院学报》创刊号目录

关于乌贼化学防腐中醋酸消失过程的
生化变化及其与防腐效果的关系

骆肇荛 季家驹 徐玉成

(一)前 言

本院加工系师生已在1954年以来从事两天乌贼加工化学防腐的研究中，通过实验室和生产试验，証实了醋酸对乌贼原料的防腐效果，在16～26℃的温度范围，用相当于原料重1.5%的醋液浸渍乌贼1小时，可以保持2～6昼夜（48小时至144小时）不腐败的良好效果*。

与此同时，在试验中观察到这样一些与醋酸防腐效果有关的事实：

（1）乌贼渍酸品在试验保存期间，进行感官观察可以发现，醋酸的气味逐渐减弱，当其减弱到感觉不出时，乌贼且即开始发臭，转向腐败。一般在酸气味还可以嗅到时，则并无腐败现象产生。

（2）保存试验中乌贼由良好转向腐败的过程中间存在一个表面产生白膜的阶段（我们称为"白膜期"。如果是浸在醋酸溶液中则液的表面同样会产生这种白膜）。即经过一个［良好］→［白膜］→［腐败］的过程。当产生白膜后，酸气迅速减弱到消失，随之即开始发臭腐败。将此种白膜置显微镜下观察，发现其系由大量野生酵母菌和酸发酵菌类所形成。

（3）浸醋酸后乌贼肌肉的pH一般在5.0前后，保存试验期间逐步上升，当其约超过5.4的界限时，即开始发臭腐败。

（4）用相当于原料重1.5%的醋酸浸渍乌贼时，采用5，10，20，30，60分钟不同时间浸酸，发现随着浸酸，时间和肌肉中醋酸渗透着的增加，其保存期限（防止不腐败的时间）亦随之增长。

根据以上观察到的一系列现象可以得到一个论断，即醋酸防腐期限的长短或防腐效果的大小，在一定范围内和肌肉中含有的醋酸量有关，当醋酸由某些尚不明确的原因而消失时，随之即产生腐败。

这种肌肉中醋酸消失的原因是什么呢？首先考虑到的是贮藏试验过程中醋酸自

---

* 本院加工系：雨天乌贼加工中醋酸防腐的生产试验报告。（未发表）

图 2-83 《关于乌贼化学防腐中醋酸消失过程的生化变化及其与防腐效果的关系》，
《上海水产学院学报》(1960 年)

鱼体向空气中的蒸发减少。这一点經过我們將浸酸鳥賊一种攤放在竹簾上和一种堆放在竹篩中观察比較的結果，証实在同一浸酸濃度时間与保存气温的条件下，（溫度18~23℃），攤放者只保持了72小时，而堆放者保存了150小时，这显然是由于攤放者較堆放者醋酸易于揮发，因而較速地消失所致。

堆放中的鳥賊保存的时間虽然較久，但仍然在一定时間后酸量减少，pH 上升。这种酸量的减少很难認为是醋酸向空气中蒸发的結果（因为堆得很緊密的情况下，堆中的鳥賊不和空气接触，无从蒸发。）这种情况，我們也曾考虑过是否由于肌肉腐敗分解中产生的氨和其他碱性物質对醋酸中和的結果。但是經过我們測定保存过程中揮发性鹽基氮的变化情况，发現在很多次的測定中，揮发性鹽基氮的增加都是和鳥賊发臭腐敗同时开始的，而在这以前，虽然醋酸逐漸减少消失，但揮发性鹽基氮的量几乎都是維持不变的(甚至有少数例子，揮发性鹽基氮反而有减少的傾向)。

此外再一个事实就是：在多次使用醋酸甲醛（0.03~0.05%的甲醛）进行防腐时，防腐期限較單純醋酸为长。（如試驗中在18~23℃的温度下，用 1.5%醋酸＋0.05%甲醛（均系对负体重）溶液浸漬者，与單純用 1.5%浸漬者比較，后者仅保存102小时，而前者保存了150小时）。

为了进一步查明醋酸在防腐过程中消失的原因及其和防腐效果的关系，本院1957年在舟山沈家門水产供銷公司加工厂进行了試驗。

(二)試驗方法和結果

用研碎之新鮮鳥賊肌肉100gm 加蒸餾水稀释至1,000ml，先振盪浸出后，濾取其肌肉浸出液，加不同的醋酸量和甲醛量（見表），放置观察其变化。并每日測定其揮发性鹽基氮·pH 和可滴定酸量（換算成醋酸量）。揮发性鹽基氮的測定采用了蒸气蒸餾法，pH 采用一般比色法。与此同时每日进行了感官观測。結果如下。

根据以下表（一）到表（十）的測定結果极明确而有規律的显示出了以下一些醋酸及甲醛在鳥賊防腐中的重要生化变化以及与兩者的防腐作用和防腐效果有关的重要事实。

从表（一）至表(十)可以很清楚地看到不同濃度的醋酸和醋酸甲醛混合液对鳥賊肌肉浸出液的防腐期限的长短和作用的大小。首先是醋酸具有一定的防腐效果，当对照試驗在第三天开始腐敗时，而不同濃度的醋酸溶液的保持不腐敗的期限，最长的达17天以上（4.0%的醋酸），最短的亦达 8 天（0.3%醋酸）。醋酸甲醛混合液则較單純使用醋酸时有着更大的防腐作用。如單純醋酸 0.5%的濃度，其保存防腐期限約为 10 天时，而加 0.05%甲醛与 0.5%醋酸混合液的防腐期限达17天以上，甚至較4.0%的醋酸液的防腐期限还长；0.5%醋酸＋0.02%甲醛混合液的防腐期限

图 2-84 《关于乌贼化学防腐中醋酸消失过程的生化变化及其与防腐效果的关系》，
《上海水产学院学报》(1960 年)

魚类酸鹽漬的防腐效果与减少
用鹽量研究的初步报告

骆肇荛　吴汉民等

　　用食鹽进行魚类的鹽制（亦称鹽藏）加工，是最早的，但却也是簡單而迅速处理大量魚貨的有效方法。由于它这种特点很适合于生产上地区、季节的高度集中而又易于腐败的魚类加工貯藏，因此侭管这种加工方法在制品品質上存在一些缺点，但从加工数量上来吞，它不仅目前在我国是一种加工魚类最多的方法，在国外的魚类加工中也仍占着一定的地位。

　　依靠食鹽的滲透脱水作用为主的食鹽的防腐作用，是有条件的，它对微生物的抑制作用的大小随着用鹽量的多少、鹽漬貯藏的温度、制品的水分含量、原料的鲜度，以及微生物的种类沾染的数量等的不同而有差异。因此为了进一步保持制品稳定性，使在加工貯藏中不易腐败变質，長时间以来我們采用了鹽漬后晒干的所謂鹽干加工，把一般鹽漬60%前后的魚体水分，經过晒干使降低到約40～50%（如我国小黄魚干之类的鹽干品），有的甚至到30～40%（如我国的某些大黄魚鹽干品），这是一种方法，另一种方法則是在低温进行鹽漬加工貯藏，如目前苏联和日本等所进行的所謂薄鹽漬。第三种方法是在食鹽之外再添少量其他化学防腐剂以补助食鹽防腐作用的不足。第一种方法所要求的加工条件，較余二者簡便易行，但易引起蛋白質、脂肪等成分进一步在干燥过程的变質。第二种低温鹽漬的方法旣可以降低用鹽量，可以增加制品保存中的稳定性，并得到品質良好的制品，但需要低温設備。第三种方法，过去各国有使用硼酸、安息香酸、优洛托品等防腐剂者，但这类防腐剂不但使用的品种数量在卫生上受着严格的限制，而且防腐的作用亦很有限，故使用較少。

　　我国的魚类鹽干加工貯藏，过去和目前不但还缺少使用低温的条件，相反的构成我国魚类加工中的一个特点的是沿海的主要魚产的加工地区、季节的气温均較高（浙江以北地区的主要魚类的产季均在春、夏季，而广东地区的产季虽不似北方的

图 2-85　《鱼类酸盐渍的防腐效果与减少用盐量研究的初步报告》，
《上海水产学院学报》(1960 年)

集中，但地区的气温较高），而且很多加工品需要贮藏过一个夏季，因此加工贮藏的温度一般大体在15～30℃的范围，在北方地区冬季加工者（如浙江的带鱼）少数有低于15℃者，广东等地则有高于30℃者。加上原料鲜度，加工中的设备和清洁卫生条件等较差，使用过量的食盐差不多成了为增加制品贮藏稳定性的唯一办法（有的多达30～40％者）。当在使用大量食盐仍不能达到防止加工贮藏中的变质腐败时，第二办法就是晒干。（如浙江等地的经验，用30％食盐在气温约为20～25℃的六、七月间加工的大黄鱼在桶中的盐渍保存期限常常不易超过半个月。）但这样使用大量的食盐并不能达到完全防腐，徒使制品味道过咸。解放后提高了生活水平的广大消费者迫切要求提高这种制品的品质。

　　针对我国目前盐干加工的具体条件，我院自1956年以来与醋酸盐渍防止盐干鱼发红以及乌贼加工中醋酸防腐研究的同时，进行了鱼类酸盐渍的防腐效果与减少用盐量的研究。我们在防止盐干品发红的研究中发现酸盐渍能抑制盐鱼类的腐败分解提高制品品质的事实*，在实际生产中苏联、欧洲和日本等国家亦早有醋渍鱼类制品的加工。我们认为这种加工品可以不需要低温设备但却同样可以达到生产含盐量低、品质好、富于保存性的良好鱼类盐制品，是适合于在我国气温较高的自然条件和目前技术设备较差的生产条件下采用的加工方法。以下是加工专业1957年级学生在石浦盐干加工实习过程中，在象山县水产供销公司协作下进行的醋酸盐渍延长保存期限与减少用盐量的生产试验以及加工专业1958年级学生吴汉民等所作毕业论文关于酸盐渍防腐效果的研究结果。

（一）酸盐渍的防腐效果试验

　　为了比较在较高气温条件下酸类盐渍的防腐效果，1958年7月26日用自上海市场购得的大黄鱼进行了醋酸和盐酸酸盐渍的试验。酸的用量均采用了0.5％（对剖后鱼体重）；为了比较酸盐渍的防腐作用的大小，用盐量采用了12％，15％，20％，25％和30％的五种（用盐量系对剖后鱼体净重的％）。大黄鱼采用背剖后，去内脏，洗净血污，然后用上述规定的酸和食盐量配制成相当于鱼体的约1/3的酸盐溶液进行盐渍。制成饱和溶液后多余的食盐则用干盐渍的方式撒摩在鱼体上。盐渍中进行了鱼体感官测定与卤水的挥发性氮和pH测定作为制品品质变化的标准。挥发性氮的测定系采用蒸气蒸馏法，pH的测定系采用比色法进行的。试验因时间限制，只进行了12天，其结果如下：进行期间的室温为30℃前后，为了企图阐明酸盐渍在较高温度下的防腐作用也即是较大限度的防腐效力），没有采用更低的温度进行试验。显然30℃以下的酸盐的防腐效力是不会低于30℃的防腐效力的。

　　　* 本院"醋酸盐渍与清洁消毒对防止盐干鱼发红的研究报告"。（未发表）

—168—

图 2-86　《鱼类酸盐渍的防腐效果与减少用盐量研究的初步报告》，
《上海水产学院学报》(1960 年)

　　上海海洋大学档案馆馆藏的 1992 年《上海水产大学学报》复刊上共发表文章 16 篇，其中水产加工相关文章 2 篇，分别为《水产品在我国膳食中的地位与作用》(作者：骆肇荛)、《银鲳和大黄鱼冰藏保鲜与货架期》(作者：姚果琴、何利平、钟凯凯)。

ISSN 1004-728X

上海水产大学学报

JOURNAL OF SHANGHAI FISHERIES UNIVERSITY

第 1 卷
Vol. 1

第 1-2 期
Nos. 1-2

1992

SHANGHAI SHUICHAN DAXUE XUEBAO

图 2-87　1992 年《上海水产大学学报》复刊封面

上海水产大学学报

1992 年　第 1 卷　第 1–2 期

目　次

综　述

研究简报

图 2-88　1992 年《上海水产大学学报》复刊目录

第 1 卷第 1-2 期
1992 年 6 月

上 海 水 产 大 学 学 报
JOURNAL OF SHANGHAI FISHERIES UNIVERSITY

Vol. 1, Nos. 1-2
June, 1992

水产品在我国膳食中的地位和作用

骆肇荛

（上海水产大学食品科学技术系，200090）

提　要　本文从我国水产品生产地区分布上不平衡的特点出发，结合畜禽产品和国外情况，重点分析考察了沿海渔区、淡水渔业区和山地高原非渔业区水产品在膳食中可能提供的动物蛋白质数量水平及其地位作用。着重指出了人口为全国 30% 的沿海渔业区占有全国 73% 的水产品，而人口为 70% 的淡水渔业区和非渔业区只占有全国水产品的 27%。因而尽管 1989 年全国水产品蛋白质人均占有量仅为 3.1 克／人日，但沿海渔区却达到相当于世界多数渔业国的 7.4 克／人日的平均数量水平，并在动物蛋白质中占有平均 40% 的高比例水平，对保证膳食营养具有重要作用。在人口为 40% 的淡水渔业区蛋白质的平均占有量为 2.0 克／人日，在动物蛋白质中只占 16.6%，但在淡水生产较快发展的前景下，90 年代末仍有可能提高到现有全国平均水平 3.1 克／人日，部分省区有接近现有沿海渔业区水平的可能。但占有 30% 人口的非渔业区水产品蛋白质平均占有量仅为 0.3 克／人日，在提高膳食中动物蛋白质的作用上，不具有任何实质意义。

关键词　水产品蛋白质，膳食结构，蛋白质平均占有量

以鱼类为主的水产品，是重要的动物性蛋白质食品。80 年代末和 90 年代初，中国水产品产量已达到 1 千 1 百万吨到 1 千 3 百万吨。但由于国家大、人口多，水产品人均占有量低，因此它在人民膳食中占有和可能占有的地位和作用，是一个需要研究和考察的问题。本文主要对当前水产品在全国不同地区人民膳食中可能提供的食物蛋白质的数量分布及其在提高动物性蛋白中占有的地位和作用，结合国内外情况进行一些可能的考察。

1　水产品的食用性质和特点

水产品和农、畜产品共同组成了人民生活和营养上必需的三餐膳食。它的特点：第一是含有占干物重 60~80% 的营养价值高的动物蛋白质；第二是品种多样，各具风味特色；第三是脂肪含量较畜产肉类少，并含有防止高血脂和心血管病的多烯脂肪酸。因此水产品是一种高蛋白、低脂肪和低热量食品的同时，又是一种具有多种风味特色和保健作用的食品。

水产品的食物营养成份包括蛋白质、脂肪和各种维生素、矿物质。作为动物性蛋白质源的鱼虾贝类蛋白质的营养价值与畜禽肉类相同。它的含量，除贝类稍低外，大多和瘦猪

1992-04-14 收到

注：本文是作者在 1990 年中国食品工业发展战略研究会上提出的论文经修改补充而成。

图 2-89　《水产品在我国膳食中的地位与作用》，《上海水产大学学报》（1992 年）

肉、瘦牛肉和鸡肉等的含量接近，而高于脂肪多的肥瘦肉和肥肉。表1是中国常见的部分鱼类和虾蟹贝类的蛋白质、脂肪的平均含量和热量。从中可以看到35种常见海水鱼和17种淡水鱼肉的平均蛋白质含量分别为18.2%和18.4%；脂肪的平均含量分别为3.1%和5.3%。和猪牛羊肉比较，蛋白质高于猪羊肉和接近于牛肉，脂肪则明显地较三者为低。虾蟹贝类的情况，除贝类蛋白质含量较低外，基本和鱼类相同。充分反映了水产品高蛋白、低脂肪以及低热量的特点。

表1　水产品的蛋白质和脂肪含量比较[1]

Table 1 Comparison of protein and fat contents among fishery products

种　　类	蛋白质(%)	脂　肪(%)	热　量(千卡／100克)
常见海水鱼(35种平均)	18.2	3.1	100
常见淡水鱼(17种平均)	18.4	5.3	121.3
虾(对虾、青虾、龙虾平均)	17.8	1.3	82.9
蟹(海蟹、河蟹平均)	14.0	4.3	44.7
贝类(牡蛎、蚶、青蛤平均)	10.1	1.4	53.0
猪　肉(瘦)	16.7	28.8	326.0
猪肉(肥瘦)	9.5	50.8	466.0
猪　肉(肥)	2.2	90.8	826.0
牛　肉(肥瘦)	20.1	10.2	72.2
羊　肉(肥瘦)	11.1	28.8	303.6
鸡　肉	21.5	2.5	108.5
鸭　肉	16.5	7.5	133.5
鸡　蛋	14.7	11.6	116.0
牛　乳	3.3	4.0	49.2

2　水产品在世界不同国家、地区膳食中的地位和作用

据联合国粮农组织统计[4]，1986—1988年世界9516.4万吨水产品中，有69.1%供作食用，为全世界50.24亿人口提供13.1千克／人年的水产品和3.9克／人日的动物蛋白质。但全世界水产品的生产和消费在地区和国家间的分布上是不平衡的(见附录1)。1986—1988年发达国家与发展中国家膳食中获得水产品及蛋白质的数量，在前者分别为26.7千克／人年和7.9克／人日，而后者仅为8.9千克／人年和2.6克／人日，前者为后者的3倍。在不同国家膳食中水产品及蛋白质的数量分布也同样存在差异。水产品在100吨以上近20个主要渔业国家中，水产品蛋白质在膳食中的数量大体可分为高、中、低三档。首先可以看到前苏联、英国、加拿大等近10个国家的水产品蛋白质在5～10克／人日的中等数量水平；日本、挪威、南朝鲜等少数国家在10～20克／人日的高数量水平；印度、印尼等包括中国在内的部分国家则属于5克／人日以下低数量水平。这种蛋白质数量的高低，具体反映了它在不同国家膳食中所占的地位和重要性的大小；而一个国家地区水产品的产量和人口的多少则是决定蛋白质数量水平的基本因素。

图 2-90　《水产品在我国膳食中的地位与作用》，《上海水产大学学报》(1992 年)

第1卷第1-2期 上 海 水 产 大 学 学 报 Vol. 1, Nos. 1-2
1992年6月 JOURNAL OF SHANGHAI FISHERIES UNIVERSITY June, 1992

研究简报

银鲳和大黄鱼冰藏保鲜与货架期

THE ICING STORAGE AND SHELFLIFE OF *PAMPUS ARGENTEUS* AND *PSEUDOSCIAENA CROCEA*

姚果琴 何利平
Yao Guo-qing He Li-ping
（上海水产大学食品科学技术系 200090） （东海水产研究所，上海，200090）
(Department of Food Science & Technology, SFU, (East China Sea Fisheries Research Institute,
200090) Shanghai, 200090)

钟凯凯
Zhong Kai-kai
（浙江水产学院，舟山，316101）
(Zhejiang Fisheries College, Zhoushun, 316101)

关键词 银鲳，大黄鱼，冰藏，货架期
KEYWORDS *Pampus argenteus, Pseudosciaena crocea,* icing storage, shelflife

各种鱼类在冰藏期间发生的品质变化规律不同，货架期也有很大差别。鳕(*Gadus macrocephalus*)冰藏6天以内，感官仍可接受，同时测定的 TMAN，TVBN 值与感官鉴定仍有很好的相关性[2]。虹鳟(*Salmo irideus*)在捕获后直接冰藏，或者在10℃、20℃、30℃分别放6小时或在20℃放18小时后再冰藏，每两天测定一次 TVBN、H_XR、TBA 和细菌总数的变化情况，结果表明冰藏前存放的温度提高或时间延长，都会使冰藏期间鱼体的变质加快。冰藏14天后，只有直接冰藏或冰藏前只在10℃放6小时以内的虹鳟仍可接受[1]。在冬季(水温2~8℃)捕获和在夏季(水温15~20℃)捕获的同一种鱼的冰藏货架期也不同，虹鳟分别为18天和14天，鲻鱼(*Mugil cephalus*)分别为24天和15~19天[3]。银鲳和大黄鱼的冰藏保鲜研究仍未见报导。本试验旨在通过考察银鲳和大黄鱼在实验室冰藏条件下的品质变化规律来确定其冰藏保鲜期。

1 材料与方法

1.1 试验鱼

银鲳和大黄鱼样品系5月24日从上海水产第三批发部码头的冰鲜渔船内取得。样品鱼捕自我国东海，捕获后已在船舱内冰藏三天；个体平均重量，银鲳为0.5kg，大黄鱼为0.4kg。

1.2 冰藏方法

银鲳和大黄鱼各40条，清洗干净称重后，按鱼冰比1:1，层冰层鱼，分别放入两只加盖隔热鱼箱中。每天将融化的水倒出并称水重，再加入同等重的碎冰，以保持鱼冰比为1:1。冰系用自来水制成的淡水冰，冰点为0℃。

1992-03-10 收到.

图 2-91 《银鲳和大黄鱼冰藏保鲜与货架期》，《上海水产大学学报》(1992 年)

92　　　　　　　　　　上海水产大学学报　　　　　　　　　　1 卷

1.3　测定指标与方法

每隔数天进行一次鱼体中心温度测定，感官鉴定，品味评分及背部肌肉的 TVBN、TMAN 和 pH 值。

(1) 鱼体温度。将低温水银温度计插入鱼体肌肉中心部位。

(2) 感官鉴定。观察鱼体的肌肉、皮肤、眼睛和鳃。

(3) 品味评分。取鱼体肌肉用铝箔包裹，在沸水中蒸煮 15 分钟后取出，由熟悉规则的品味小组成员 (6~8 人)各自打分(10 分制)，取算术平均值。规定 10 分为最新鲜，6 分以上为一级品，4 分以下为不可接受。

(4) 挥发性盐基总氮(TVBN)。用微量扩散法。

(5) 三甲胺氮(TMAN)。用苦味酸法 410 毫微米波长下比色测定(751 型紫外分光光度计)。

(6) pH 值。将背部肌肉捣碎后用 "ORION 811" 型 pH 计测定。

2　结果与讨论

2.1　鱼体温度(表 1)

表 1　冰藏鱼体温度(℃)
Table 1　Temperature of icing fish (℃)

冰藏天数	0	1	3	5	6	10	14	17
银鲳	0	0	0	0	0	0	0	1.5
大黄鱼	0	0	0	0	0	0.5	0.5	1.5

从表 1 可见，在实验室条件下持续加冰并保持鱼冰比为 1:1，可保持鱼体一直处于 0℃接近于 0℃状态。

2.2　感官鉴定结果(表 2)

表 2　银鲳和大黄鱼感官鉴定结果
Table 2　Sensory evaluation of *P. argenteus* and *P. crocea*

冰藏天数	鱼种	鳃	肌肉	皮肤	眼睛
0	银鲳	鲜红，少量粘液	弹性好	银亮，粘液透明	光亮凸出
	大黄鱼	同上	同上	金黄色鳞	同上
3	银鲳	暗红	弹性较好	银亮，少量粘液	透明略凹
	大黄鱼	粘液略混	同上	金黄	略褪略凹
6	银鲳	暗红，粘液略混	弹性较好	粘液多透明	褪色略凹
	大黄鱼	暗红，略异味	略发软	同上	混浊略凹
10	银鲳	暗红，多异味	发软	粘液微黄	混浊略凹
	大黄鱼	褪色，多异味	发软略异味	褪色	发白凹陷
14	银鲳	暗红，多异味	发软多异味	粘液略黄	发白略凹
	大黄鱼	褪色，略臭味	发软多异味	发白无粘液	变白凹陷
17	银鲳	褪色，略臭味	松软多异味	粘液黄异味	变白凹陷
	大黄鱼	发白，多臭味	松软略臭味	浅白无粘液	变白松落

图 2-92　《水产品在我国膳食中的地位与作用》，《上海水产大学学报》(1992 年)

十八、主编首批统编教材

1961 年，水产部成立水产部高等学校教材编审委员会，工作组设在上海水产学院。

上海水产学院负责主编的高等水产院校水产加工专业用教材有《制冷技术》（农业出版社，1962 年）、加工专业用教材有《水产品冷藏工艺学》（农业出版社，1961 年）、水产加工工艺专业用教材有《水产食品加工工艺学》（农业出版社，1961 年）、罐头食品工艺专业用教材有《罐头食品工艺学》（上海科学技术出版社，1961 年）等。

这是新中国成立后第一次有计划的水产类教材建设。

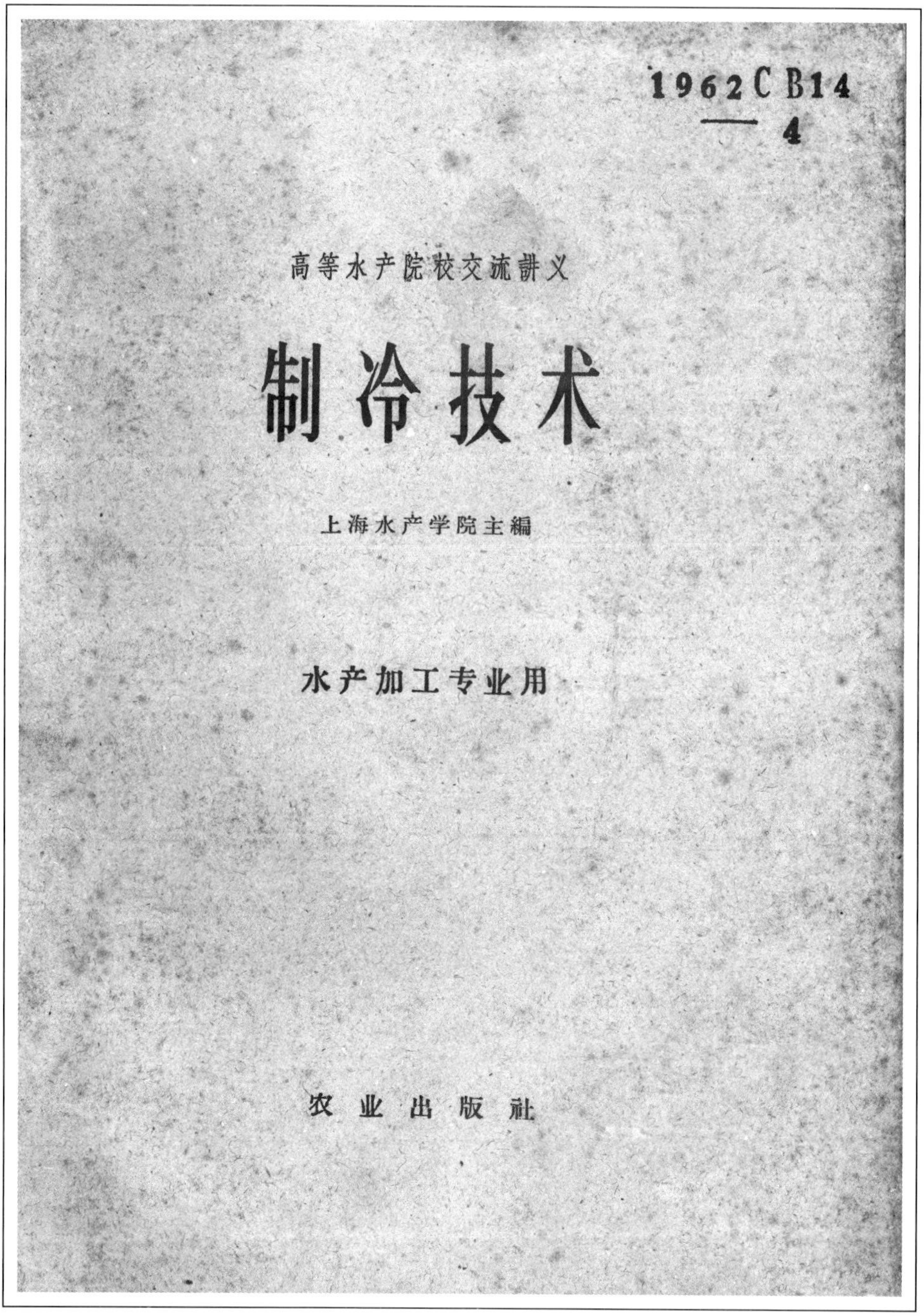

1962CB14
4

高等水产院校交流讲义

制冷技术

上海水产学院主编

水产加工专业用

农业出版社

图 2-93 学校主编首批统编教材

1961 C B14
—— 3

高等水产院校交流讲义

水产品冷藏工艺学

上海水产学院主编

加工专业用

农 业 出 版 社

图 2-94 学校主编首批统编教材

1961 C B14
— 8

高等水产院校交流讲义

水产食品
加工工艺学

上海水产学院主编

水产加工工艺专业用

农业出版社

图 2-95　学校主编首批统编教材

高等水产院校交流讲义

罐头食品工艺学

（罐头食品工艺专业用）

王 刚等编

上海科学技术出版社

图 2-96 学校主编首批统编教材

十九、《上海水产学院论文集》第一集中发表的水产加工相关文章

为了更好地交流学校教师的科研工作情况，促进科研工作的进一步开展，1964 年 9 月，上海水产学院论文集编辑委员会将近二年来学校教师开展科研活动撰写的部分专题论文、调查研究报告汇编成册，出版《上海水产学院论文集》，该论文集是上海水产学院出版的论文集中的第一集。

上海海洋大学档案馆馆藏的 1964 年《上海水产学院论文集》第一集中共发表文章 10 篇，其中水产加工相关文章 2 篇，分别为《我国鱼酱油中几种含氮物和氨基酸分布的研究》(作者：上海水产学院马凌云、季家驹、刘玉英，东海水产研究所 徐玉成)、《鱼体组织中金霉素含量测定法的改进研究》(作者：郭大钧)。

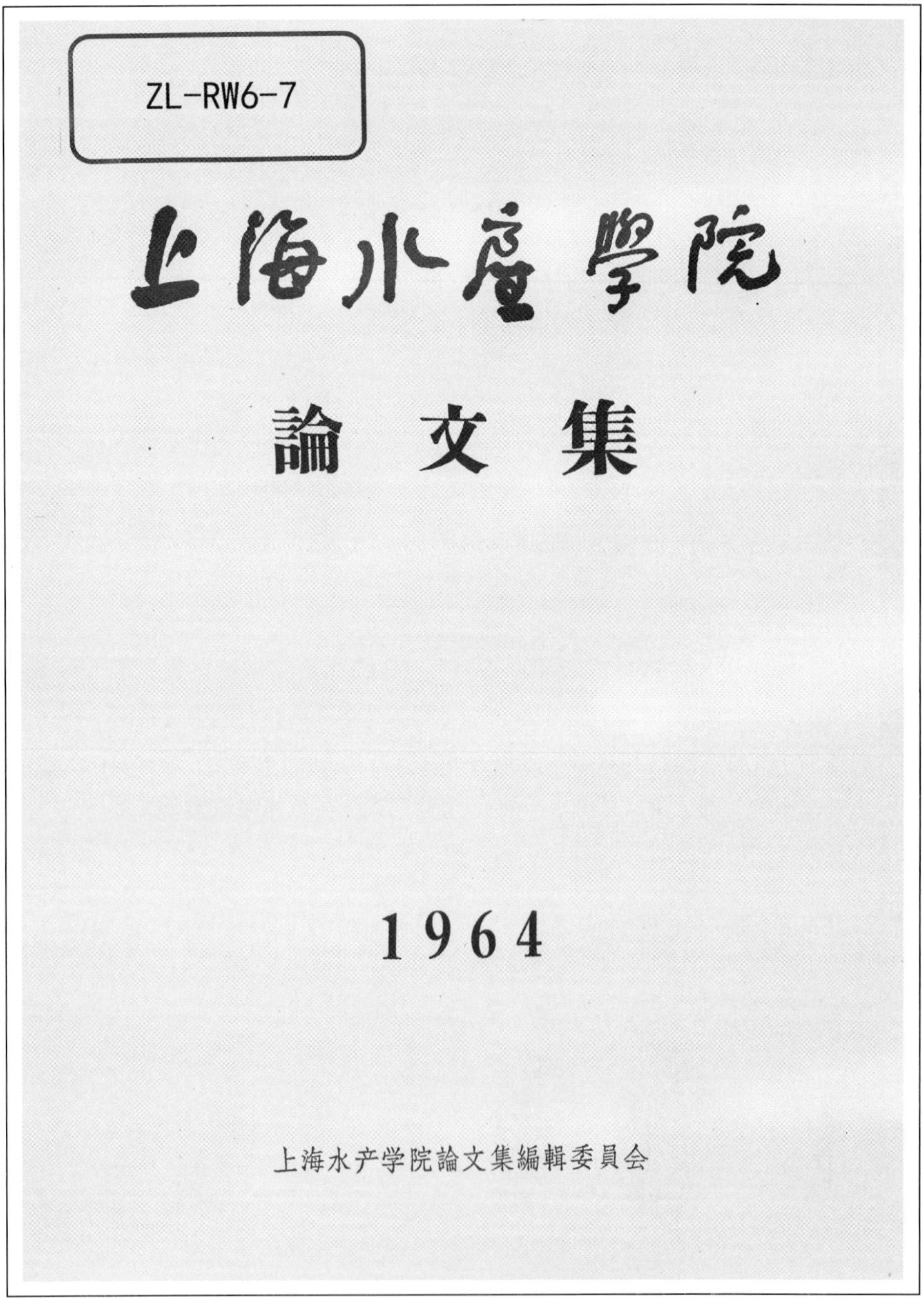

ZL-RW6-7

上海水产学院

論 文 集

1964

上海水产学院論文集編輯委員会

图 2-97　1964 年《上海水产学院论文集》封面

上海水产学院論文集

（1964年）

目 录

图 2-98 1964年《上海水产学院论文集》目录

我国鱼酱油中几种含氮物
和氨基酸分布的研究*

上海水产学院　馬凌云　季家駒　刘玉英

东海水产研究所　徐玉成

　　鱼酱油是以鱼、虾等为原料，采取和豆类酱油类似的醱酵或酸水解等方法所制成的一种氨基酸调味品，是我国沿海地区和朝鲜民主主义人民共和国、越南民主共和国、日本以及一些东南亚国家具有悠久历史的水产加工品之一，并为很多地区消费者所欢喜食用。鱼虾等水产动物较豆类的蛋白质含有更多的和更完全的氨基酸。利用一些食用价值较低的鱼虾类以及加工废弃物作为鱼酱油原料进行加工，对发展水产品加工利用，代替豆类等原料以节约粮食用量，以及满足消费者对鱼酱油的需要等各个方面都有着重要的意义。

　　鱼酱油是一种氨基酸为主的调味品。因此对其中各种含氮物和氨基酸等的分布状况的研究，无論是在调味品的品质上或营养价值上都有着重要意义。但是过去国外文献中见到的一般都只限于总氮、氨基氮等的分析以及国外少数制品的氨基酸分布的报导[1] [2] [3] [4]。国內鱼酱油的含氮物和氨基酸的分布过去都缺乏研究。本文就我国主要渔区生产的几种鱼酱油，进行了含氮物和氨基酸含量的分析，并对其中有关调味成分和营养成分的特点，可能地作了些比较和探讨。

材 料 和 方 法

　　1. 实验材料：

　　鲚油：福建福州产，以鲚鱼〔即七星鱼Myctophum Pterotum(Alcock)〕为原料，加入25—30%食盐腌渍后，经自溶和醱酵作用酿熟。福州兰记鲚鱼厂1962年产品。

　　七星鱼酱油：浙江沈家門鲁家峙水产品加工厂产品。原料为七星鱼〔Myctophum Pterotum(Alcock)〕，制造方法与上述鲚油基本相同。1957年产品。

　　虾油：河北产，系利用渤海湾盛产的毛虾为原料，在春季用盐腌日晒到秋季酿熟。1959年产品，购自天津市场。

　　水产酱油：江苏、南京长江水产研究所实验工厂1962年试制品。原料为河豚鱼卵、用盐酸水解法制成。

　　2. 实验方法：

　　一般化学成分中的比重、总固形物、灰分和盐分系采用一般方法进行测定的。PH值是用雷磁24型玻璃电极酸度计所测得的结果。

　　含氮物中的总氮量系采用微量Kjeldahl氏法，氨基氮用Van Slyke氏法测定的，揮发性氮是用水蒸气蒸溜法测得的结果。

　　氨基酸含量采用了纸上层析法（木法与柱层析法比较，测定结果误差较大，但较简便快

　　* 参加工作的尚有本院刘以钫、于淑杰两同志，加工64级部分同学参加了部分分析工作。

图 2-99 《我国鱼酱油中几种含氮物和氨基酸分布的研究》，
《上海水产学院论文集》(1964 年 9 月)

速),系根据陈丽筠[5],潘家秀[6],所提出的纸上层析法稍加改进后测定的。使用的层析滤纸是杭州新华造纸厂出品。经过测定鱼酱油中蛋白质、肽类和脂肪含量极微,对层析没有妨碍。脱盐处理是用聚苯乙烯强酸型离子交换树脂(上海树脂厂产品)进行的。溶剂系统:酸向为正丁醇:80% 甲酸:水(15:3:2);碱向为正丁醇:吡啶:60% 乙醇:水(10:3:2:2)。用茚三酮在纸上微量显色后剪下的色斑再按 E. W. Yemm 和 E. C. Cocking [7] 的方法进行显色,然后用国产 72 型分光光度计进行比色定量。由于经过了脱盐处理,氨基酸含量可能有所损失但未作进一步的考察,此外在样品的层析图谱中还有一些未知色斑出现,也没作进一步的鉴定。

結 果 与 討 論

我国主要渔区生产的 4 种鱼酱油和豆类原汁酱油的色香味和一般化学成分和几种主要含氮物经感官检查和化学方法测定后所得的结果列于表 1。

用纸上层析法测定了 4 种鱼酱油和 1 种豆类酱油的氨基酸含量的结果见表 2。表中所列数值均为 3 次测定的平均值。图 1—6 为纸上层析图谱。图谱编号所代表的氨基酸见表 2。

表 1. 鱼酱油与豆类酱油感官检查、一般成分与含氮物测定结果

测定项目		水产酱油	鱚 油	七星鱼酱油	虾 油	豆类原汁酱油
感官检查	色	稍清彻的棕褐色	清彻的棕红色	较清彻的棕褐色	清彻的棕红色	不透明的棕黑色
	香	香气浓郁微带肉香	具鱼肉香略带腥气	略带腥气和类似皮蛋气味	略带腥气和类似皮蛋气味	浓郁的豆类酱油香气
	味	非常鲜美,咸淡适中	很鲜美,较咸	较鲜美,咸	较鲜美,很咸	鲜味一般,较咸
一般成分及含氮物测定	比 重	$D_4^{25}=1.2117$	$D_4^{25}=1.2158$	$D_4^{30}=1.2122$	$D_4^{30}=1.2074$	$D_4^{30}=1.1810$
	PH	5.35	5.75	6.89	7.09	5.00
	总固形物(%)	37.59	33.58	33.80	32.50	28.75
	灰 分(%)	16.80	22.93	22.41	23.68	18.24
	盐 分(%)	14.20	18.26	22.05	23.14	16.00
	总 氮 量(%)	2.53	1.68	1.81	1.44	0.95
	氨基氮量(%)	1.64	1.10	1.06	0.73	0.49
	挥发性氮量(%)	0.28	0.29	0.34	0.31	0.14

图 2-100 《我国鱼酱油中几种含氮物和氨基酸分布的研究》,
《上海水产学院论文集》(1964 年 9 月)

魚体組織中金霉素含量測定法的改进研究

郭 大 钧

前 言

我国水产品的抗菌素保鲜研究工作，近年来已有较多开展[1][2]。金霉素用于鱼类保鲜时，鱼体组织中金霉素吸收量一般不高，过去我们采用卫生部生物制品检定所的畜用金霉素和地霉素检定方法[3]测定，常感到敏感度不够，且操作较繁。日本富山等人曾研究了杯碟法（Pad-plate）[4]和筒板法（Cylinder-plate）[5]测定鱼组织中金霉素残留量，其敏感虽高、但所用的试验菌种不同，故采用时存在困难。为此我们在1961年以来的鱼类金霉素保鲜研究工作中，以生物制品检定所方法为基础，参考了富山氏杯碟法及筒板法，结合我国目前实验室一般条件，以B. cereus 63110作为试验菌，对培养基、缓冲液、芽孢添加量、培养条件及使用器材等方面进行研究比较后，提出了一种较为简易的筒板测定法，其敏感度高于生物制品检定所的方法，而测定操作较该法及富山氏的杯碟法为简便。

一、测 定 方 法

（一）設備及器材：

1. 不锈钢圈：和一般使用的相同。外径为8.0±0.1mm.，内径为6.0±0.1mm.，高10.0±0.1mm.，钢圈彼此重量之差不超过50 mg。

2. 木框大平板：本法采用了上海医药工业研究院测定维生素B_{12}所用的硬木框大平板代替陪替氏培养皿，其结构及尺寸（如图1）所示。

3. 水平台：倒平板时用，本法采用固定的实验桌，在桌面上放一块厚玻璃板，以水平仪校正其水平，测定时不得移动位置。

4. 抑菌圈观测器：以国产魁北克式菌落计数器改制。主要是在其观测窗中的软片上加上毫米数的刻度，便于测定抑菌圈的大小。抑菌圈观测器略图如（图2）所示。

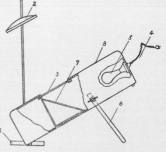

图 2 抑菌圈观测器

1—铁方座　　　　5—60W乳白灯泡
2—放大镜　　　　6—斜度支撑架
3—观测窗　　　　7—反光镜
4—电源　　　　　8—观测器外框

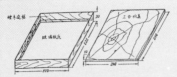

图 1 本法所使用的木框大平板

图 2-101 《鱼体组织中金霉素含量测定法的改进研究》，
《上海水产学院论文集》(1964 年 9 月)

5．组织搞碎机：选用了国产高速度组织搞碎机（曙光机械制造厂生产，每分钟 8000～12000 转）作为采样之用。

（二）测定用的菌种、培养基及缓冲液：

1．菌种：本法所用测定菌种是由上海卫生局药品检验所供应的 B. cereus 63110。测定时所用芽孢原液（约含芽孢 50％）系参照卫生部生物制品检定所方法制作[3]。

2．培养基：本法所使用的培养基分为芽孢培养基、面层培养基及底层培养基三种。芽孢培养基沿用中央卫生部生物制品检定所方法所拟订的配方未作修改。底层培养是以富山氏筒板法测定培养基为基础，在制作时不经活性炭处理，PH 值由 5.6 提高到 6.0～6.2。面层培养基则以生物制品检定所配方的面层培养基为基础，减去了原配方中 4％胰酶消化酪素这一部分。三种培养基配方如（表 1）所列。

表 1．本法所用培养基配方（％）

组　成　份	芽孢培养基	底层培养基	面层培养基
蛋　白　胨	1.00	0.60	0.60
牛　肉　膏	0.30	0.15	0.15
酵母浸出汁		0.30	0.30
葡　萄　糖			0.10
磷酸二氢钾		0.30	
氯　化　钠	0.50		
琼　　　脂	1.70	1.70	1.70
pH　　值	7.2～7.4	6.0～6.2	6.6～6.8

（三）测定操作：

1．标准曲线的制作：

（1）培养准备工作：

将三块木框大平板放在水平桌面的玻璃板上，每块倒入融化后的底层培养基 50ml。凝固后，再倒入含有 1.4％芽孢原液的面层培养基 35 ml，迅速使其摊布均匀。芽孢原液则系在融

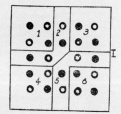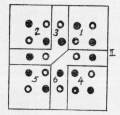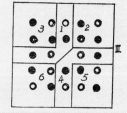

图 3　制作标准曲线或测定 6 个样品时平板上钢圈排布

◐ 校正点标准液　◑ 其他浓度标准液或样品液

图 2-102　《鱼体组织中金霉素含量测定法的改进研究》，
《上海水产学院论文集》（1964 年 9 月）

二十、恢复高考后首次招收的水产品加工工艺专业和制冷工艺专业本科生

1977 年秋，全国恢复高考制度，学校恢复四年制本科。1978 年春，恢复高考后学校首次招收的水产品加工工艺专业本科生 33 名、制冷工艺专业（一班）本科生 32 名、制冷工艺专业（二班）本科生 33 名入学，并于 1982 年春毕业。

上海海洋大学档案馆馆藏档案中记载的水产品加工工艺专业 33 名、制冷工艺专业（一班）32 名、制冷工艺专业（二班）33 名本科生名单如下：

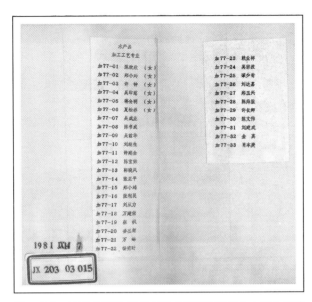

图 2-103　1978年春入学的水产品加工工艺专业本科生名单

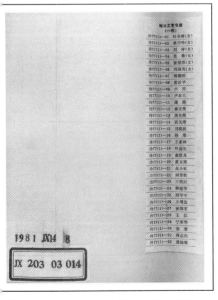

图 2-104　1978年春入学的制冷工艺专业
（一班）本科生名单

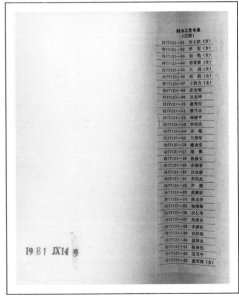

图 2-105　1978年春入学的制冷工艺专业
（二班）本科生名单

二十一、荣获全国科学大会奖

1978 年，学校水产品加工系科研成果"水产品综合利用——鱼蛋白发泡剂"获全国科学大会奖，同时获全国科学大会奖的学校另三个科研成果分别为"池塘科学养鱼创高产""河蚌育珠""人工合成多肽激素及其在家鱼催产中的应用"。

该四项成果是学校科研成果首次获国家级奖项。

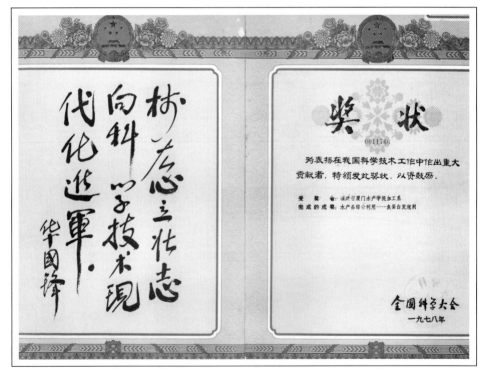

图 2-106　1978 年，科研成果"水产品综合利用——
鱼蛋白发泡剂"获全国科学大会奖奖状

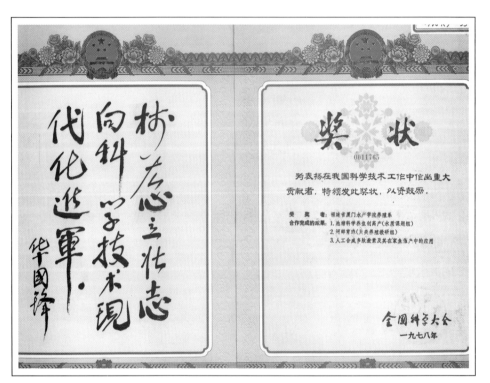

图 2-107　1978 年，科研成果"池塘科学养鱼创高产""河蚌育珠"
"人工合成多肽激素及其在家鱼催产中的应用"获全国科学大会奖奖状

学校档案馆馆藏档案《上海海洋大学科技成果汇编》（2012 年）对科研成果"水产品综合利用——鱼蛋白发泡剂"进行介绍

鱼蛋白发泡剂

任务来源：自选

工作起止时间：1972年至1977年

完成单位：上海水产学院，厦门食品厂，上海益明食品一厂，上海益明食品六厂，福建省平潭县水产公司

本校主要完成人：骆肇荛　夏凤仪等

获奖情况：1978年3月，获全国科学大会奖

1978年9月，获福建省科学技术成果奖

内容简介

发泡剂是蛋白糖生产不可缺少的材料，历来使用鸡、鸭蛋所制成的蛋白干。针对由于糖果生产迅速发展造成蛋白干供应不足的情况，为了寻找一种可替代蛋白干的新发泡剂，1972年在进行低值鱼类综合利用研究中，以三角鱼等为原料，在国内首次研制成了鱼蛋白粉发泡剂。1973年，先后在厦门食品厂和上海益明食品一厂、益明食品六厂协作下，经过中间生产试验和性能质量鉴定，证明这种鱼蛋白发泡剂性能良好，气味、色泽等符合用于一般蛋白糖的生产要求。

鱼蛋白粉发泡剂的发泡能力较蛋白干强，在打泡中具有耐热、耐油等蛋白所没有的优点。用以代替蛋白干制成的蛋白糖，没有鱼腥味和其他影响糖果质量的异味，色泽与用蛋白干发泡的基本相同。代替蛋白干用于蛋白糖生产，可以节约蛋品的消耗和增加小杂鱼等的利用途径。

图 2-108　2012 年《上海海洋大学科技成果汇编》对科研成果
"水产品综合利用——鱼蛋白发泡剂"进行介绍

二十二、参加编撰《中国农业百科全书》 《大辞海》等工具书

在学科建设与发展中，学校积极参加大型工具书的编撰工作。如参加编撰《英汉水产词汇》（科学出版社，1979 年 7 月）、《中国农业百科全书·水产业卷》（农业出版社，1994 年 12 月）、《英汉渔业词典》（中国农业出版社，1995 年 7 月）、《大辞海·农业科学卷》（上海辞书出版社，2008 年 12 月）、《汉英渔业词典》（中国农业出版社，2008 年 7 月）等。

《中国农业百科全书》是一部荟萃中外古今农业科学知识的大型工具书。全书以农业各学科知识体系为基础设卷，汇总农、林、牧、渔各业自然再生产和经济再生产的知识为基本内容，在概述基础理论的同时，重视应用技术的介绍，具有一定的专业深度和实用性。《中国农业百科全书·水产业卷》中，学校骆肇荛教授、陈舜胜教授分别担任《中国农业百科全书·水产业卷》中分支之一"水产品保鲜与加工"编写组的主编和学术秘书。

《大辞海》是一部特大型综合性辞典。全书按学科分类编纂分卷出版。在《大辞海·农业科学卷》编撰中，上海海洋大学作为编写单位之一，学校乐美龙教授、骆肇尧（荛）教授分别担任分科主编等。

英汉水产词汇

YING-HAN SHUICHAN CIHUI

科学出版社

图 2-109　1979 年科学出版社出版的《英汉水产词汇》封面

中国农业百科全书

水产业卷

下

农 业 出 版 社

北 京

1994 年 12 月

图 2-110　1994 年农业出版社出版的《中国农业百科全书·水产业卷》(下)内页封面

图 2-111　1995 年中国农业出版社出版的《英汉渔业词典》封面

水产业卷各分支编写组主编、副主编、学术秘书

水 产 总 论	主　　编	佘大奴			
	副 主 编	霍炳文	马作圻	熊笑园	施鼎钧
	学术秘书	宗承瑜	黄忠文		
水 产 资 源	主　　编	王尧耕			
	副 主 编	伍汉霖	唐启升	黄宗强	
渔业环境与保护	主　　编	邱道立			
	副 主 编	姜礼燔			
水 产 捕 捞	主　　编	于本楷			
	副 主 编	王明彦	崔建章	朱庆澜	
淡 水 养 殖	主　　编	谭玉钧			
	副 主 编	欧阳海	何碧梧	谷庆义	
	学术秘书	雷慧僧	于廷林		
海 水 养 殖	主　　编	刘卓			
	副 主 编	霍世荣	王素娟	张立言	
水产品保鲜与加工	主　　编	骆肇荛			
	副 主 编	陈修白	陈破读	杨积庆	
	学术秘书	邹胜祥	陈舜胜		
渔业机械设备与仪器	主　　编	钱洪昌			
	副 主 编	斯颂声	林焕章	王能贻	
	学术秘书	黄永萌			
渔业经济管理	主　　编	黄克义			
	副 主 编	张熹	周启才		
渔政管理与渔业法规	主　　编	宋之问			
	副 主 编	王耀富	丛春泉		

图 2-112 《中国农业百科全书·水产业卷》各分支编写组主编、副主编、学术秘书

图 2-113　2008 年上海辞书出版社出版的《大辞海·农业科学卷》封面

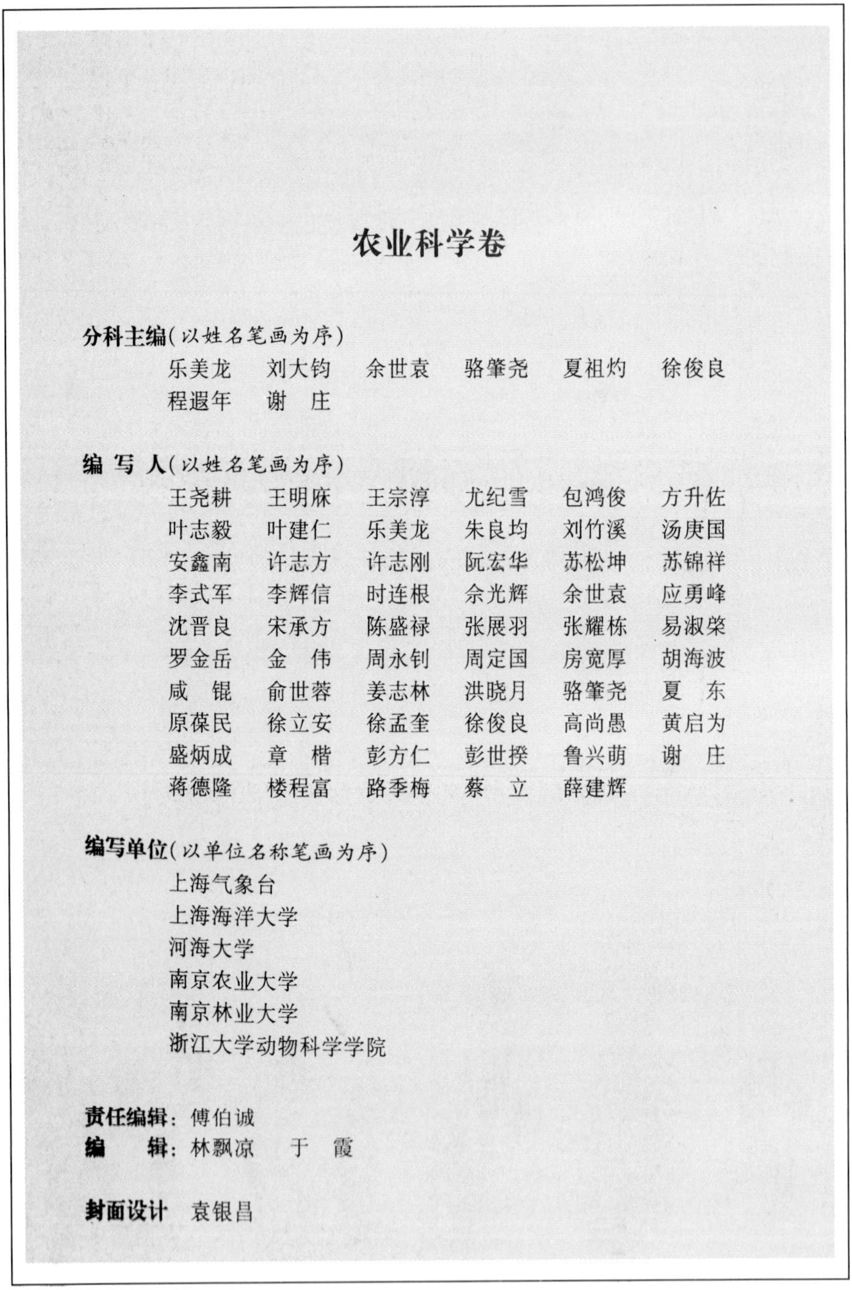

农业科学卷

分科主编(以姓名笔画为序)

乐美龙　刘大钧　余世袁　骆肇尧　夏祖灼　徐俊良
程遐年　谢　庄

编 写 人(以姓名笔画为序)

王尧耕　王明麻　王宗淳　尤纪雪　包鸿俊　方升佐
叶志毅　叶建仁　乐美龙　朱良均　刘竹溪　汤庚国
安鑫南　许志方　许志刚　阮宏华　苏松坤　苏锦祥
李式军　李辉信　时连根　佘光辉　余世袁　应勇峰
沈晋良　宋承方　陈盛禄　张展羽　张耀栋　易淑棨
罗金岳　金　伟　周永钊　周定国　房宽厚　胡海波
咸　锟　俞世蓉　姜志林　洪晓月　骆肇尧　夏　东
原葆民　徐立安　徐孟奎　徐俊良　高尚愚　黄启为
盛炳成　章　楷　彭方仁　彭世揆　鲁兴萌　谢　庄
蒋德隆　楼程富　路季梅　蔡　立　薛建辉

编写单位(以单位名称笔画为序)

上海气象台
上海海洋大学
河海大学
南京农业大学
南京林业大学
浙江大学动物科学学院

责任编辑：傅伯诚

编　辑：林飘凉　于　霞

封面设计　袁银昌

图 2-114 《大辞海·农业科学卷》分科主编、编写人、编写单位等

图 2-115　2008 年中国农业出版社出版的《汉英渔业词典》封面

此外，2005 年 4 月，学校组织全校各学科力量，启动编撰水产专科工具书《水产辞典》。2007 年 7 月，《水产辞典》由上海辞书出版社出版。《水产辞典》是一部收词范围较广，具有权威性和查阅方便的水产专业辞典。它的出版，对水产科学知识的传播、学科建设、国内外交流等具有积极和深远的意义。

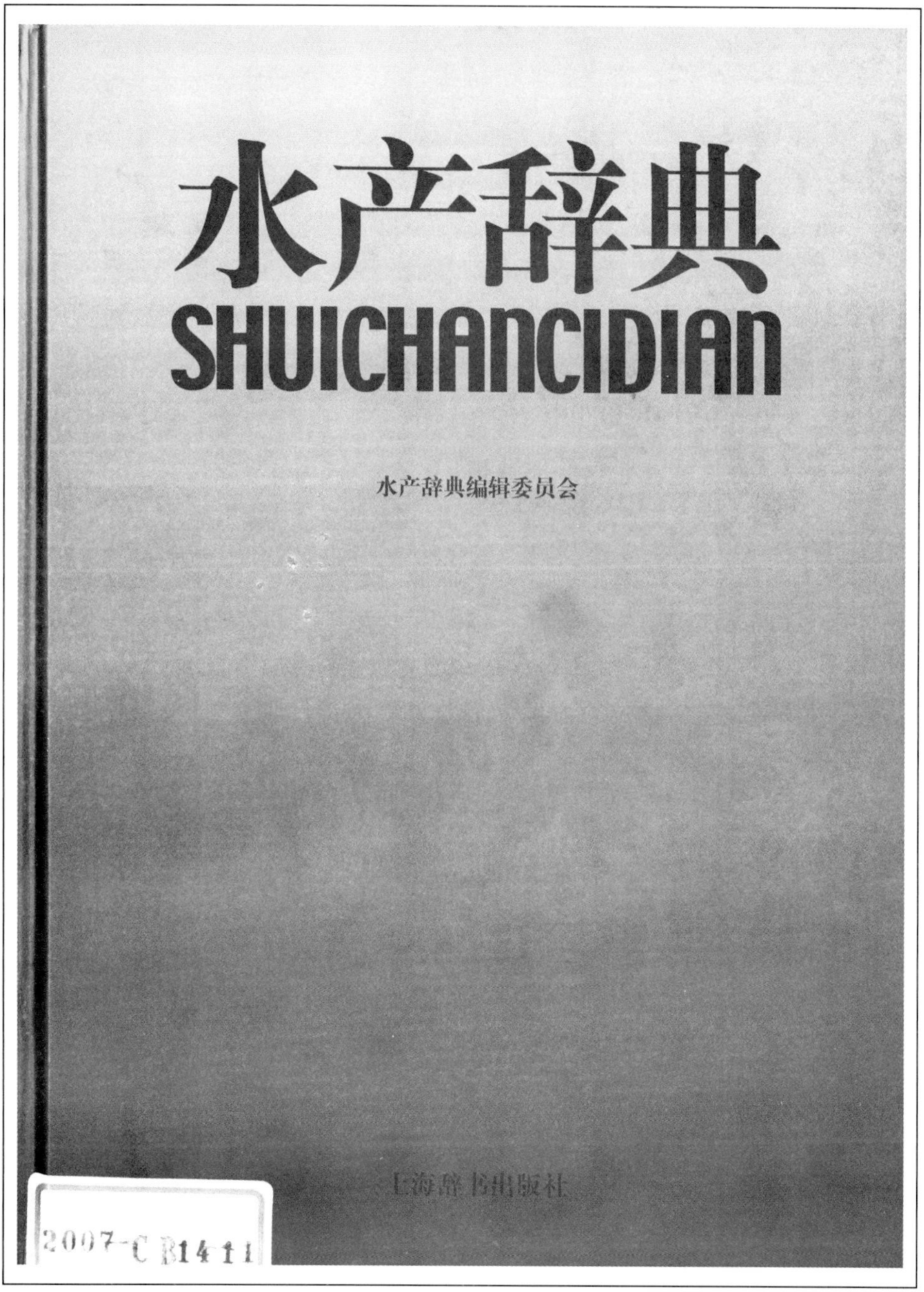

水产辞典
SHUICHANCIDIAN

水产辞典编辑委员会

上海辞书出版社

图 2-116　2007 年上海辞书出版社出版的《水产辞典》封面

水产辞典编辑委员会

主　　编　潘迎捷
副 主 编　乐美龙　黄硕琳　周应祺
委　　员　（以姓名笔画为序）
王尧耕　王锡昌　乐美龙　许柳雄　苏锦祥　李柏林　李家乐
沈月新　宋承方　张　敏　周应祺　高　健　黄硕琳　葛光华
潘迎捷
分科主编　（以姓名笔画为序）
王锡昌　许柳雄　李家乐　高　健
分科副主编　（以姓名笔画为序）
杨　红　杨正勇　何培民　陈胜舜　陈新军　谢　晶

水产辞典编辑部

主　　任　乐美龙
副 主 任　宋承方　苏锦祥　李柏林
成　　员　（以姓名笔画为序）
王尧耕　乐美龙　苏锦祥　沈月新　宋承方　胡明埥
葛光华　楼允东
秘　　书　张文博

主要撰稿人
（以姓名笔画为序）

万锦康	王　武	王永鼎	王尧耕	王丽卿	王锡昌	马家海	平　瑛
乐美龙	包海蓉	朱江峰	刘承初	刘洪生	江　敏	许柳雄	孙　琛
孙满昌	苏锦祥	李日松	李怡芳	李家乐	杨　红	杨正勇	杨先乐
杨健锋	杨德利	何　静	何培民	汪之和	沈月新	宋承方	张饮江
张相国	张福祥	陈有容	陈胜舜	陈新军	季星辉	金麟根	周应祺
周洪琪	胡明埥	钟若英	骆　乐	顾惠庭	高　健	郭文路	唐　议
唐建业	陶宁萍	黄旭雄	崔建章	章守宇	韩兴勇	葛光华	焦俊鹏
谢　晶	谢静华	楼允东	臧维玲	戴小杰			

外文审稿人　王季襄　黄硕琳

图 2-117 《水产辞典》编辑委员会、编辑部、主要撰稿人

水产品加工与贮藏

水产品可食部分（seafood edible portion） 生鲜水产原料中适宜于食用或加工成食品的部分。通常以所占原料全重的百分率表示。如鱼类、虾蟹类、头足类、贝类等水产动物的肌肉以及海带、紫菜、裙带菜等海藻的茎叶等。鱼类可食部分以附着于背脊两侧的肌肉为主，所占体重的比率因鱼种、年龄、季节而异，一般为50%～70%。其他水产品，如贝类中的牡蛎、蛤仔、扇贝等，因壳体较重，可食部分别为25%、15%、35%；虾类中的对虾为45%，日本沼虾为60%。

水产品不可食部分（seafood unedible portion） 生鲜水产原料中不适宜食用的部分。鱼类的鳞、骨和部分内脏，虾蟹类的甲壳，贝类的贝壳，海带的根部等都不宜食用，但可作为综合利用加工的原料。

多脂鱼（fatty fish） 肌肉中脂类含量高于5%的鱼类。有的高达15%。海洋洄游性中上层鱼类，如金枪鱼、鲐鱼、沙丁鱼等红身鱼类的肌肉含脂量通常为10%～15%。

中脂鱼（semi-fatty fish） 肌肉中脂类含量为2%～5%的鱼类。如大黄鱼、小黄鱼、青鱼、草鱼、鲢、鳙等。

少脂鱼（lean fish） 肌肉中脂类含量低于2%的鱼类。如鲆、鲽、鳕鱼等底栖性白肉鱼类含脂量通常在2%以下，有的低至0.5%。

红肉鱼类（red meat fish） 鱼类肌肉中因含有较多肌红蛋白、细胞色素等色素蛋白，其肉带有红色的鱼类。通常是运动性强的洄游性鱼类，如鲣鱼、金枪鱼、鲐鱼等。

白肉鱼类（white meat fish） 肌肉中仅含少量色素蛋白，其肉近乎白色的鱼类。通常是游动范围小的鱼类，如带鱼、小黄鱼、鳕鱼、鲷鱼、鲆、鲽等。

横纹肌（striated muscle） 肌纤维呈细长圆柱形，具多个细胞核的肌肉。细胞质中含有呈细丝状的肌原纤维，沿长轴平行排列。因肌原纤维有明暗相间的横纹，故名。分骨骼肌和心肌两种，前者附着于骨骼上，后者是组成心脏的肌肉。鱼类、虾蟹类的肌肉均属横纹肌。软体动物如扇贝等的闭壳肌同时含有横纹肌纤维和平滑肌纤维。

肌节（myomere；sarcomere） ❶肌肉由肌隔分割的构造单位。鱼类体侧肌肉从躯干部到尾部，由作同心圆状连续排列的肌节组成。不同鱼种的鱼体所有的肌节数目是一定的。❷亦称"肌原纤维节"。根据电子显微镜观察时，横纹肌肌原纤维中相邻两Z线(明带中的暗线)之间的重复结构单位。鱼类静止时其长度一般为2μm左右。

肌隔（myocommata；myoseptum） 亦称"肌隔膜"。将不同部位的肌肉隔开的结缔组织。从脊椎骨上下延伸的垂直肌隔，隔开鱼体侧肌成左右两部分；从脊椎骨左右延伸的水平肌隔，隔开成背、腹两部分。

肌肉（muscle） 亦称"肌肉组织"。主要由肌纤维构成的组织。肌肉组织有三种类型，分布于内脏的平滑肌，附着于骨骼上的骨骼肌，构成心脏的心肌。水产动物的肌肉组织主要是骨骼肌，是作为食物的主要可食部分。

背肉（dorsal muscle） 亦称"背侧肌"。鱼体中位于水平肌隔膜上部的肌肉。

腹肉（ventral muscle） 亦称"腹侧肌"。鱼体中位于水平肌隔膜下部的肌肉。

暗色肉（dark muscle） 亦称"血合肉"。位于鱼体侧线附近，背侧肌和腹侧肌之间，由体侧下沿水平隔膜两侧的外部伸向脊骨周围的呈暗红色的肌肉。为鱼类所特有。分布于外侧的称为"表层暗色肉"，靠近脊骨的称为"深层暗色肉"。其肌纤维细密，富含肌红蛋白、细胞色素等色素蛋白，以及脂类、维生素和各种酶类，是鱼类进行持久性游泳运动时不可缺少的组织。在鲣鱼、金枪鱼、鲐鱼等洄游性鱼类中尤为发达。在鳕、鲽、鲷等底层鱼类中，暗色肉含量少，并限于表层。在食用价值和加工贮藏性能上低于普通肉。

血合肉 即"暗色肉"。

表层暗色肉（superficial dark muscle） 见"暗色肉"。

深层暗色肉（frue dark muscle） 见"暗色肉"。

普通肉（ordinary muscle） 鱼体中除少量暗色肉以外肌肉的统称。因色素蛋白含量不同，鳕、鲷等呈白色，鲣鱼、鲐鱼等带不同程度的红色。当鱼类作常速较缓慢游动时，普通肌完全不动作，而当鱼类捕食或逃逸

图 2-118 《水产辞典》中"水产品加工与贮藏"部分内容

二十三、日本东京水产大学教授来校讲学

受国家水产总局邀请，日本东京水产大学铃木康策教授、井上实教授、川岛和幸教授和小岛秩夫副教授，于 1979 年 9 月至 10 月来上海进行为期三十天至六十天的讲学。本次讲学由上海水产学院复校筹备处与东海水产研究所共同负责接待和组织、安排讲学事宜。

四位教授讲课课程分别为：铃木康策教授讲授"水产加工学"、小岛秩夫副教授讲授"食品冷冻学"、井上实教授讲授"渔具渔法学"、川岛和幸教授讲授"远洋渔业技术学"。讲课地点在上海水产学院北大楼二楼和东海水产研究所三楼。参加听课的学员共 159 名，其中相关省（市）水产院校、科研和生产单位学员 109 名，主办单位学员 50 名，平均每门课程学员 40 名。

图 2-119　铃木康策教授暨食品加工讲学班合体学员合影

图 2-120　小岛秩夫副教授暨食品冷冻学讲学班合体学员合影

二十四、举办罐头工艺训练班

1983 年，学校科技服务部与湖北省第一轻工业局签订协议，于 1983 年 7 月 16 日至 8 月 27 日暑假期间，由学校加工系罐头教研室负责承办第一期罐头工艺训练班。课程内容为罐藏原理、罐藏容器、肉禽水产罐头工艺和果蔬罐头工艺等。各地闻讯，纷纷要求派员参加培训。为满足需求，参加培训的学员除湖北省外，还接收了新疆、陕西、四川、湖南、江苏等省、自治区部分罐头厂派出的学员，共计 72 名。此后，为满足社会需求，学校又多次举办罐头技术训练班。

1983 年 9 月 22 日《上海水产学院院刊》第 110 期第 3 版，对学校加工系暑期举办罐头工艺训练班开班情况进行报道。原文如下：

加工系暑期举办罐头工艺训练班

［本刊讯］ 我院科技服务部与湖北省第一轻工业局签订协议，同意接受委托，在 7 月 16 日至 8 月 27 日暑假期间，举办第一期罐头工艺训练班，由加工系罐头教研室负责承办。各地闻讯，纷纷要求派员参加培训，为满足有关单位的需求，决定扩大范围，除湖北省外，还接收了新疆、陕西、四川、湖南、江苏等省、自治区部分罐头厂派出的学员，共计 72 名。这期短训班的学员具有初中以上文化水平，都是各厂的技术骨干，有不少是罐头厂的厂长、车间主任、工段长。学习课程为罐藏原理、罐藏容器、肉禽水产罐头工艺和果蔬罐头工艺等。

为了办好这期培训班，罐头教研室的教师全体出动，从编写教材、备课、讲授、参加实习到生活上的安排都竭尽全力。办学期间，正值盛暑酷热，教师、学员克服了许多困难，圆满地完成了培训任务。在加工系召开的学员座谈会上，各地学员对我院、系各级有关部门给予的支持，对罐头教研室全体教师的辛勤劳动表示感谢，并表示一定要把学到的科学知识带回去，为罐头食品工业的发展作出积极的贡献。

（吴有为）

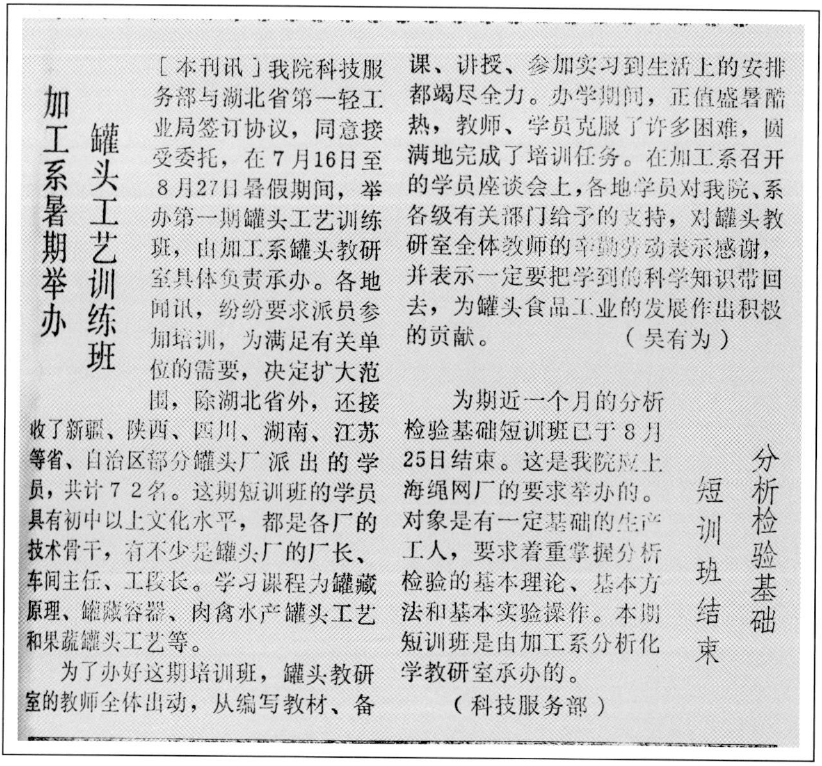

罐头工艺训练班　加工系暑期举办

［本刊讯］我院科技服务部与湖北省第一轻工业局签订协议，同意接受委托，在7月16日至8月27日暑假期间，举办第一期罐头工艺训练班，由加工系罐头教研室具体负责承办。各地闻讯，纷纷要求派员参加培训，为满足有关单位的需要，决定扩大范围，除湖北省外，还接收了新疆、陕西、四川、湖南、江苏等省、自治区部分罐头厂派出的学员，共计72名。这期短训班的学员具有初中以上文化水平，都是各厂的技术骨干，有不少是罐头厂的厂长、车间主任、工段长。学习课程为罐藏原理、罐藏容器、肉禽水产罐头工艺和果蔬罐头工艺等。

为了办好这期培训班，罐头教研室的教师全体出动，从编写教材、备课、讲授、参加实习到生活上的安排都竭尽全力。办学期间，正值盛暑酷热，教师、学员克服了许多困难，圆满地完成了培训任务。在加工系召开的学员座谈会上，各地学员对我院、系各级有关部门给予的支持，对罐头教研室全体教师的辛勤劳动表示感谢，并表示一定要把学到的科学知识带回去，为罐头食品工业的发展作出积极的贡献。

（吴有为）

分析检验基础　短训班结束

为期近一个月的分析检验基础短训班已于8月25日结束。这是我院应上海绳网厂的要求举办的。对象是有一定基础的生产工人，要求着重掌握分析检验的基本理论、基本方法和基本实验操作。本期短训班是由加工系分析化学教研室承办的。

（科技服务部）

图2-121　《加工系暑期举办罐头工艺训练班》，《上海水产学院院刊》第110期（1983年9月22日）

1985年2月9日《上海水产学院院刊》第119期第2版，对学校加工系举办罐头培训班取得成绩进行报道。原文如下：

广开门路多出人才
加工系举办罐头培训班取得成绩

罐头食品作为食品的一个重要门类，在当前兴办食品工业的热潮下，呈现出了一个大发展的趋势。近年来全国各地要求我院举办罐头培训班的来人来函纷至踏（沓）来。加工系罐头教研室在搞好本科生教学的同时，积极动脑筋、想办法，为培养人才不遗余力。在院、系领导的关怀下，他们采用多层次办学的方法，和有关部门签订合同；利用暑假期间举办罐头培训班，进行对口培训。内容精，见效快。

在一年多时间内已办班三期。八三年暑假以四川省为主，培养86名；八四年十月又培养了36名。这些学员通过一定的理论训练，回到生产第一线去，对推动生产，提高经济效益起到了明显的作用。在办班的过程中，他们克服了人手少，实验室小等多种困难，办班三期也为学校创收了三万多元。在此同时，他们还开展了科技研究和推广工作，为启东、如东等地试制梭子蟹软罐头和文蛤肉软罐头，努力实行教学、科研、推广三结合。

培训班学员都是来自生产第一线，有轻工、水产等部门，还有乡镇企业，他们都具有一定的生产经验，有的还带着一些问题来求答案。因此，要适应这种教学，教师必须先提高自己，促使弥补其知识上的不足。于是教学和生产的关系密切了，教师自身的素质和业务水平得以提高。这对本科教育大有帮助，也使科研更有针对性，从而使教育的路子越走越宽。

（陈舜胜）

广 开 门 路 多 出 人 才

加工系举办罐头培训班取得成绩

罐头食品作为食品的一个重要门类，在当前兴办食品工业的热潮下，呈现出了一个大发展的趋势。近年来全国各地要求我院举办罐头培训班的来人来函纷至踏来。加工系罐头教研室在搞好本科生教学的同时，积极动脑筋、想办法，为培养人才不遗余力。在院、系领导的关怀下，他们采用多层次办学的方法，和有关部门签订合同；利用暑假期间举办罐头培训班，进行对口培训。内容精，见效快。

在一年多时间内已办班三期。八三年暑假以四川省为主，培养86名；八四年十月又培养了36名。这些学员通过一定的理论训练，回到生产第一线去，对推动生产，提高经济效益起到了明显的作用。在办班过程中，他们克服了人手少，实验室空小等多种困难，办班三期也为学校创收了三万多元。在此同时，他们还开展了科技研究和推广工作，为启东、如东等地试制梭子蟹软罐头和文蛤肉软罐头，努力实行教学、科研、推广三结合。

培训班学员都是来自生产第一线，有轻工、水产等部门，还有乡镇企业，他们都具有一定的生产经验，有的还带着一些问题来求答案。因此，要适应这种教学，教师必须先提高自己，促使弥补其知识上的不足。于是教学和生产的关系密切了，教师自身的素质和业务水平得以提高。这对本科教育大有帮助，也使科研更有针对性，从而使教育的路子越走越宽。

（陈舜胜）

我院养殖系的"水库脉冲电电栅拦鱼技术"于去年十月获农牧渔业部颁发的"一九八三年农牧渔业科技成果技术改进奖"二等奖。

（本版除署名外均由毛襄华供稿）

图 2-122 《广开门路多出人才　加工系举办罐头培训班取得成绩》，
《上海水产学院院刊》第 119 期（1985 年 2 月 9 日）

图 2-123　1986 年上海水产大学第三届罐头技术训练班师生合影

二十五、为适应食品工业的发展创新路

随着中国食品工业的发展，全国各地要求加速培养从事食品生产、管理、科学研究的人才。在农牧渔业部水产局的支持下，学校加工系根据各省市、自治区的需要，除了举办一些中级技术人员培训班外，还定向培养本科生、专科生和进修生，增设夜大学和工程师进修班等，并在办学的方向、专业的发展上迈出新步子，增设"食品工艺"、"食品工艺（饮料）"和"食品检验"等专业，为适应食品工业的发展创新路。

1984年6月11日《上海水产学院院刊》第115期头版，对加工系为适应食品工业的发展创新路进行报道。原文如下：

加工系为适应食品工业的发展创新路

随着食品工业的发展，各地普遍要求加速培养从事食品生产、管理、科学研究的人才，据不完全统计，从82年开始，就有广西、四川、上海、江苏、浙江、新疆、山东、辽宁等省市的有关单位与我系联系，要求以不同的办学形式为他们培养从事食品生产管理、科学研究方面的人才。在农牧渔业部水产局的支持下，我院加工系根据各省市、自治区的需要，除了举办一些中级技术人员的培训班外，还与广西、新疆等地签订了协议，有计划地定向培养一些本科生和进修生。最近，上海市轻工业局来院商议，举办一般训练班和定向为市轻工业局培养本科、专科生，还要求从明年起为市轻工业局开办食品方面的夜大学和工程师进修班等。

如条件许可还将为他们代培研究生，从而打开办学的路子。加工系在上级领导部门和广大教师的支持下，在办学的方向、专业的发展上决心迈出新的步子，从下学期起将要增设"食品工艺"、"食品工艺（饮料）"和"食品检验"等几个专业，展望未来，形势喜人。

（严伯奋）

随着食品工业的发展，各地普遍要求加速培养从事食品生产、管理、科学研究的人才，据不完全统计，从82年开始，就有广西、四川、上海、江苏、浙江、新疆、山东、辽宁等省市的有关单位与我系联系，要求以不同的办学形式为他们培养从事食品生产管理、科学研究方面的人才。在农牧渔业部水产局的支持下，我院加工系根据各省市、自治区的需要，除了举办一些中级技术人员的培训班外，还与广西、新疆等地签订了协议，有计划地定向培养一些本科生和进修生。最近，上海市轻工业局来院商议，举办一般训练班和定向为市轻工业局培养本科、专科生，还要求从明年起为市轻工业局开办食品方面的夜大学和工程师进修班等。如条件许可还将为他们代培研究生，从而打开办学的路子。加工系在上级领导部门和广大教师的支持下，在办学的方向、专业的发展上决心迈出新的步子，从下学期起将要增设"食品工艺"、"食品工艺（饮料）"和"食品检验"等几个专业，展望未来，形势喜人。

（严伯奋）

加工系为适应食品工业的发展创新路

图 2-124 《加工系为适应食品工业的发展创新路》，《上海水产学院院刊》第 115 期（1984 年 6 月 11 日）

二十六、水产品软罐头研制成果受欢迎

中国江、浙、闽沿海地区的虾、蟹、贝壳资源丰富，这些水产品营养丰富、味道鲜美，深受广大群众喜爱。但由于渔区的加工技术和设备有限，这些水产品除部分在当地鲜销和少量供出口外，其余的都因来不及处理而变质成了废料，既造成极大浪费，又严重污染环境。

针对上述问题，学校加工系罐头教研室从1983年初起开展了梭子蟹肉软罐头和文蛤肉软罐头的研制工作，经过反复试验，解决了一系列技术问题，使这些罐头产品不仅能较好地保持原有的色香味，而且在常温下保存一年不变质，深受社会欢迎。

1984年9月28日《上海水产学院院刊》第117期第3版、1985年3月20日《上海水产学院院刊》第120期第2版，分别对此进行报道如下：

水产软罐头大有前途

杨运华　李雅飞

我国江苏、浙江、福建等沿海地区水产资源丰富，特别是一些虾、蟹、贝类，由于当前渔区乡村近海捕捞业和滩涂养殖业的迅猛发展，产量成倍增长。如梭子蟹，仅江苏启东县年产量达六万担左右；蛤蜊，仅江苏南通地区年产量达上万吨。尽管这些水产品都是营养丰富、味道鲜美，深受广大群众喜爱而具有特色的食品。以往由于受到加工技术和设备等的限制，除少量出口及部分在当地或附近地区鲜销外，大多很少加工成产品，远销祖国各地，满足市场需要。

1982年底，加工系党政领导同志为建立教学科研基地问题，曾前往江苏启东县渔区进行水产加工状况的调查，发现当地梭子蟹资源相当丰富，据当地群众反映，旺季时梭子蟹简直多得成灾，无法处理，污染环境，造成极大的资源浪费。为此，我们罐头教研室决定从 83 年初开展蟹肉软罐头的试验。在过去实验的基础上，进而又于今年六月初在启东渔区海渔罐头厂进行了中试。同时，应江苏南通市科委的要求，对当地大量出产的蛤蜊在前一段小型试制软罐头的基础上，又于今年七月中旬正值上海盛夏酷暑季节，战胜气候带来的容易引起食品腐败变质的不利因素，在校内实验室进行了中试。这些蟹、蛤软罐头是采用新鲜的原料，加工处理后以复合薄膜袋包装，经密封、高温杀菌制成的食品，可在常温下保存一年不变质。该软罐头可以随时开启食用，若要吃热的，可连袋在热水中浸烫 3~4 分钟后开启食用。

通过最近一系列具有一定规模的试验，基本上解决了生产这些软罐头的主要技术关键。由于生产软罐头所需设备并不复杂、投资较少，能较好地保持蟹、蛤肉等原有的特色风味，味道鲜美，色泽组织良好，经久耐藏而不变质。因此，本试验对于充分开发利用渔区资源，发展渔区的水产食品加工业、提高经济效益、富裕渔村具有重要的意义。可以发扬渔区特有的渔获物新鲜度高的优势，便于加工成上等水产品，以满足城市和内地人民随着生活水平的提高需要各种鲜美的水产品的需求。该项水产品软罐头，同时具有携带、保存、食用方便等优点，所以也适合于旅游、航海、野外作业、军需等部门供应食品的需要。因此，发展我国的水产软罐头，目前正方兴未艾，前途广阔。我院科技服务部门已经和有关单位洽谈，准备进行技术转让。罐头教研室的全体教师，现在热情高、信心足、决心努力克服种种困难，为即将到来的发展渔区水产品软罐头事业作出自己的贡献。

水产品软罐头研制成果受到生产单位欢迎

我院加工系罐头教研室研制梭子蟹肉软罐头和文蛤肉软罐头的成果，受到各方面欢迎，其生产技术已向好几个生产单位转让。

我国江、浙、闽沿海地区的虾、蟹、贝类资源十分丰富，近年产量成倍增长，如江苏启东县年产梭子蟹达 6 万担左右，南通地区年产文蛤 2 万多吨。但是，由于目前渔区的加工技术和设备有限，这么多营养丰富、受人喜爱的水产品，除部分在当地鲜销和少量供出口外，其余的都因来不及处理而变质成了废料，既造成极大浪费，又严重污染环境。

针对以上情况，罐头教研室的教师从1983年初起开展了梭子蟹肉软罐头和文蛤肉软罐头的研制工作，在实验室反复试验的基础上，于今年6—7月进行了中间试验。在试验中，解决了一系列有关技术关键，使产品较好地保持了蟹、蛤肉原有的色香味，罐头可在常温下保存一年不变质。

生产水产品软罐头设备简单，投资不多，便于在渔区推广，这为发展渔区加工厂、提高渔业生产经济效益开辟了一条新的途径。今年国庆节前后，这项成果先后在全国农业科技成果展览交流交易会、上海市农村科技成果交流洽谈会和福州地区科技、人才交流交易会展出时，受到了各地有关生产单位的欢迎，纷纷要求转让这项技术。到目前为止，已有本市和江苏等地六个厂方、公司与我院签订了转让合同。

水产软罐头大有前途

·杨运华 李雅飞·

我国江苏、浙江、福建等沿海地区水产资源丰富，特别是一些虾、蟹、贝类。由于当前渔区乡村近海捕捞业和滩涂养殖业的迅猛发展，产量成倍增长。如梭子蟹，仅江苏启东县年产量达六万担左右，蛤蜊，仅江苏南通地区年产量达上万吨。尽管这些水产品都是营养丰富、味道鲜美，深受广大群众喜爱而具有特色的食品。以往由于受到加工技术和设备等的限制，除少量出口或部分在当地或附近地区鲜销外，大多很少加工成产品，远销祖国各地，满足市场需要。

1982年底，加工系党政领导同志为建立教学科研基地问题，曾前往江苏启东渔区进行水产加工状况的调查，发现当地梭子蟹资源相当丰富，据当地群众反映，旺季时梭子蟹简直无法处理，污染环境，造成极大的资源浪费。为此，我们罐头教研室决定从83年初开展蟹肉软罐头的试验。在过去实验的基础上，进而于今年六月初在启东渔区海渔罐头厂进行了中试。同时，应江苏南通水料的要求，对当地大量出产的蛤蜊在前一段小型试制软罐头的基础上，又于今年七月中旬正值上海盛夏酷暑季节，战胜气候带来的容易引起食品腐败变质的不利因素，在校内实验室进行了中试。这些蟹、蛤软罐头是采

用新鲜的原料，加工处理后以复合薄膜袋包装，经密封、高温杀菌制成的食品，可在常温下保存一年不变质。该软罐头可开启即食用，若要吃热的，可连袋在热水中浸烫3～4分钟后开启食用。

通过最近一系列具有一定规模的试验，基本上解决了生产这些软罐头的主要技术关键。由于生产软罐头所需设备简单不复杂，投资较少，能较好地保持蟹、蛤肉等原有的特色风味，味道鲜美，色泽纽织良好，经久耐藏而不变质。因此，本试验对于充分开发利用渔区资源、发展渔区的水产食品加工业、提高经济效益、富裕渔村具有重要的意义。可以发扬渔区特有的渔获物新鲜度高的优势，便于加工成上等水产品，以满足城市和内地人民随着生活水平的提高需要各种鲜美的水产品的需求。该项水产品软罐头，同时具有携带、保存、食用方便等优点，所以也适合于旅游、航海、野外作业、军需等部门供应食品的需要。因此，发展我国的水产软罐头，目前正方兴未艾，前途广阔。我院科技服务部门已经和有关单位洽谈，准备进行技术转让。罐头教研室的全体教师，现在热情高、信心足、决心努力克服种种困难，为即将到来的发展渔区水产品软罐头事业作出自己的贡献。

图 2-125　《水产软罐头大有前途》，《上海水产学院院刊》第 117 期（1984 年 9 月 28 日）

水产品软罐头研制成果受到生产单位欢迎

我院加工系罐头教研室研制梭子蟹肉软罐头和文蛤肉软罐头的成果，受到各方面欢迎，其生产技术已向好几个生产单位转让。

我国江、浙、闽沿海地区的虾、蟹、贝类资源十分丰富，近年产量成倍增长，如江苏启东县年产梭子蟹达6万担左右，南通地区年产文蛤2万多吨。但是，由于目前渔区的加工技术和设备有限，这么多营养丰富、受人喜爱的水产品，除部分在当地鲜销和少量供出口外，其余的都因来不及处理而变质成了废料，既造成极大浪费，又严重污染环境。

针对以上情况，罐头教研室的教师从1983年初起开展了梭子蟹肉软罐头和文蛤肉软罐头的研制工

作，在实验室反复试验的基础上，于今年6—7月进行了中间试验。在试验中，解决了一系列有关技术关键，使产品较好地保持了蟹、蛤肉原有的色香味，罐头在常温下保存一年不变质。

生产水产品软罐头设备简单，投资不多，便于在渔区推广，对发展渔区加工业、搞高渔业生产经济效益开辟了一条新的途径。今年国庆节前后，这项成果先后在全国农业科技成果展览交流交易会、上海市农村科技成果交流洽谈会和福州地区科技、人才交流交易会展出时，受到了各地有关生产单位的欢迎，纷纷要求转让这项技术。目前为止，已有本市和江苏等地六个厂方、公司与我院签订了转让合同。

图 2-126　《水产品软罐头研制成果受到生产单位欢迎》，
《上海水产学院院刊》第 120 期（1985 年 3 月 20 日）

二十七、谈谈中国的罐头食品工业

食品工业是中国的重要工业之一。罐头食品初创于 1810 年，历史悠久。罐头食品具有便于携带和贮藏的优点。中国自 1906 年开始，在厦门等处即设厂制造。1912 年江苏省立水产学校初创时，仿照日本水产学校的课程设置，开设罐头食品课程，购置制罐头机器，设置实习工厂，培养罐头食品工业技术人才。中华人民共和国成立后，中国罐头食品工业发展迅速，需要大量技术人才。

1984 年 9 月 28 日《上海水产学院院刊》第 117 期第 3 版刊登了江苏省立水产学校首届制造科毕业生、水产加工专家、曾任上海水产学院加工系主任兼罐头工艺教研组主任的王刚教授题为《谈谈我国的罐头食品工业》的署名文章。原文如下：

谈谈我国的罐头食品工业

王　刚

食品工业目前已经成为我国重要工业，而罐头食品又是包装食品中历史久远，便于携带和贮藏的优良熟食品。从一八一〇年创始迄今，已经历一个半世纪。我国一九〇六年开始，厦门等处即设厂制造。在辛亥革命前后，上海即开设泰丰罐头厂，此后泰康、冠生园和梅林等厂亦先后成立。

一九一二年江苏省立水产学校成立，仿照日本水产学校的课程设置，也开设罐头食品课程，并向日本购置制罐头机器，设置实习工厂，培养罐头食品工业技术人才。

当时工厂不多，技术落后，产量极少。只有梅林厂后来居上，产品选料认真，制品以金盾商标远销南洋群岛及欧美，创造了名牌，打开了销路，但产量不多，外销更少。

解放后，罐头食品工业发展迅速，到一九五五年，各地罐头食品厂曾发展至二〇五家。至一九六〇年经过调整，合理布局，就近利用原料，认（增）加品种，改进技术和设备，提高质量，厂数量减少，但获得了正常发展。

目前国外罐头食品产量最多的为美国和日本，美国以菜蔬为主，日本以水产为主。我国地大物博，禽、畜、水产和菜蔬原料十分丰富，应该成为罐头食品的大国。特别是果蔬方面，罐头食品的品种极少，殊不相称。例如葡萄，各地产量很多，但市面上久末（未）见到这种罐头食品。过去在营口罐头食品厂时，曾试制成这种罐头食品。制造时须注意几个要点：一是必须去皮，并须选用半成熟的原料，否则加热杀菌时，果实受热膨胀，将果皮胀裂，果肉破碎易被融化，开罐时仅余皮和核，看不到葡萄。二是果实酸性很强，去皮后必须浸泡在稀碱液中中和酸性，一般用碳酸钠稀溶液，装罐后可避免与铁皮接触产生氢气膨胀，浸过葡萄的碱溶液可提取酒石酸。去皮时工人最好用橡皮指套以防强酸侵蚀手指，同时最好用竹制夹子，勿使用铁制镊子，以防铁溶入液中。成品呈绿色，颗粒均匀，晶莹半透明，很美观。我国产大量水果，似可制成罐头食品，争取外销。

由于罐头食品工业的发展，需要大量技术人才。除轻工业学院设有食品专业外，我院加工系除原有水产品加工专业外，并于一九六〇起认（开）设罐头工艺专业，培养制造禽畜、水产、果蔬罐头的全面人才。并开办罐训班和受轻工业部委托办理一年制罐专培训工厂技术人员近百人。现在除以前各水产学校在罐头食品厂工作的毕业生外，我院水产品加工专业和罐头工艺专业在各厂工作的毕业生已达一百多人，大部（分）担任技术工作。

谈谈我国的罐头食品工业

· 王　刚 ·

食品工业目前已经成为我国重要工业，而罐头食品又是包装食品中历史久远，便于携带和贮藏的优良熟食品。从一八一〇年创始迄今，已经历一个半世纪。我国一九〇六年开始，厦门等处即设厂制造。在辛亥革命前后，上海即开设泰丰罐头厂，此后泰康、冠生园和梅林等厂亦先后成立。

一九一二年江苏省立水产学校成立，仿照日本水产学校的课程设置，也开设罐头食品课程，并向日本购置制罐头机器，设置实习工厂，培养罐头食品工业技术人才。

当时工厂不多，技术落后，产量极少。只有梅林厂后来居上，产品选料认真，制品以金盾商标远销南洋群岛及欧美，创造了名牌，打开了销路，但产量不多，外销更少。

解放后，罐头食品工业发展迅速，到一九五五年，各地罐头食品厂曾发展至二〇五家。至一九六〇年经过调整，合理布局，就近利用原料，认加品种，改进技术和设备，提高质量，厂数量减少，但获得了正常发展。

目前国外罐头食品产量最多的为美国和日本，美国以菜蔬为主，日本以水产为主。我国地大物博，禽、畜、水产和菜蔬原料十分丰富，应该成为罐头食品的大国。特别是果蔬方面，罐头食品的品种极少，殊不相称。例如葡萄，各地产量很多，但市面上久未见到这种罐头食品。过去在营口罐头食品厂时，曾试制成这种罐头食品。制造时须注意几个要点：一是必须去皮，并须选用半成熟的原料，否则加热杀菌时，果实受热膨胀，将果皮胀裂，果肉破碎易被融化，开罐时仅余皮和核，看不到葡萄。二是果实酸性很强，去皮后必须浸泡在稀碱液中和酸性，一般用碳酸钠稀溶液，装罐后可避免与铁皮接融产生氢气膨胀，浸过葡萄的碱溶液可提取酒石酸。去皮时工人最好用橡皮指套以防强酸侵蚀手指，同时最好用竹制夹子，勿使用铁制镊子，以防铁溶入液中。成品呈绿色，颗粒均匀，晶莹半透明，很美观。我国产大量水果，似可制成罐头食品，争取外销。

由于罐头食品工业的发展，需要大量技术人才。除轻工业学院设有食品专业外，我院加工系除原有水产品加工专业外，并于一九六〇起认设罐头工艺专业，培养制造禽畜、水产、果蔬罐头的全面人才。并开办罐训班和受轻工业部委托办理一年制罐专培训工厂技术人员近百人。现在除以前各水产学校在罐头食品厂工作的毕业生外，我院水产品加工专业和罐头工艺专业在各厂工作的毕业生已达一百多人，大部担任技术工作。

图 2-127 《谈谈我国的罐头食品工业》，《上海水产学院院刊》第 117 期（1984 年 9 月 28 日）

二十八、为中国制冷事业作贡献

　　为适应中国国民经济发展的需要，1958 年，商业部、水产部、高教部协商报国务院备案，创办学校制冷专业。自制冷专业开办以来，为配合制冷专业毕业班学生的毕业设计，学校加工系制冷教研室先后承担设计了福建省厦门商业冷库、厦门水产学院教学实验冷库、江苏省镇江水产供销公司冷库、江苏省太仓县水产供销公司冷库、上海市茶叶进出口公司冷库、江苏省启东县水产供销公司冷库、江苏省江阴水产冷库、浙江省嘉善水产冷库等及许多食堂伙食冷库。

　　上海海洋大学档案馆馆藏档案中记载的学校承担设计的江苏省太仓县水产供销公司冷库、上海市茶叶进出口公司冷库、江苏省启东县水产供销公司冷库、浙江省嘉善水产冷库合同如下：

图 2- 128　学校承担设计的江苏省太仓县水产供销公司冷库合同封面

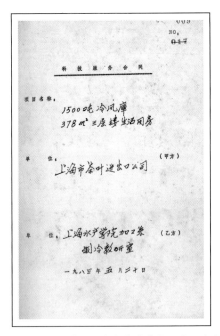

图 2-129　学校承担设计的上海市茶叶进出口公司冷库合同封面

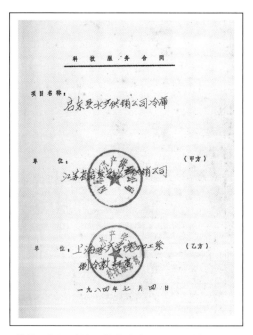

图 2-130　学校承担设计的江苏省启东县水产供销公司冷库合同封面

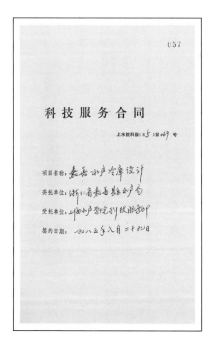

图 2-131　学校承担设计的浙江省嘉善水产冷库合同封面

随着中国食品工业的快速发展，冷库建设特别是中小型冷库建设的需要更为迫切。为了适应形势的需要，在农牧渔业部水产局等上级部门的关心支持下，1985年，学校"食品冷库研究设计室"获批成立。

"食品冷库研究设计室"成立，标志着学校制冷教研室的设计工作进入了一个新的阶段，不仅更好地解决生产单位的实际困难，而且进一步加强了学生实践环节的锻炼，提高了学生的实践能力，丰富了教学内容，进一步提高了教学质量。

学校制冷专业自创办以来，为国家培养了大批制冷专业人才，他们在各自的岗位上，为中国的制冷事业作出了重要贡献。

1985年9月29日《上海水产学院院刊》第125期头版，对学校成立食品冷库研究设计室进行报道。原文如下：

我院成立食品冷库研究设计室

本报讯 在农牧渔业部水产局的关怀下，在院领导的支持下，我院"食品冷库研究设计室"已获批准成立。

设计室是由加工系制冷教研室为主体，院兄弟系有关教师参加所组成的。成立的目的是，为教学和科研服务，接受科技咨询服务，承担冷库设计任务。

我院制冷专业是根据国民经济发展的需要，于1958年由商业部、水产部、高教部协商报国务院备案创办的。20多年来为国家培养了近千名本科生和留学生，他们都在各自的岗位上，为祖国的制冷事业贡献力量。

为了配合制冷专业毕业班学生的毕业设计，加工系制冷教研室先后承担了福建厦门商业冷库，陇海、霞浦两个500吨冷库，厦门水产学院教学实验冷库，镇江水产供销公司冷库，江苏太仓县水产供销公司500吨冷库，上海市茶叶进出口公司2500吨高温库，江苏启东县吕泗700吨冷库，江阴水产冷库，浙江省嘉善水产冷库，以及许多食堂伙食冷库的设计任务。上述冷库除嘉善水产冷库正在进行设计外，大多都已投产或正在施工中，以上所设计的冷库，能因地制宜，充分考虑生产需要，设计图纸齐全，工艺成熟合理。据生产单位反映"设计合理，布置紧凑"。

最近食品工业发展很快，冷库建设特别是中小型冷库建设的需要更为迫切。

为适应上述形式的需要，加工系制冷教研室在院领导和兄弟系的支持下，组成了冷库设计组，在搞好教学的同时，应生产单位急需，承担包括工艺、土建及水电的全套设计。这不仅解决了生产单位的困难，更主要的是加强了学生实践环节的锻炼，提高实践能力，丰富教学内容，从而促进了教学质量的进一步提高。同时也为学校增加一些收益。

"食品冷库研究设计室"的批准成立，标志着制冷教研室的设计工作进入了一个新的阶段，今后的设计任务更重，要求更高。为了更好地为教学科研服务，为社会服务，热情欢迎有关单位来人或来函联系委托设计各种食品冷库的任务。

联系地址是：上海水产学院（军工路 334 号）设计证书号码：（85）农渔设证字第 3 号。

（李松寿）

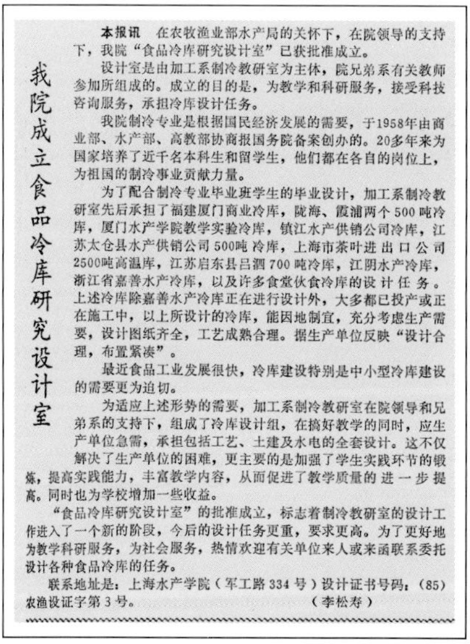

图 2-132 《我院成立食品冷库研究设计室》，《上海水产学院院刊》
第 125 期（1985 年 9 月 29 日）

1987 年 1 月 15 日，学校参编的《冷库设计规范》(GBJ72-84)荣获国家计委工程建设优秀国家标准规范三等奖。

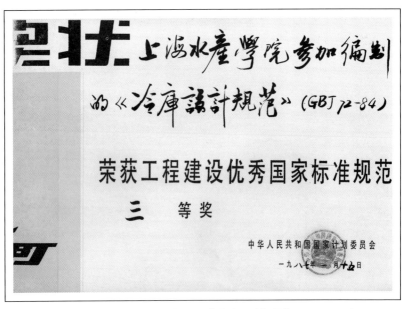

图 2-133 上海水产学院参编的《冷库设计规范》(GBJ72-84)
1987 年荣获国家计委工程建设优秀国家标准规范三等奖奖状

二十九、促进中国渔船制冷事业发展

由于过去中国水产品保鲜特别是渔船制冷保鲜技术和设备比较落后，船用氟利昂制冷系统、专用辅助设备及使用、控制技术等方面存在的问题长期未解决，大多数渔船只能带冰出海，用冰藏保鲜法保存渔获物。因带冰不能满足生产需要，以及冰藏法保鲜时间较短等原因，每年近 10% 的海上渔获物变质腐败，损失达几亿元。

为改变上述落后面貌，学校加工系制冷装置教研室承担了"六五"国家科技攻关项目"渔船制冷装置及系统研究"，研发能为中国渔船制冷保鲜提供成套比较完善、性能稳定、结构简单、操作方便的制冷系统和设备。该项目于 1987 年初通过鉴定，专家们认为该成果在渔船制冷技术方面取得重大进步，具有国内领先水平。渔船制冷装置及系统研究取得的成果，改变过去落后面貌，促进了中国渔船制冷事业的发展。

1987 年 2 月 23 日《上海水产大学报》第 137 期第 2 版，对学校加工系制冷装置教研室承担的"六五"国家科技攻关项目"渔船制冷装置及系统研究"通过鉴定进行报道。原文如下：

"六五"国家科技攻关项目渔船制冷装置及系统研究通过鉴定

我校加工系制冷装置教研室进行的"六五"国家科技攻关项目"渔船制冷装置及系统研究"，为我国渔船制冷保鲜提供了成套比较完善、性能稳定、结构简单、操作方便的制冷系统和设备。已于年初通过鉴定，专家们认为这在渔船制冷技术上是个重要进步，具有国内领先水平。

氟利昂制冷系统不能连续回油（由高压氟利昂液体带入系统的压缩机润滑油不能自动回出），是目前我国制冷技术上存在的一个关键问题。水产大学教师经过试验研究完善和改进的直接膨胀供液系统和液泵供液系统，装上专门研制的回油设备，均能自动连续回油，做到系统内不存油，压缩机曲轴箱不失油，从而提高了制冷效果。还改革了液泵供液系统的传统结构形式，能实现系统无汽蚀运行，保证持续供液；降低了安装高度，为中、小型渔船使用创造了条件。消化国外引进设备改进设计的蓄能冲箱脱冻装置，可以使平板冻结器完成冻结后取出冻块时的脱冻时间由20分钟左右缩短为1—2分钟，不但大大加快了设备的周转率，而且可以避免因加热冲箱时间过长而影响冻鱼质量。新研制的快速冻结柜，是一种船陆通用的新型冻结设备。它与目前广泛使用的平板冻结器比，具有结构简单、操作方便、冻结温度均匀，不用冲霜脱冻等优点。在国内首次建立的制冷系统微机控制系统，能自动控制制冷系统的能量调节、供液状况、蒸发压力和冷藏环境温度等，在一般条件下可以比传统的电气控制节约电耗10%以上。

我国水产品保鲜特别是渔船制冷保鲜技术和设备比较落后。由于船用氟利昂制冷系统、专用辅助设备及使用、控制技术等方面存在的问题长期未解决，至今具有制冷装置的渔船极少，而且使用效果不佳，大多数渔船只能带冰出海、用冰藏保鲜法保存渔获物。因为带冰不能满足生产需要和冰藏法保鲜时间较短等原因，每年有将近10%的海上渔获物变质腐败掉，损失几亿元。渔船制冷装置及系统研究取得的成果，将为改变这种落后面貌，发展我国的渔船制冷事业发挥重要作用。

（雨　辰）

"六五"国家科技攻关项目
渔船制冷装置及系统研究通过鉴定

我校加工系制冷装置教研室进行的"六五"国家科技攻关项目"渔船制冷装置及系统研究",为我国渔船制冷保鲜提供了成套比较完善、性能稳定、结构简单、操作方便的制冷系统和设备。已于年初通过鉴定,专家们认为这在渔船制冷技术上是个重要进步,具有国内领先水平。

氟利昂制冷系统不能连续回油(由高压氟利昂液体带入系统的压缩机润滑油不能自动回出),是目前我国制冷技术上存在的一个关键问题。水产大学教师经过试验研究完善和改进的直接膨胀供液系统和液泵供液系统,装上专门研制的回油设备,均能自动连续回油,做到系统内不存油,压缩机曲轴箱不失油,从而提高了制冷效果。还改革了液泵供液系统的传统结构形式,能实现系统无汽蚀运行,保证持续供液;降低了安装高度,为中、小型渔船使用创造了条件。消化国外引进设备改进设计的蓄能冲霜脱冻装置,可以使平板冻结器完成冻结后取出冻块时的脱冻时间由20分钟左右缩短为1—2分钟,不但大大加快了设备的周转率,而且可以避免因加热冲箱时间过长而影响冻鱼质量。新研制的快速冻结柜,是一种船陆通用的新型冻结设备。它与目前广泛使用的平板冻结器比,具有结构简单、操作方便、冻结温度均匀,不用冲霜脱冻等优点。在国内首次建立的制冷系统微机控制系统,能自动控制制冷系统的能量调节、供液状况、蒸发压力和冷藏环境温度等,在一般条件下可以比传统的电气控制节约电耗10%以上。

我国水产品保鲜特别是渔船制冷保鲜技术和设备比较落后。由于船用氟利昂制冷系统、专用辅助设备及使用、控制技术等方面存在的问题长期未解决,至今具有制冷装置的渔船极少,而且使用效果不佳,大多数渔船只能带冰出海、用冰藏保鲜法保存渔获物。因为带冰不能满足生产需要和冰藏法保鲜时间较短等原因,每年有将近10%的海上渔获物变质腐败损坏,损失几亿元。渔船制冷装置及系统研究取得的成果,将为改变这种落后面貌,发展我国的渔船制冷事业发挥重要作用。

(雨辰)

图 2-134 《"六五"国家科技攻关项目渔船制冷装置及系统研究通过鉴定》,
《上海水产大学报》第 137 期（1987 年 2 月 23 日）

图 2-135　全面完成"六五"国家科技攻关项目纪念证

三十、利用世界银行农业教育贷款项目 推进学科建设

自 1984 年起，在国家农委统一安排下，学校先后获得两期世界银行农业教育贷款，更新教学、科研等设施、设备，选派教师出国学习、进修、考察，聘请外国专家来校讲学等，推进学科建设。如 1986 年学校利用世界银行贷款项目，聘请美国加利福尼亚大学戴维斯分校食品科学系教授陆伯勋博士、美国康纳尔大学食品科学系副教授韩勇博士来校举办食品加工技术、食品微生物学讲习班。讲习班授课时间自 1986 年 10 月 15 日至 11 月 8 日，为期近四周。参加讲习班的学员共 60 名，来自全国九个省、市的水产、轻工院校、研究所和水产企业、食品企业的技术人员，其中近一半是学校中青年教师和硕士研究生。

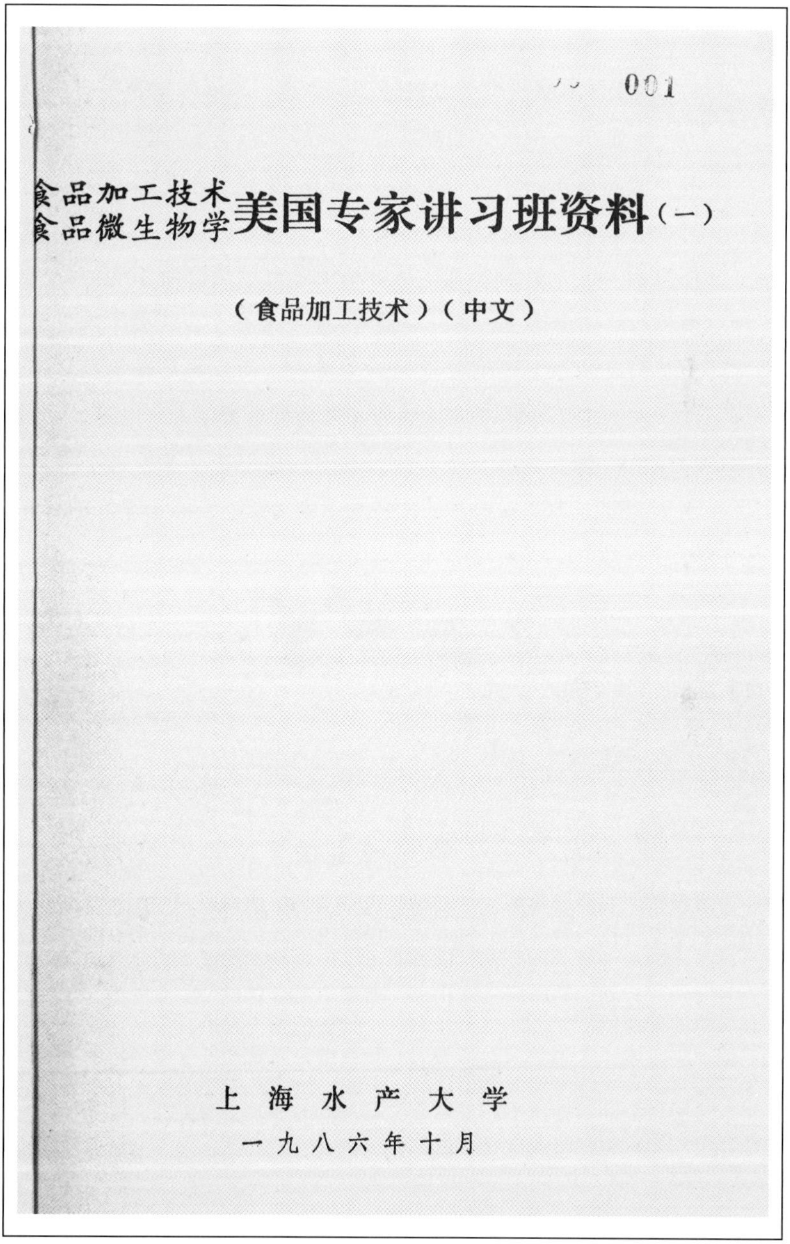

食品加工技术
食品微生物学 **美国专家讲习班资料**（一）

（食品加工技术）（中文）

上 海 水 产 大 学

一 九 八 六 年 十 月

图 2-136　食品加工技术、食品微生物学美国专家讲习班资料（一）

1986 年 10 月 23 日《上海水产大学》第 133 期头版，对美国专家来学校举办食品加工技术、食品微生物学讲习班情况进行报道。原文如下：

美国专家来我校举办食品加工技术、食品微生物学讲习班

本报讯　我校食品加工系举办的美国专家讲授的食品加工技术和食品微生物学讲习班已于 10 月 15 日正式开课。计划为期四周。这次参加讲授的是两位专家：一位是 1938 年毕业于上海交大化学系，现为美国加里（利）福尼亚大学戴维斯分校食品科学系教授的陆伯勋博士；另一位是 1962 年毕业于台湾大学农化系，现为美国康纳尔大学副教授的韩勇博士。两位都是在学术上造诣颇深、在美国食品界享有盛誉的著名美籍华裔学者。

副校长王克忠、食品加工系主任徐世琼以及来自全国各地的有关院校、研究和生产单位的五十多名学员，参加了开学典礼。

（亚　非）

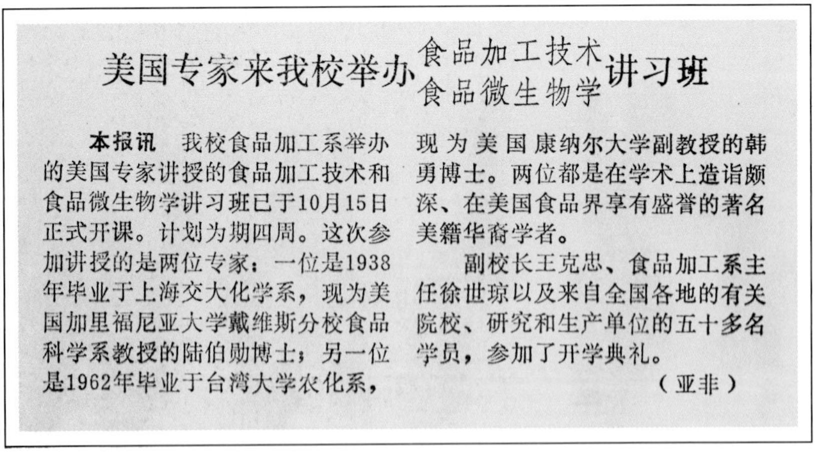

美国专家来我校举办 食品加工技术、食品微生物学 **讲习班**

本报讯　我校食品加工系举办的美国专家讲授的食品加工技术和食品微生物学讲习班已于 10 月 15 日正式开课。计划为期四周。这次参加讲授的是两位专家：一位是 1938 年毕业于上海交大化学系，现为美国加里福尼亚大学戴维斯分校食品科学系教授的陆伯勋博士；另一位是 1962 年毕业于台湾大学农化系，现为美国康纳尔大学副教授的韩勇博士。两位都是在学术上造诣颇深、在美国食品界享有盛誉的著名美籍华裔学者。

副校长王克忠、食品加工系主任徐世琼以及来自全国各地的有关院校、研究和生产单位的五十多名学员，参加了开学典礼。

（亚　非）

图 2-137　《美国专家来我校举办食品加工技术、食品微生物学讲习班》，《上海水产大学》第 133 期（1986 年 10 月 23 日）

三十一、首届硕士研究生

1984 年、1986 年，学校先后获水产品贮藏与加工专业硕士生招生权和硕士学位授予权。1987 年，学校首届水产品贮藏与加工专业硕士研究生丁玉庭、桑卫国毕业。

丁玉庭撰写的硕士学位论文题目为《我国几种淡水鱼类的蛋白质组成以及有关工艺特性的比较研究》，指导教师骆肇荛、季家驹。

桑卫国撰写的硕士学位论文题目为《VPM 法测定食品水分活度的研究》，指导教师达式奎。

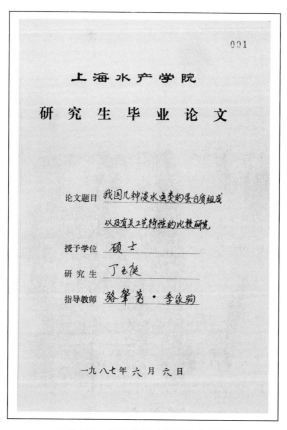

图 2-138　丁玉庭硕士学位论文封面

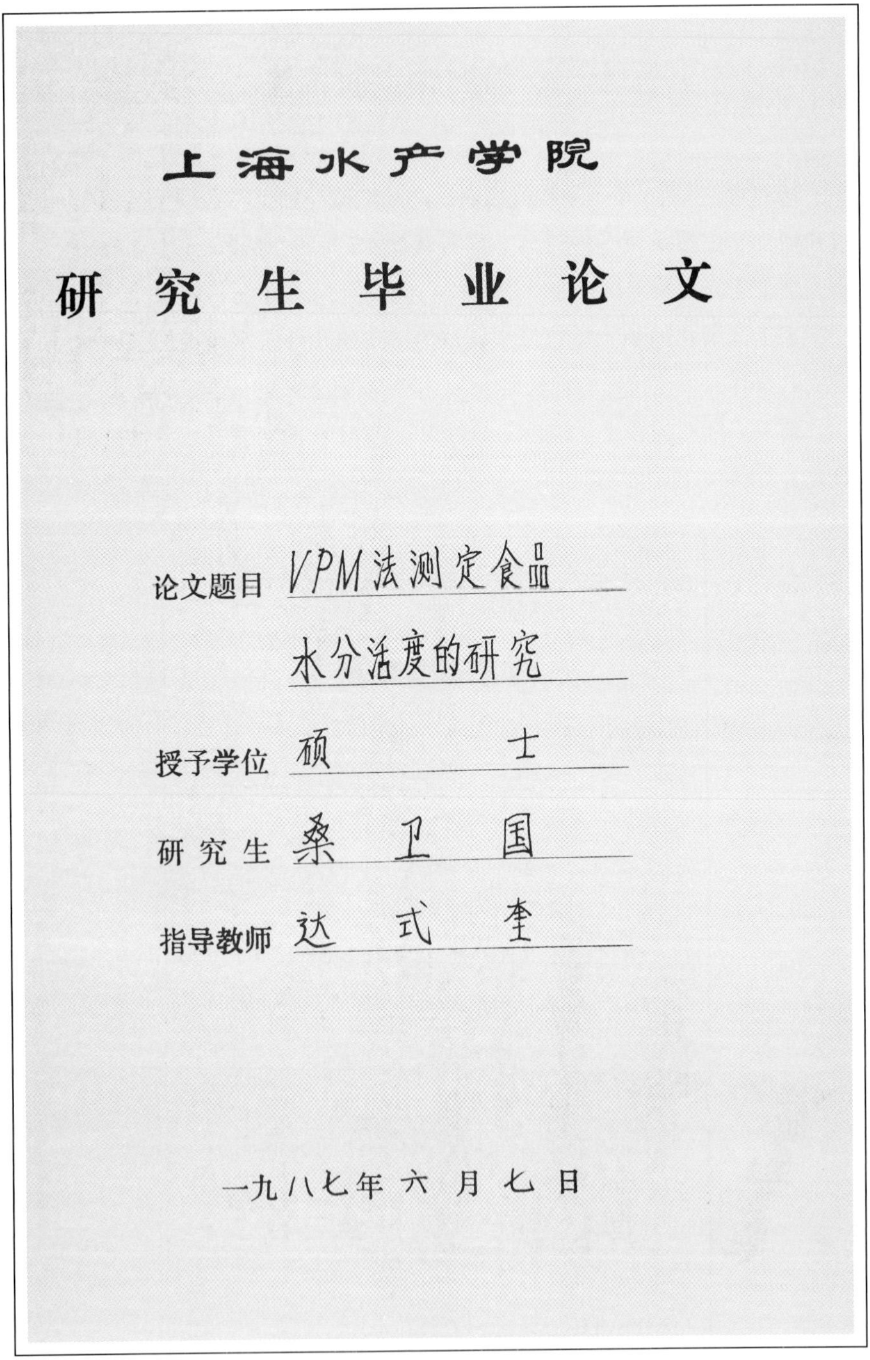

上 海 水 产 学 院

研 究 生 毕 业 论 文

论文题目 VPM法测定食品
水分活度的研究

授予学位 硕 士

研 究 生 桑 卫 国

指导教师 达 式 奎

一 九 八 七 年 六 月 七 日

图 2-139 桑卫国硕士学位论文封面

三十二、荣获首届农科市科部级优秀教材奖

为提高教材质量，推进教材建设，根据国家教委1991年相关文件精神，农业部开展评选农科本科部级优秀教材工作。上海水产大学李雅飞主编的《食品罐藏工艺学》（第一版，上海交通大学出版社，1988年）1992年荣获首届农科本科部级优秀教材奖。

图2-140 《食品罐藏工艺学》荣获首届农科本科部级优秀教材奖证书

三十三、举办全国首届水产青年学术研讨会

为提高中国水产科研水平，加强青年水产科技工作者的学术交流，1993 年 4 月 15 日至 4 月 18 日，中国水产学会在上海水产大学召开全国首届水产青年学术研讨会。研讨会以综合性、多专业为主要学术特征，学术交流内容覆盖主要水产专业及跨学科专业，主要侧重水产养殖（包括苗种繁育、养殖技术及水质管理）、远洋渔业、海洋捕捞（包括渔业机械仪器的研制及渔船驾驶方面的研究）、水产品加工技术、鱼、虾类营养生理技术及水产饲料、生物技术、计算机等高新技术在水产上的应用、渔业资源及环境保护。研讨会上交流论文 106 篇，与会代表平均年龄 31 岁。

本次研讨会是中国水产界首次举办的规模大、学科多、学位高的青年科技工作者盛会。

1993 年 4 月 19 日《新民晚报》第 11383 期头版，对此次研讨会进行报道。原文如下：

科技振兴渔业　青年开创未来

　　本报讯　我国水产品总产量已连续三年跃居世界第一。为进一步总结用科技振兴渔业的经验，发挥青年水产科技工作者的才智，由中国水产学会主办的水产青年学术研讨会昨天在上海水产大学闭幕。会议主题是："科技振兴渔业，青年开创未来"。这是我国水产界首次举办的规模大、学科多、学位高的青年科技工作者学术研讨会。在为期 4 天的研讨会上，交流了 106 篇论文。与会代表平均年龄 31 岁。

（鲁　策）

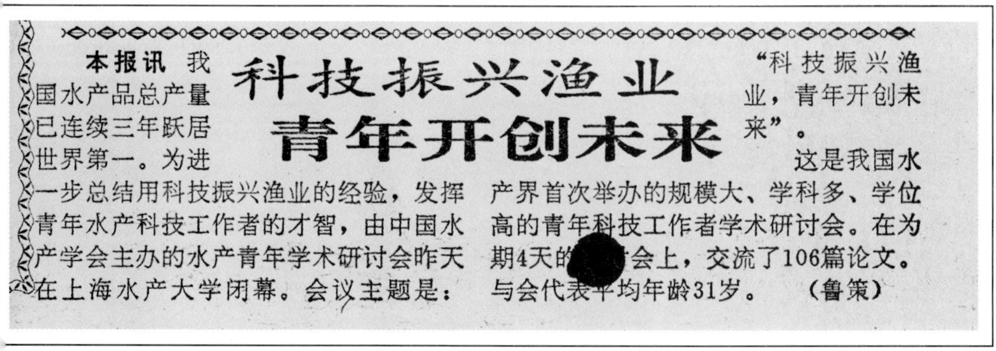

图 2-141　《科技振兴渔业　青年开创未来》，《新民晚报》(1993 年 4 月 19 日)

1995 年，中国水产学会编撰的《全国首届青年水产学术研讨会论文集》由同济大学出版社出版。

图 2-142 《全国首届青年水产学术研讨会论文集》(同济大学出版社，1995 年）封面

几种养殖淡水鱼营养与呈味成份的比较研究— 1

陈舜胜　李　勇　陈　椒

（上海水产大学）

提　要

　　本文探讨了草、鳙、白鲢、鲫、团头鲂五种养殖商品淡水鱼肌肉的营养与呈味成份的组成和含量。淡水鱼与一般海水鱼相比，营养成份上的主要差别是水份高，脂肪低。两者在呈味成份上的差别较大，淡水鱼除没有海水鱼中通常含有的氧化三甲胺、甜菜碱等以外，浸出氮总量、肌酸、肌肝的含量也较海水鱼低，游离氨基酸的构成模式也相差很大。五种淡水鱼中鲫、团头鲂的营养素量和呈味成份量高于其他三种，但它们间的组成模式没有很显著差别。

关键词　营养成份　呈味成份　游离氨基酸　牛磺酸

　　近年来我国淡水鱼的产量不断突破历史记录，对其如何进行加工利用已引起了水产界和食品界的广泛重视，但作为其加工基础的营养和呈味特征的研究尚鲜见于报导，本文试图对此作一探讨。

一、材料与方法

1. 试样鱼

　　购自上海国们路自由市场。鱼体重量范围为：草(Grass carp, *Ctenopharyngodon idellus*)2000～2500g；鳙(Bighead, Aristichthys nobilis)580～900g；白鲢(Silver carp *Hypophthalmichtys molitrix*)650～910g；团头鲂(Blunt snout bream, Megalobrama amblycephala)270～450g，鲫(Crucian carp, Carassius auratus)200～280g。草、鳙、鲢每尾作一个样本，每种鱼取二个以上样本。团头鲂、鲫4～5尾取同一部位肌肉制成混合样本。

2. 取样

　　将活鱼击杀，放血，取背鳍下，侧线上肌肉（不含鱼皮，鱼刺和暗色肉），在组织斩碎器中充分斩碎，以此作为鱼肉均匀试样，装入广口瓶中，-30℃下密封保存备用。

3. 浸出液制备

　　（1）取鱼肉均匀试样20g，加蒸馏水80ml，于沸水溶中加热20分钟，稍冷后取出离心

本研究由上海市高教局青年教师学术基金资助。

图 2-143　《几种养殖淡水鱼营养与呈味成份的比较研究—I》，
《全国首届青年水产学术研讨会论文集》(1995 年)

三十四、举办第一届淡水渔业资源加工利用技术中日合作学术研讨会

自 1996 年起，上海水产大学与日本国际农林水产研究中心开展中国淡水鱼资源有效利用的合作研究。2 年多来，中日双方科学家在中国淡水鱼肉蛋白质利用特性、生化基础及部分应用研究等方面取得一系列成果。为进一步加强中日两国大学和科研机构的交流，推广研究成果，开拓研究视野，研发更多、更好的更适合于市场的产品，促进中国淡水鱼加工与利用技术的提高，1999 年 3 月 25 日至 3 月 27 日，上海水产大学与日本国际农林水产研究中心联合举办的第一届淡水渔业资源加工利用技术中日合作学术研讨会在上海水产大学召开。

1999 年 4 月 12 日《上海水产大学报》第 255 期头版，对此次研讨会召开情况进行报道。原文如下：

淡水渔业资源加工利用技术
中日合作学术研讨会在我校召开

3 月 25—27 日，由我校与日本国际农林水产研究中心联合举办的"淡水渔业资源加工利用技术中日合作学术研讨会"在我校学术报告厅中召开，共有 40 多名中日代表参加了本次研讨会。农业部代表王久臣、上海市科委副主任曹臻、市商委副主任陈海刚、市教委代表谈顺法以及淡水渔业资源加工技术利用技术研究（简称 JIRCAS）中日合作项目负责人名和义彦出席了本次会议。

党委书记林樟杰在开幕致辞中指出：作为世界第一渔业大国的中国，淡水鱼年产量约 1250 万吨，对这一资源的利用既重要又有着广阔的前景。上海水产大学与日本国际农林水产研究中心于1996 年开始着手中国淡水鱼资源有效利用的合作研究，近年来取得了一系列研究成果。本次研讨会的召开对于加强中日两国大学和科研机构的信息交流，推广研究成果，开拓研究视野，从而创

造出更多、更好的适合于市场的产品，促进中国淡水鱼加工与利用技术的提高具有重要意义。JIRCAS 中日合作项目负责人名和义彦先生，向与会代表介绍了日本国际农林水产研究中心与世界上 8 个国家和地区广泛开展的 JIRCAS 项目，以及该项目对于合理利用淡水渔业资源，保护环境方面的潜在意义。

（舒　悦）

本报讯 3月25～27日，由我校与日本国际农林水产研究中心联合举办的"淡水渔业资源加工利用技术中日合作学术研讨会"在我校学术报告厅召开，共有40多名中日代表参加了本次研讨会。农业部代表王久臣、上海市科委副主任曹臻、市商委副主任陈海刚、市农委副主任施兴忠、市教委代表谈顺法以及淡水渔业资源加工利用技术研究（简称JIRCAS）中日合作项目负责人名和义彦出席了本次会议。

党委书记林樟杰在开幕致辞中指出：作为世界第一渔业大国的中国，淡水鱼年产量约1250万吨，对这一资源的利用既重要又有着广阔的前景。上海水产大学与日本国际农林水产研究中心于1996年开始着手中国淡水鱼资源有效利用的合作研究，近年来取得了一系列研究成果。本次研讨会的召开对于加强中日两国大学和科研机构的信息交流，推广研究成果，开拓研究视野，从而创造出更多、更好的适合于市场的产品，促进中国淡水鱼加工与利用技术的提高具有重要的意义。JIRCAS中日合作项目负责人名和义彦先生，向与会代表介绍了日本国际农林水产研究中心与世界上8个国家和地区广泛开展的JIRCAS项目，以及该项目对于合理利用淡水渔业资源，保护环境方面的潜在意义。

（舒悦）

淡水渔业资源加工利用技术中日合作学术研讨会在我校召开

图 2-144　《淡水渔业资源加工利用技术中日合作学术研讨会在我校召开》，
《上海水产大学报》第 255 期（1999 年 4 月 12 日）

图 2-145　第一届淡水渔业资源加工利用技术中日合作学术研讨会现场

中日合作淡水渔业资源加工利用技术

报 告 文 集

PROCEEDINGS OF CHINA-JAPAN JOINT WORKSHOP ON DEVELOPMENT OF PROCESSING

AND UTILIZATION OF FRESHWATER FISHERIES RESOURCES

上 海 水 产 大 学

日本国际农林水产研究中心

1999.3

图 2-146 《中日合作淡水渔业资源加工利用技术报告文集》封面

三十五、荣获部级科技成果奖

在学科建设中，学校进一步加强科技攻关、科研合作和成果应用，取得一系列成果，多次荣获农业部科技成果奖。学校档案馆馆藏的部级科技成果奖获奖情况（部分）如下：

（一）项目名称：食用褐藻胶淀粉薄膜

完成单位：上海水产学院，镇江市蔬菜制品厂，厦门食品厂

获奖情况：1983 年 12 月农牧渔业部科技成果技术改进二等奖

图 2-147

（二）项目名称：淡水鱼加工制品开发

　　　　完成单位：上海水产大学，苏州市水产冷冻厂

　　　　获奖情况：1997 年 11 月农业部科学技术进步奖三等奖

为表彰在农业科学技术进步工作中作出显著成绩者，特授予部级科学技术进步奖 三等奖。

受奖项目：淡水鱼加工制品开发

受奖单位：上海水产大学

编号：1997-00389

中华人民共和国农业部

一九九七 年

图 2-148

（三）项目名称：水产食品气调保鲜技术研究

完成单位：上海水产大学，江苏射阳海通食品公司，上海八
仙食品厂，上海光华食品厂，上海食品研究所，
福建省轻工业研究所，杭州商业学院

获奖情况：1999 年 11 月农业部科学技术进步奖三等奖

图 2-149

三十六、首次荣获上海市精品课程

在学科建设中，学校加大学科内涵建设力度，不断完善课程体系，加强课程建设，取得显著成效。2003年，学校王锡昌教授负责的食品加工学本科课程被评为上海市精品课程。同年，学校臧维玲教授、江敏副教授负责的养殖水化学、孙满昌教授负责的海洋渔业技术学本科课程被评为上海市精品课程，实现学校创建上海市级精品课程"零"的突破。

图 2-150　食品加工学本科课程被评为 2003 年度上海市精品课程荣誉证书

三十七、"国际都市型食品物流"项目被评为
上海高校本科教育高地重点建设高地

国际都市型食品物流是在现代物流工程和供应链技术、装备技术、食品检测与冷藏链技术、信息技术和自动识别技术等高新技术的支持下，满足都市食品安全性、多样化消费和国内外贸易需求的现代化服务业。

上海是一个国际化特大型城市。食品物流业在城市发展和经济建设中占有重要地位。国际都市型食品物流业与人民身体健康、食品流通安全、城市环境保护关系密切，发展现代食品物流业是提升上海乃至全国食品质量与安全的重要保障。

2005年3月，上海市教育委员会在上海市市属普通高校中开展本科教育高地建设工作，目的是将上海高校的一批专业建设成为上海乃至全国人才培养重要基地和高校教学研究和师资培训中心，成为在国内外有一定知名度和影响力的本科教育高地，为上海城市发展和经济建设提供人力资源保障。

2005年6月，上海市教育委员会公布上海市重点学科（第二期）和上海市高校教育高地建设名单，学校"国际都市型食品物流"项目被评为上海高校本科教育高地重点建设高地，水产养殖学等四门学科被评为上海市重点学科。

2005年6月29日《上海水产大学报》第369期头版对此进行报道。原文如下：

我校学科建设取得重大进展
一项目四学科分别成为市高校本科教育高地和重点学科

本报讯 日前，在市教委重点学科（第二期）和教育高地的评审中，我校"国际都市型食品物流"项目被评为上海高校本科教育高地重点建设高地，水产养殖学、捕捞学、食品科学与工程、

渔业经济与管理四门学科被评为上海市重点学科。高校本科教育高地建设分为重点建设和一般建设，我校"国际都市型食品物流"为重点建设教育高地。重点学科和教育高地建设周期均为四年。

本次市教委重点学科建设分为优势学科、特色学科和培育学科，其中优势学科为"重中之重"。我校四门重点学科中，水产养殖学为优势学科，其他三个学科为特色学科。在上海市属高校中，仅有六所高校有优势学科。

2005年是我校新一轮学科建设的启动年，一个高地和四门重点学科的确立，实现了新一轮学科建设工作的"开门红"，为我校新一轮学科建设的全面开展奠定了良好的基础。为加快人才队伍建设，打造一流教育高地，6月14日，我校举行隆重仪式，聘请中国物理学会副会长、复旦大学现代物流研究中心主任朱道立教授为我校市食品物流教育高地项目顾问教授。

（教务处）

我校学科建设取得重大进展

一项目四学科分别成为市高校本科教育高地和重点学科

本报讯 日前，在市教委重点学科（第二期）和教育高地的评审中，我校"国际都市型食品物流"项目被评为上海高校本科教育高地重点建设高地，水产养殖学、捕捞学、食品科学与工程、渔业经济与管理四门学科被评为上海市重点学科。高校本科教育高地建设分为重点建设和一般建设，我校"国际都市型食品物流"为重点建设教育高地。重点学科和教育高地建设周期均为四年。

本次市教委重点学科建设分为优势学科、特色学科和培育学科，其中优势学科为"重中之重"。我校四门重点学科中，水产养殖学为优势学科，其他三个学科为特色学科。在上海市属高校中，仅有六所高校有优势学科。

2005年是我校新一轮学科建设的启动年，一个高地和四门重点学科的确立，实现了新一轮学科建设工作的"开门红"，为我校新一轮学科建设的全面开展奠定了良好基础。为加快人才队伍建设，打造一流教育高地，6月14日，我校举行隆重仪式，聘请中国物流学会副会长、复旦大学现代物流研究中心主任朱道立教授为我校市食品物流教育高地项目顾问教授。（教务处）

图 2-151 《我校学科建设取得重大进展　一项目四学科分别成为市高校本科教育高地和重点学科》，《上海水产大学报》第 369 期（2005 年 6 月 29 日）

三十八、食品安全问题的前瞻性思考

2006 年，面对当时中国面临的食品安全问题，上海水产大学校长潘迎捷教授在 2006 年 11 月 21 日《文汇报》"文汇时评"栏目中发表《食品安全问题的前瞻性思考》署名文章。文中分析了当前中国面临的主要食品安全问题，呼吁政府、社会、家庭和个人共同努力解决食品安全问题，引起社会强烈反响。随后，《新民晚报》在头版发表独家专访潘校长的文章，新华社等媒体也接踵而至。

2006 年 12 月 4 日《上海水产大学报》第 394 期第 2 版，摘录 2006 年 11 月 21 日《文汇报》"文汇时评"栏目中潘迎捷教授题为《食品安全问题的前瞻性思考》的署名文章。原文如下：

食品安全问题的前瞻性思考

潘迎捷

11 月 21 日中国新闻名专栏——《文汇报》"文汇时评"栏目刊登了校长潘迎捷教授题为"食品安全问题的前瞻性思考"的署名文章。文章分析了当前我国面临的主要食品安全问题，呼吁政府、社会、每个家庭和个人共同努力解决食品安全问题，在社会引起了强烈反响。紧随其后，《新民晚报》在头版发表独家专访潘校长的文章，新华社等媒体也接踵而至。现将"食品安全问题的前瞻性思考"一文摘录如下，以飨读者。

广泛意义上的食物是指那些能经过简单处理或规范加工能满足人类生命健康需要和人们生活习惯嗜好的植物、动物及微生物制品。这些食物大部分来源于广泛意义上的农产品，来源于生产农产品的粮、棉、油、渔、丝、茶、菜、果、糖、酒、畜、杂等 12 大门类的初级产品。这些初级产品的种类、特性、运输、加工、贮存、销售的途径、方式和管理已经各具特色，但在原料生产、加工、包装、贮运等环节存在的一些主观和客观因素却降低了食品的安全性，危及人体健康。

因此，食品安全涉猎的范围相当广泛，除了与每一个人的生命健康息息相关以外，已经远远超出了传统意义上的食品科学与工程的范畴，是一个涵盖全社会的、以食品科学与工程理论为基础的，与行政管理部门、社会舆论、个人食品安全防范等相关的系统工程。因此，可以说，随着科技进步和社会发展，"民以食为天"这句古训还多了一层"食上无小事"的意义。而事实本身是，近年来，食物这一维持我们生命健康的物质，已经让我们逐渐感觉到不安起来了。人们不禁要问：我们明天吃什么才是安全的？

毋庸讳言，食品安全早已成为全世界所面临的一个需要迫切解决的问题。在美国，每年有占总人口 30% 左右的 7200 万人发生食源性疾病，造成 3500 亿美元的损失。2001 年，德国出现疯牛病后，卫生部长和农业部长被迫引咎辞职。在我国，食品安全问题也存在诸多问题与隐患。首先，微生物污染造成的食源性疾病问题十分突出。最近引起巨大反响的由管圆线虫引起的"福寿螺"事件就是其中最具代表性的一个显著例子。2003 年震惊全球的 SARS 也是来自于微生物污染。

其次，环境污染等源头污染也直接威胁着食品安全。工业生产过程中产生的"三废"直接污染大气、水源、农田，给农作物的生长、发育带来影响，从而影响食品原料的安全。资料表明，重金属污染土地占我国耕地总面积的 1/5，每年仅重金属污染造成直接经济损失就超过 300 亿元。

第三，滥用农药、兽药造成的食品源头污染仍然不容忽视。在我国受农药污染的农田约 1600 万公顷，农药已成为我国农产品污染的重要来源之一。在水产养殖过程中滥用抗生素，有的甚至使用禁用药品如孔雀石绿、氯霉素，屡见不鲜。"九五"以来，药物和激素的滥用在一定程度上影响了国内市场，降低了养殖水产品的声誉，同时也因此在国际贸易中受了损失，日本已多次因抗生素超标退回或销毁我国鳗鲡和鳗鱼制品。1996 年，因我国水产品质量监控体系的缺陷，欧盟市场禁止我国贝类进入。另外，在食品生产加工过程中，非法添加和管理不善也是造成食品污染的主要元凶之一。震惊全国的"苏丹红"事件就是由于生产者违规向食品中添加工业原料造成的。近日披露的"红心蛋"以及"多宝鱼"事件，又是两个例证。而在某些食品中添加酸性橙等人工合成的致癌性化工染料；在面粉、米粉和粉条中添加以甲醛和亚硫酸钠制剂的"吊白块"进行漂白，在大米上着色素、加香料；三黄鸡上涂黄色；茶叶中加绿色，枸杞子用红色素浸泡等违法添加、牟取暴利的事件仍有发生。

近些年来，上海的食品安全问题日趋好转。2005年，全市共报告发生集体性食物中毒事故38起，中毒970人，发生率为6.06人/10万，与2004年相比，中毒起数和人数分别下降了47%和52%。但食品安全形势仍不容乐观。存在的问题在于，源头污染问题没有完全控制；食品生产加工企业整体水平不高，食品安全保障能力较弱；市场经营秩序还不太规范；部分食品抽检合格率较低；食物中毒等食品安全事故仍时有发生等。

综上所述，我国食品安全的主要不足之处在于食品安全方面的科研水平以及食品卫生标准体系与国际先进水平相比尚有较大差距。除了这些"科技瓶颈"外，我国的国家食品安全管理体系、法规建设、监督水平以及食品生产、经营者的规模与素质和全社会的消费观念等都尚存在不足之处。在应对现有食品安全问题的同时，我们也注意到，随着时代的进步，食品工业中应用新原料、新工艺给食品安全带来了许多新问题，如生物技术、益生菌和酶制剂等技术在食品中的应用、食品新资源的开发等，提醒我们在制定相关监管政策、设立管理体系、立法方面都要有一定的前瞻性。

食品安全问题千头万绪，涉及面极为广泛和复杂，如何厘清头绪，有效应对，使进入千家万户的食品让人民放心、政府安心，需要政府、社会、每个家庭和个人的共同努力。

首先，要增加食品安全监管与研究资金投入，改善资金投入结构，完善投资管理体制。其次，要逐步实行食品市场准入制度，改变过去"头痛医头，脚痛医脚"，把监督管理关口前移至生产和加工环节。另外，还应逐渐实行食品溯源管理制度，完善标签管理；完善食品供应组织体系，根据"从农田到餐桌"的全过程管理的要求完善生产和加工方式。最后，建立食品安全综合示范，逐步推广；完善信息发布制度，加强教育和培训，食品科学技术工作者在承担起专业责任的同时还要肩负起社会和时代的责任，研究和探索保证食品安全的技术手段，积极思考保证食品安全的途径和方法。这样，就能在全社会建立"安心、放心、舒心"的食品安全行业环境和社会环境，让明天我们吃上更加健康、安全的食品。

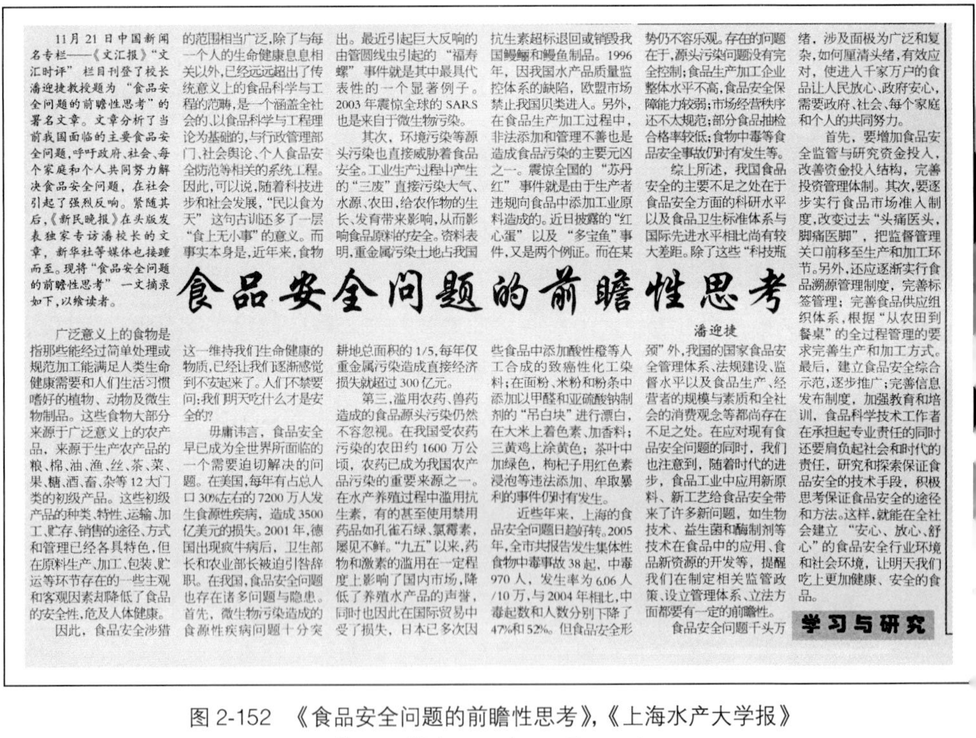

图 2-152 《食品安全问题的前瞻性思考》，《上海水产大学报》
第 394 期（2006 年 12 月 4 日）

三十九、开展学术研讨 推进"健康、安全水产食品"环境建立

为进一步促进中国水产行业的交流合作与信息共享，提升中国水产品加工和综合利用的学术水平，推进中国"健康、安全水产食品"行业环境和社会环境的建立。2006 年 11 月 25 日至 11 月 26 日，由中国水产学会水产品加工和综合利用专业委员会、上海市水产学会水产品加工专业委员会与上海水产大学食品学院共同主办的以"健康、安全水产食品"为主题的"2006 年中国水产学会水产品加工和综合利用分会年会"在上海水产大学举行。

2006 年 12 月 4 日《上海水产大学报》第 394 期第 2 版，对此次会议召开情况进行报道。原文如下：

2006 年中国水产学会水产品加工和综合利用分会年会在我校隆重举行

本报讯 11 月 25—26 日，由中国水产学会水产品加工和综合利用专业委员会、上海市水产学会水产品加工专业委员会与我校食品学院共同主办的以"健康、安全水产食品"为主题的"2006 年中国水产学会水产品加工和综合利用分会年会"在我校举行。来自中国海洋大学，广东海洋大学，黄海、南海水产研究所等 27 所高校及研究机构的 100 余名研究生与科研人员参会。

在开幕式的嘉宾致辞中，潘校长希望本次年会通过对水产品保鲜与加工、水产品质量与安全、水产品综合利用以及水产品流通与市场等内容的研讨，能进一步促进我国水产行业的交流合作与信息共享，提升我国水产品加工和综合利用的学术水平，推进我国"健康、安全水产食品"行业环境和社会环境的建立。

此次年会共设 4 个专场，会议期间，与会代表分别围绕 29 个专题报告进行宣讲，内容涉及水产资源利用基础研究、水产品保

鲜、水产食品加工与水产资源综合利用等内容，并与现场听众进行了积极热烈的交流，互动效果明显，气氛活跃。

（食品学院）

本报讯 11月25-26日，由中国水产学会水产品加工和综合利用专业委员会、上海市水产学会水产品加工专业委员会与我校食品学院共同主办的以"健康、安全水产食品"为主题的"2006年中国水产学会水产品加工和综合利用分会年会"在我校举行。来自中国海洋大学，广东海洋大学，黄海、南海水产研究所等27所高校及研究机构的100余名研究生与科研人员参会。

在开幕式的嘉宾致辞中，潘校长希望本次年会通过对水产品保鲜与加工、水产品质量与安全、水产品综合利用以及水产品流通与市场等内容的研讨，能进一步促进我国水产行业的交流合作与信息共享，提升我国水产品加工和综合利用的学术水平，推进我国"健康、安全水产食品"行业环境和社会环境的建立。

此次年会共设4个专场，会议期间，与会代表分别围绕29个专题报告进行宣讲，内容涉及水产资源利用基础研究、水产品保鲜、水产食品加工与水产资源综合利用等内容，并与现场听众进行积极热烈的交流，互动效果明显，气氛活跃。

（食品学院

2006年中国水产学会水产品加工和综合利用分会年会在我校隆重举行

图 2-153 《2006年中国水产学会水产品加工和综合利用分会年会在我校隆重举行》，《上海水产大学报》第394期（2006年12月4日）

四十、举办首届上海研究生学术论坛

2006 年 12 月 16 日，由上海市学位委员会主办，上海水产大学承办的首届上海研究生学术论坛——"食品·营养·健康·安全"专题论坛在上海水产大学召开。

2006 年 12 月 18 日《上海水产大学报》第 395 期第 2 版，对首届上海研究生学术论坛召开情况进行报道。原文如下：

首届上海研究生学术论坛成功举办

本报讯 12 月 16 日，由上海市学位委员会主办，我校承办的首届上海研究生学术论坛——"食品·营养·健康·安全"专题论坛在科技楼六楼报告厅隆重举行。上海市学位办领导田蔚风、冯晖，上海市食品学会理事长张肇范，校长潘迎捷，中国农业大学博士生导师胡小松等专家学者出席此次盛会。开幕式由黄硕琳副校长主持，来自上海各高校及南京农业大学与江南大学等外地院校的研究生院（部、处）领导、教师及研究生 400 余人参加了论坛的开幕式。

黄硕琳副校长对本次论坛的举办表示祝贺并宣布首届上海研究生学术论坛开幕；田蔚风主任、张肇范理事长与潘迎捷校长分别发表讲话。

开幕式结束后，研究生部主任施志仪教授主持了学术论坛的专家主题报告活动。校长潘迎捷教授与中国农业大学胡小松教授分别就"食品质量安全、现状与发展方向"与"中国食品产业发展与创新"作了精彩报告，并对现场听众的提问一一进行解答。

本次论坛共收到来自上海交通大学、同济大学、华东理工大学、上海财经大学、上海理工大学、上海师范大学、上海水产大学及南京农业大学、江南大学等单位的论文 52 篇。入围宣讲的

13 篇论文中，共有 7 篇论文获得优秀论文奖，其中上海水产大学 5 篇，上海理工大学与华东理工大学各 1 篇。

（研究生部　食品学院）

首届上海研究生学术论坛成功举办

本报讯 12 月 16 日，由上海市学位委员会主办，我校承办的首届上海研究生学术论坛——"食品·营养·健康·安全"专题论坛在科技楼六楼报告厅隆重举行。上海市学位办领导田蔚风，冯晖，上海市食品学会理事长张肇范，校长潘迎捷，中国农业大学博士生导师胡小松等专家学者出席此次盛会。开幕式由黄硕琳副校长主持，来自上海各高校及南京农业大学与江南大学等外地院校的研究生院（部、处）领导、教师及研究生 400 余人参加了论坛的开幕式。

黄硕琳副校长对本次论坛的举办表示祝贺并宣布首届上海研究生学术论坛开幕；田蔚风主任、张肇范理事长与潘迎捷校长分别发表讲话。

开幕式结束后，研究生部主任施志仪教授主持了学术论坛的专家主题报告活动。校长潘迎捷教授与中国农业大学胡小松教授分别就"食品质量安全·现状与发展方向"与"中国食品产业发展与创新"作了精彩报告，并对现场听众的提问一一进行解答。

本次论坛共收到来自上海交通大学、同济大学、华东理工大学、上海财经大学、上海理工大学、上海师范大学、上海水产大学及南京农业大学、江南大学等单位的论文 52 篇。入围宣讲的 13 篇论文中，共有 7 篇论文获得优秀论文奖，其中上海水产大学 5 篇，上海理工大学与华东理工大学各 1 篇。

（研究生部食品学院）

图 2-154 《首届上海研究生学术论坛成功举办》，《上海水产大学报》第 395 期（2006 年 12 月 18 日）

四十一、首届博士研究生

2003 年，国务院学位委员会批准学校具有水产品加工及贮藏工程博士学位授予权。2007 年，学校首届水产品加工及贮藏工程博士研究生蒋霞云毕业。

蒋霞云撰写的博士学位论文题目为《甲壳素脱乙酰酶产生菌的筛选、cDNA 克隆及原核表达研究》，指导教师周培根。

学校代码：1 0 2 6 4
研 究 生
学 号： D040201015

上 海 水 产 大 学
博 士 学 位 论 文

题　目： 甲壳素脱乙酰酶产生菌的筛选、cDNA
克隆及原核表达研究

英文题目： Studies on strain-screening , cDNA cloning
of chitin deacetylase and its recombinant
expression in prokaryote

专　　业： 水产品加工及贮藏工程

研究方向： 海洋生物资源利用学

姓　　名： 蒋霞云

指导教师： 周培根教授

二〇〇七年 六月 二十 日

图 2-155　蒋霞云博士学位论文封面

四十二、增设包装工程本科专业

随着中国加入 WTO、中国包装工业的快速发展及食品安全控制问题发展的需要，包装工业、教育、科研部门以及食品领域，急需高层次的包装工程专业科技人才。

学校在包装工程领域的教学科研工作历史较为悠久。20 世纪 80 年代就开展了包装工程方面的教学科研、实验室建设工作。1986 年，利用世界银行贷款，引进了热收缩包装机、盒式封口机、罐头真空封口机、液态食品自动灌装机等进口设备。20 世纪 90 年代初，开设了《食品包装学》专业课程，开展了食品气调包装工程方面的科研工作，建立了食品包装实验室等。

2007 年 3 月，上海市教育委员会公布 2006 年度上海市普通高校增设本科专业审批和备案结果，经上海市教育委员会和教育部备案或批准同意设置的本科专业，自 2007 年起可以列入普通高校招生计划。上海水产大学位列其中，专业名称：包装工程，专业代码：081403，修业年限：四年，学位授予门类：工学。

2007 年学校第一届包装工程本科专业新生入学，学制四年。2011 年第一届包装工程本科专业学生毕业，共 42 人。

在《上海海洋大学 1912—2012 校友名录》中记载的 2011 届包装工程专业（1）班、（2）班 42 名毕业生名单如下。

2011 届包装工程（1）　　　　　　　　　　　　2007—2011

王　娟　蒋奇憬　徐　静　林梦娜　蒋玲玲　徐　晖　陈贤琳
顾晓辰　姚　真　倪　萍　唐懿芸　徐致远　倪　虹　顾肖依
姚星辰　戴祯祯　陶星辰　赵　青　陆　政　胡嘉磊　范　磊
蔡克帅　盛俊洋　施　健　郭海峰

2011 届包装工程（2）　　　　　　　　　　　　2007—2011

邱乃千　倪佳涵　舒佳宸　邵　杰　蔡赛雄　王梅雅　赵　雯
黄　虹　杨　靓　毛成毅　张晶晶　毛鸿海　陆翔宇　金忠宇
王文豪　路　宽　倪志文

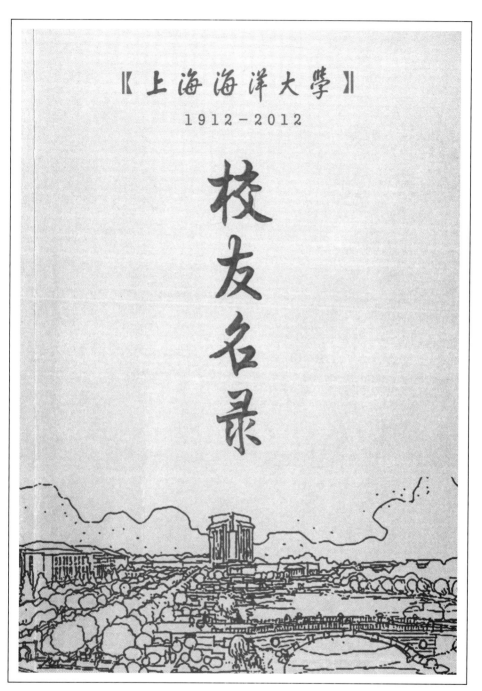

图 2-156 《上海海洋大学 1912—2012 校友名录》封面

2011届包装工程（1）   2007-2011

王　娟	蒋奇璟	徐　静	林梦娜	蒋玲玲	徐　晖	陈贤琳	顾晓辰
姚　真	倪　萍	唐懿芸	徐致远	倪　虹	顾肖依	姚星辰	戴祯祯
陶星辰	赵　青	陆　政	胡嘉磊	范　磊	蔡克帅	盛俊洋	施　健
郭海峰							

2011届包装工程（2）   2007-2011

邱乃千	倪佳涵	舒佳宸	邵　洁	蔡赛雄	王梅雅	赵　雯	黄　虹
杨　靓	毛成毅	张晶晶	毛鸿海	陆翔宇	金忠宇	王文豪	路　宽
倪志文							

图 2-157 《上海海洋大学 1912—2012 校友名录》中记载的 2011 届包装工程专业 42 名毕业生名单

四十三、首次代表中国参加
2008 CULINAR 食品创新大赛

2008 年 1 月 30 日至 1 月 31 日，2008 年 CULINAR 食品创新大赛在瑞典举行。学校受邀首次代表中国组团参赛。以学校食品学院包海蓉为带队老师、李理等 4 名同学的团队，在本次大赛中获得最佳食品包装创意奖。

2008 年 3 月 17 日《上海水产大学报》第 670 期第 4 版、2008 年 3 月 31 日《上海水产大学报》第 671 期第 4 版，对参赛情况进行报道。原文如下：

日夜的斯京（一）
——2008 CULINAR CUP 侧记

编者按：2008 年 CULINAR 食品创新大赛于 1 月 30 日—31 日在瑞典举行。我校受邀首次代表中国组团参赛。从去年 3 月起食品学院就确定了以包海蓉为带队老师、李理等 4 名同学的团队。春去秋来，经过将近 1 年的努力，他们终于怀揣着世界的喝彩载誉而归。

斯德哥尔摩是瑞典的首都，人们却喜欢称她为斯京，意为斯堪的那维亚的心脏。KRISTIANSTAD 是瑞典南部的城市，这是一片自诞生就与食品有着不解之缘的土地，著名的绝对伏特加酒厂就坐落于此，此次 CULINAR 大赛也在这里举办。

为了让参赛国家的队员能尽快熟悉对方，主办方为我们组织了丰富多彩的活动，如参观食品加工厂、保龄球赛等等，不过令人印象最为深刻的要属来自世界 6 个国家的 30 名选手一起制作晚餐的活动。我们被分为 5 个小组，在 KRISTIANSTAD 大学的食品加工实验室开始了我们的杰作：每个组都由不同国家的队员组成，分别按照准备好的菜谱制作不同的菜品。我和同是中国队的居尔毅、荷兰以及瑞典的几个伙伴主要负责此次大餐的甜品部分——焦糖苹果燕麦饼配香草沙司。第一次在装备这么齐全的实验室做菜开始让我有点手忙脚乱，光是眼前几十种不同的食品加工工具就让人眼晕，更别提那些令人眼花缭乱的加工设备了，最后我终于在瑞典实验老师的帮助下找到了几样得心应手的工具。我们各司其职，有的负责削苹果，有的负责将几种麦片加黄油调配在一起，有的负责调制香草沙司。让我佩服的是欧洲人对烹饪认真的态度，所有的油盐等作料都严格按照菜谱上规定的分量在量杯和天平上称重，当我问到一位芬兰教授为什么要这么做时，他对我说欧洲人把食品当作有生命的物品，烹饪食品就是一种艺术，与手工制作精美绝伦的艺术品并无二致。在大家的欢声笑语和齐心协作下我们的作品很快就经过烤箱的洗礼上桌了。晚餐时刻，我有点不敢相信自己的眼睛，一道道精美的菜肴竟然真的出自我们手下，瑞典传统肉圆配土豆饼，三文鱼和虾子色拉，烟熏里脊肉和小牛肉。一道道美食，将年轻食品人的心连在了一起。

本届 CULINAR 大赛正式赛程共分两天，在 KRINOVA 科学园区进行，超过 200 位来自世界各地的知名食品公司代表与会并担当大众评审，主办方更是邀请了 8 名全球食品界的专家担任主评审，瑞典王国内政金融市场大臣 MATS ODELL 先生亲自宣布大赛开幕。1 月 30 日早上甫一到达会场就隐隐感受到了紧张肃穆的比赛氛围，我很快调整了情绪，来到中国展台的预留位置，环顾四周，我顿生欣喜：真是好运气，中国队占据了整个会场的最好位置：正对主演讲台，左边就是评委嘉宾们休息的地方，相信将会是人气最旺的宝地，再加上明亮的灯光，这样，一旦嘉宾们步入会场将第一眼看到我们将是中国之队。带着这种小欣喜，6个人马上开始忙活起来，裁纸，挂中国结，摆放礼品和学校宣传册，很快，整个展台就充满了中国味。果不其然，在比赛正式开始前，大批的嘉宾涌向中国展台就他们感兴趣的问题向我们提问，我们每个人都在忙碌之余耐心细致地回答问题。其中一位主评审更是亲自来到我们的台前，就上海的食品产业问题和我的队友周婷婷聊了起来。正当我有些忙不过来的时候，一个满头银发的绅士向我走来，他有力的握住了我的手说：我是CULINAR集团的CEO，你们的展台太棒了，我特意到你们展台，预祝你们比赛成功。我连忙请他在印有水产大学的旗帜上签名并请他和全体中国队合影，他欣然答应了我的要求。呵，望着会场中高挂的五星红旗，我默默地对自己说，一定要将中国大学生的风貌在世界舞台上展示得淋漓尽致。

（未完待续）（经管学院 李 理）

日夜的斯京（二）

中国队在下午第一个出场，在上场前此次同行的CULINAR中国区LILY经理和作为嘉宾与会的丹尼斯科范总一直鼓励我们，像姐姐一样的队友罗阳更是在最后一刻还为队里年纪最小的吴遥整理妆容，大家都是为了同样的目标：为水产大学争光，为中国争光，为亚洲争光。

上台后，我深呼吸了一下，然后目光向台下扫去，看到辅导我们一年的包海蓉老师正冲我微笑，我很快镇定了下来将原本准备好的内容用熟练的英文向评委娓娓道来。大家都十分自信。为了这次大赛，从学校领导到学院都十分重视，陈书记和王院长多次过问项目进展并且在排练之时给予宝贵的建议。在项目成型期间，学院还特意安排外教对我们进行英文口语的一对一训练。我不时地与台下的评委做着目光交流，在演讲接近尾声的时候，结合项目的内容我即兴说："在飞机上，我看到杂志上做着各种各样快乐指数的调查，来到这里后我得知这个城市更是充满了人情味，几乎大家都认识对方，这在中国有点不可思议。我想说，快乐应该是世界上每个公民应有的权利。那么，请选择中国队，选择我们快乐的3E餐厅。"当我看到评委们会心的微笑和频频的点头时，我知道，我们赢了。

第二天的比赛预留时间更是短暂，所以我们想到用访谈的形式展现我们的成果。经过赛前的无数次排练大家都成了半个演员，各自都能娴熟的扮演各自的角色。当我们身着中国传统红色唐装上台的时候，台下响起了雷鸣般的掌声。下台后，记者们围住了中国队的展位，相机灯闪个不停。一位来自瑞典农业杂志的记者更是拉着我的手就瑞典食品怎样进入中国市场的问题问个不停。CULINAR 的 CEO KIAS 先生第二次向中国队走来，老远他就连说"太精彩了，太精彩了，没想到你们能穿这样的衣服演讲，真的是太有创意了。"我连忙抓住他合影，他指了指自己的西服和我的唐装诙谐地说，这就叫做中西结合。

这是一个美妙的夜晚。在玻璃般通透的餐厅里，众多嘉宾济济一堂，窗外漫天飞雪，2008 CULINAR CUP 的结果即将揭晓。和着舞台上悦耳的音乐，就着面前的美食，每个人都有些微醺，每个从事食品行业的人都为即将到来的时刻感到自豪：这代表了食品行业源源不断的创意和针对瞬息万变的食品消费市场勇于创新的精神。"他们将人类善良的本性，追求快乐的天性容入自己的产品，尤其别致的包装更令人印象深刻。"当瑞典知名美食评论家念到颁奖辞时我几乎雀跃而起，中国，一定是我们。"获得最佳食品包装创意奖的是——中国队！"只记得那热烈的掌声和无数双关注的目光。我和队友走到台前接受颁奖，望着窗外漫天的雪花我分外激动，思绪飞到了遥远的祖国。我深情地说："你们看，窗外下雪了，还有几天就是中国的传统佳节——春节。在中国有句古话叫'瑞雪兆丰年'，这是个好兆头，预示着在座的各位以及整个食品界将在 2008 年取得新的成就。从东亚到北欧，我们走了很久，几十年前在北欧举办的奥运会中国队到达时比赛已经结束，而这次同样在北欧，我们却是胜利者！"讲到这里，台下的观众送来了最热烈的掌声。而后我又以北京奥运会志愿者的身份向台下 200 名嘉宾发出邀请，欢迎他们来中国，同时也希望下届 2010 年 CULINAR CUP 可以在崭新的上海水产大学新校区举办。话音再次被掌声淹没，KLAS 先生第三次来到我们面前，举杯向我们祝贺，一直满面含笑。

　　我读懂了他的笑。短短的 CULIANR CUP 让我学到了许多知识，认识了许多世界食品界的前辈，得到了许多新鲜的见闻。我记得他们对待食品如艺术品的精神，我记得他们对环保事业及促进动物福利所做的努力，我记得新食品人对行业的憧憬和期待。

　　当飞机缓缓驶离阿兰达天空之城机场时，我知道，前面的路还很长，而日夜的斯京，于我，是青春的旁白不能忘。（完）

（经济管理学院　李　理）

日夜的斯京（一）

——2008 CULINAR CUP 侧记

编者按：2008 年 CULINAR 食品创新大赛于 1 月 30 日—31 日在瑞典举行。我校受邀首次代表中国组团参赛。从去年 3 月起食品学院就确定了以包海蓉为带队老师、李理等 4 名同学的团队。春去秋来，经过将近 1 年的努力，他们终于怀揣着世界的喝彩载誉而归。

参赛队员在瑞典

斯德哥尔摩是瑞典的首都，人们却喜欢称她为斯京，意为斯堪的那维亚的心脏。KRISTIANSTAD 是瑞典南部的城市，这是一片自诞生就与食品有着不解之缘的土地。著名的绝对伏特加酒厂就坐落于此，此次 CULINAR 大赛也在这里举办。

为了让参赛国家的队员能尽快熟悉对方，主办方为我们组织了丰富多彩的活动，如参观食品加工厂、保龄球赛等等，不过令人印象最为深刻的要属来自世界 6 个国家的 30 名选手一起制作晚餐的活动。我们被分为 5 个小组，在 KRISTIANSTAD 大学的食品加工实验室开始了我们的杰作：每

个组都由不同国家的队员组成，分别按照准备好的菜谱制作个别的菜品。我和同是中国队的居尔毅、荷兰以及瑞典的几个伙伴主要负责此次大餐的甜品部分——焦糖苹果燕麦饼配香草沙司。第一次在装备这么齐全的实验室做菜开始让我有点手忙脚乱，光是眼前几十种不同的食品加工工具就让人眼晕，更别提那些令人眼花缭乱的加工设备了，最后我终于在瑞典实验老师的帮助下找到了几样称心应手的工具。我们各司其职，有的负责削苹果，有的负责将几种麦片加黄油调配在一起，有的负责调制香草沙司。让我佩服的是欧洲人对烹饪认真的态度，所有的油盐等作料都严格按照菜谱上规定的分量在量杯和天平上称量，当我问到一位芬兰教授为什么要这么做时，他对我说欧洲人把食品当作有生命的物品，烹饪食品就是一种艺术，与手工制作精美绝伦的艺术品并无二致。在大家的欢声笑语和齐心协作下我们的作品很快就经过烤箱的洗礼上桌了。晚餐时刻，我有点不敢相信自己的眼睛，一道道精美的菜肴竟然真的出自我们手下！(下转 1、4 版中缝)

(下转 1、4 版中缝)

（上接第 4 版）瑞典传统肉圆配土豆饼，三文鱼和虾子色拉，跟薄里脊肉和小牛肉。一道道美食，将年轻食品人的心连在了一起。

本届 CULINAR 大赛正式赛程走的分两天，在 KRINOVA 科学园区进行。超过 200 位来自世界各地的知名食品公司代表与会并担当大众评审，主办方更是邀请了 8 名全球食品界的专家担任主评审。瑞典王国内政金融市场大臣 MATS ODELL 先生亲自宣布大赛开幕。1 月 30 日早上再一到达会场就隐隐感受到了紧张肃穆的比赛氛围，我很快调整了情绪，来到中国展台的预留位置，环顾四周，我顿生欢喜；真是好运气，中国队占据了整个会场的最好位置，正对主演讲台，上边就站着裁委会下悬的地方。相信将会是人气极甚的宝地，再加上明亮的灯光。这样，一旦嘉宾到了涉人会场将第一眼看到我们将是中国之队。带着这种小敬意，6 个人马上开始忙活起来，栽桌，挂中国旗、准备礼品和学校宣传物，很快，整个展台就被占满了不其然。就此，比赛正式开始，大批的嘉宾涌向中国展台并就他们感兴趣的问题向我提问，我对每个人都在忙碌之余耐心细致地回答问题。其中一位主评审更是面对面详实地听到了我们的台前，就上海的食品产业问题和我的队友热情婷婷聊了起来。正当我有些忙不过来的时候，一个满头银发的绅士向我走来，他有力的握住了我的手说，你们的展台太棒了，我特别对你们的联合，预祝你们此赛成功。我连忙请他在印有水产大学的旗帜上签名并请他和全体中国队合影，他欣然答应了我的要求。呵，望着会场中高挂的五星红旗，我默默地对自己说，一定要将中国大学生的风貌在世界舞台上展示得淋漓尽致。

(未完待续) 经营学院 李理

图 2-158、2-159 《日夜的斯京（一）——2008 CULINAR CUP 侧记》，
《上海水产大学报》第 670 期（2008 年 3 月 17）

日夜的斯京（二）

（接上期）中国队在下午第一个出场，在上场前此次同行的 CULINAR 中国区 LILY 经理和作为嘉宾与会的丹尼斯科范总一直鼓励我们，像姐姐一样的队友罗阳更是在最后一刻还为队里年纪最小的吴遥整理妆容，大家都是为了同样的目标：为水产大学争光，为中国争光，为亚洲争光。

上台时，我深呼吸了一下，然后目光向台下扫去，看到辅导我们一年的包海蓉老师正冲我微笑，我很快镇定了下来将原本准备好的内容用熟练的英文向评委娓娓道来。大家都十分自信。为了这次大赛，从学校领导到学院都十分重视，陈书记和王院长多次过问项目进展并且在排练之时给予宝贵的建议。在项目成型期间，学院还特意安排外教对我们进行英文口语的一对一训练。我不时地与台下的评委做着目光交流，在演讲接近尾声的时候，结合项目的内容我即兴说："在飞机上，我看到杂志上做着各种各样快乐指数的调查，来到这里后我得知这个城市更是充满了人情味，几乎大家都认识对方，这在中国有点不可思议。我想说，快乐应该是世界上每个公民应有的权利。那么，请选择中国队，选择我们快乐的 3E 餐厅。"当我看到评委们会心的微笑和频频的点头时，我知道，我们赢了。

第二天的比赛预留时间更是短暂，所以我们想用访谈的形式展现我们的成果。经过赛前的无数次排练大家都成了半个演员，各自都能娴熟的扮演各自的角色。当我们身着中国传统红色唐装上台的时候，台下响起了雷鸣般的掌声。下台后，记者们围住了中国队的展位，相机灯闪个不停。一位来自瑞典农业杂志的记者更是拉着我的手就瑞典食品怎样进入中国市场的问题问个不停。CULINAR 的 CEO KLAS 先生第二次向中国队走来，老远他就连说"太精彩了，太精彩了。（下转1、4版中缝）

（上接四版）……（又边到呼吸）他穿这样的衣服演讲，真的是太有创意了。"我连忙抓住他合影，他指了指自己的西服和我的唐装笑道说，这就叫做中西融合。

这是一个美妙的夜晚。在玻璃般通透的餐厅里，众多嘉宾济济一堂，窗外漫天飞雪，2008 CULINAR CUP 的结果即将揭晓。和着舞台上悦耳的音乐，就着面前的美食，每个人都有些微醺，每个从事食品行业的人都为即将到来的时刻锁定目标；这代表了食品行业源源不断的创意和时刻瞬息万变的食品消费市场勇于创新的精神。"他们将人类善良的本性，追求快乐的天性容入自己的产品，尤其别致的包装更令人印象深刻。"当瑞典知名美食评论家念到颁奖辞时我几乎屏住了呼吸，中国，一定是我们，"获得最佳食品包装创意奖的是——中国队！"只记得那热烈的掌声和无数关注的目光。我和队友主到台前接受颁奖，望着窗外漫天的雪花我分外激动，思绪飞到了遥远的祖国。我深情地说，"你回国，窗外下雪了，还有几天就是中国的传统佳节——春节。在中国有句古话叫"瑞雪兆丰年"，这是个好兆头，预示着座前的各位以及整个食品界将在 2008 年取得新的成就。从东亚到北欧，我们走了很久，几十年前在北欧举办的奥运会中国队到达时比赛已经结束，而这次回归祖名北欧，我们却赢得胜利！"讲到这里，台下的观众送来了最热烈的掌声。而后我又以北京奥运会志愿者的身份向台下 200 名嘉宾发出邀请，欢迎他们来中国，同时也希望下届 2010 年 CULINAR CUP 可以在崭新的上海水产大学新校区举办。话音再次被掌声淹没，KLAS 先生第三次来到我们面前，坐在向我们祝贺，一直满脸含笑。

我读懂了他的笑。短短的 CULIANR CUP 让我学到了许多知识，认识了许多世界食品界的前辈，得到了许多新鲜的经验。我记得他们对待食品如艺术品的严谨，我记得他们对环保事业及促进动物福利所做的努力，我记得食品人对行业的憧憬和期待。

当飞机缓缓驶离阿兰达天空之城机场时，我知道，前面的路还很长，而日夜的斯京，于我，是青春的旁白，不能忘。（完）

（经济管理学院 李理）

图 2-160、2-161 《日夜的斯京（二）》，《上海水产大学报》第 671 期（2008 年 3 月 31 日）

四十四、开展食品药品安全进社区活动

为普及食品药品使用及管理知识，增强市民食品药品安全意识，提高自我保护能力，营造人人关注、重视及参与食品药品安全的良好氛围。2009 年 7 月 3 日，由学校承办的以"构建食品药品安全屏障·共创优质生活"为主题的食品药品安全宣传进社区活动在上海杨浦区万达广场拉开序幕。

2009 年 7 月 6 日《上海海洋大学》第 691 期第 2 版，对此次活动进行报道。原文如下：

构建食品药品安全屏障　共创优质生活

本报讯　7 月 3 日，2009 年食品药品安全宣传进社区活动在杨浦区万达广场拉开序幕。

本次活动以"构建食品药品安全屏障·共创优质生活"为主题，为普及食品药品使用及管理知识，增强市民食品药品安全意识，提高自我保护能力，营造人人关注、重视及参与食品药品安全的良好氛围。开幕式上，潘迎捷校长在致辞中对每位参与到活动中来的人表示感谢，对食品安全与健康提出了中肯建议。

7 月 5 日晚，由我校承办的市教卫党委系统"迎世博 300 天行动暨 2009 食品药品安全进社区活动"正式在闸北区不夜城绿地启动。此次活动受到了各方面的关注，市教委副秘书长杨奇伟、校党委副书记、副校长黄啸建等领导出席了本次活动。

食品安全进社区活动我校已开展了 5 年，在之后的多场演出中我们还将走进更多不同的社区，开展更多食品药品的宣传活动，在寓教于乐中树立市民安全健康的生活理念和方式。

（校团委）

构建食品药品安全屏障 共创优质生活

本报讯 7 月 3 日，2009 年食品药品安全宣传进社区活动在杨浦区万达广场拉开序幕。

本次活动以"构建食品药品安全屏障·共创优质生活"为主题，为普及食品药品使用及管理知识，增强市民食品药品安全意识，提高自我保护能力，营造人人关注、重视及参与食品药品安全的良好氛围。开幕式上，潘迎捷校长在致辞中对每位参与到活动中来的人表示感谢，对食品安全与健康提出了中肯建议。

7 月 5 日晚，由我校承办的市教卫党委系统"迎世博 300 天行动暨 2009 食品药品安全进社区活动"正式在闸北区不夜城绿地启动。此次活动受到了各方面的关注，市教委副秘书长杨奇伟、校党委副书记、副校长黄晞建等领导出席了本次活动。

食品安全进社区活动我校已开展了 5 年，在之后的多场演出中我们还将走进更多不同的社区，开展更多食品药品的宣传活动，在寓教于乐中树立市民安全健康的生活理念和方式。

（校团委）

与会领导为志愿者授旗

图 2-162 《构建食品药品安全屏障 共创优质生活》，《上海海洋大学》
第 691 期（2009 年 7 月 6 日）

四十五、为上海世博会食品安全保驾护航

自 2002 年上海申博成功后，上海海洋大学食品学院凭借学科特色和专业优势，为上海世博会的食品安全建言献策、保驾护航。

2005 年至 2010 年迎世博期间，上海海洋大学食品学院将校园文化品牌活动——"食品节"推出校门，与上海市食品药品监督管理局等单位以迎世博食品工程为主线举办"迎世博，食品安全宣传周"大型公益宣传活动。

2007 年，学校食品学院谢晶教授承担了上海市农委《世博会特供食品质量与安全保障体系》课题，为世博会食品安全提供大量创新点。

2009 年 1 月《上海海洋大学学报》第 18 卷第 1 期，发表了上海海洋大学谢晶、潘迎捷、刘楠撰写的论文《遴选农产品原料基地和食品供应企业、保障世博食品安全》，为世博会食品安全建言献策。

2010 年世博会开园后，学校选送 210 名 FDA 实习生，担任世博会食品安全监管，承担世博会期间相关食品的安全检验工作，为世博期间食品安全保驾护航。

中国科技论文统计源期刊
中国科技核心期刊
中文核心期刊

ISSN 1674-5566
CODEN SHXUEJ

上海海洋大学

学　报

（原上海水产大学学报）

JOURNAL OF
SHANGHAI OCEAN
UNIVERSITY

2009-CB13-1（1）

ISSN 1674-5566

第18卷　第1期
VOL. 18　NO. 1

2009　1

图 2-163　2009 年 1 月《上海海洋大学学报》第 18 卷第 1 期封面

第18卷第1期
2009年1月

上海海洋大学学报
JOURNAL OF SHANGHAI OCEAN UNIVERSITY

Vol. 18, No. 1
Jan.,2009

文章编号:1004-7271(2009)01-0124-04
·研究简报·

遴选农产品原料基地和食品供应企业、保障世博食品安全

谢 晶,潘迎捷,刘华楠

(上海海洋大学食品学院,上海 201306)

摘 要:论述了世博会食品需求的特点,如参会人数多、人员结构复杂、食品供需多样、食品安全要求高、食品风味特色化等,由此造成世博食品安全管理压力大、难度高。为保障世博食品安全供给,农产品原料基地和食品供应企业的遴选与建设不容忽视,由此文章从原料基地和供应企业的遴选原则和遴选流程等方面提出了一些建设性意见。

关键词:世博会;食品安全;农产品原料基地;食品供应企业;遴选办法
中图分类号:TS 201.6 **文献标识码**:A

The selection of agri-product base and food supply company for food safety of Expo 2010 Shanghai China

XIE Jing, PAN Ying-jie, LIU Hua-nan

(College of Food Science and Technology, Shanghai Ocean University, Shanghai 201306, China)

Abstract:The characteristics of food supply in the Expo 2010 Shanghai China were discussed, such as the huge number of tourists, complicated origins, multiplex food supply, high requirement of food safety and various food flavors. These cause the high difficulty and pressure in the management of food safety. In order to ensure the food safe supply for Expo 2010 Shanghai, the selection of bases of farm product and food supply company for specialization of Expo 2010 Shanghai China cannot be ignored. Some suggestions about the principles and programs of base and company selection for specialization of Expo 2010 Shanghai were brought forward.

Key words:Expo 2010 Shanghai; food safety; farm product base; food supply company; principle and program of selection

　　2010年世博会作为展示当代人类科技、经济、社会、文化成就的盛会,也将展示上海的城市建设风貌和中国发展水平,而"城市让生活更美好"的世博会主题更加突出了城市多元文化的融合、经济的繁荣、科技的创新、城乡的互动,以及以人为本,表达了步入新世纪的人们对未来生活的美好期望。在这种背景下,为世博会提供充足的、营养的、健康的、安全的食品,就成为成功举办2010年世博会的重要内容和必然要求。

收稿日期:2008-02-22
基金项目:上海市科委项目(06dz05822);上海市教委重点学科项目(T1102)
作者简介:谢 晶(1968-),女,浙江嵊州市人,博士,主要从事食品质量与安全控制技术方面的研究。Tel:021-65710221;E-mail:jxie@shou.edu.cn

图 2-164 《遴选农产品原料基地和食品供应企业、保障世博食品安全》,《上海海洋大学学报》第18卷第1期(2009年1月)

1　世博会食品需求特点

1.1　客流大

据预测,2010 年世博会将有来自世界 200 个国家和国际组织参展,总参观客流量将超过 7 000 万人次,平均日客流量 40 万人次,高峰日客流量 60 万人次,极端高峰日客流量 80 万人次。据初步推算,每天的食谱将提供给大约 45 万人用餐,每天要消费约 706 吨食品,其中面类和蔬菜各 225 万吨、水果 90 万吨、奶类及其制品 45 万吨、肉类 45 吨、水产 22 吨等[1-3]。

1.2　多样性

随着经济和生活水平的提高,人们对餐饮需求由果腹型已发展到健康、休闲、娱乐型等多种趣向,这就决定了人们对世博食品需求品种多样的要求。同时,来自世界各地的观众因国家不同、民族不同、饮食文化的背景不同,对饮食的色、香、味、意、形的要求各不不同。因此世博会食品风格的多样性是在保证游客基本能量需要的基础上,还要满足他们餐饮文化心理的需要。

1.3　安全性

世博会举办期间众多国内外与会者的饮食安全不出现问题是理所当然,可是如果发生问题,就不是小事,将带来会展期间参观人数减少,直接经济损失巨大,甚至导致办展失败,此外还会带来长期的、连锁的反应,进而造成更大的间接经济损失,影响中国在国际上的形象。因此,提供给世博会的餐饮要求在食物品质、服务和安全方面都有很高的水准,尤其要将食品安全风险降到最低。

1.4　风味特色性

2010 年世博会不仅仅是一次经济盛事,同时也是展示中华饮食文化千载难逢的良机。东京奥运会让人记住了日本的寿司,汉城奥运会让韩国的泡菜闻名天下。中国饮食文化渊远流长、博大精深,是中国传统文化的重要组成部分。因此,利用世博会人们对中国风味美食的需求,大力弘扬中华美食与文化,使"重在营养,善在调味,美在造型,内含文化"的中华美食给人们留下一种美的享受。

由上述世博会食品需求的特点,就会带来世博食品供应的以下特征:食品数量庞大、品种繁多,供应环节复杂、消费群体巨大,由此带来食品安全管理压力大、难度高。世博会在 184 天的运转过程中需要消耗大量的食品,而 5 月到 10 月正是上海食源性疾病易发期,这也给世博会的食品供应带来了极大的挑战。

2　世博会农产品原料基地和食品供应企业的建设不容忽视

上海能否提供大量安全的农产品及其加工品,保障世博特供食品的安全、优质供给将是一个十分重要的展示上海乃至全中国人民形象的问题。

2.1　农产品原料基地和食品供应企业遴选的必要性

为保障世博食品安全供给,农产品原料基地和食品供应企业的建设不容忽视。为此需尽早构建覆盖世博特供食品的原料生产、加工、流通全部环节的安全评价体系,尽早开展世博特供农产品原料基地和食品供应企业的遴选工作,做好源头管理(特供体系)。

农产品原料基地的认定的具体做法是立足于已有的相关国家法规和标准,同时借鉴国外先进的标准,根据特供农产品的特殊性,将现有的有关原料种养殖的标准或规范进行仔细梳理、组合和集成,出台一系列专门的标准来规范特供食品的原料生产,从源头把握及消除影响特供食品安全的因素。

特供食品生产加工环节也要进行质量与安全的控制,可以研究并修订或制订特供食品生产加工规范性标准,在对食品加工所使用的原料、辅料、添加剂严格控制的基础上,规范整个加工过程的质量监管。此外,还需对特供食品的流通环节进行安全控制,理顺食品流通消费的管理职能,明确各部门责任;确立流通环节标准,严格准入制度;明确流通环节的快速检测技术标准;建立食品安全信用档案。

图 2-165　《遴选农产品原料基地和食品供应企业、保障世博食品安全》,
《上海海洋大学学报》第 18 卷第 1 期（2009 年 1 月）

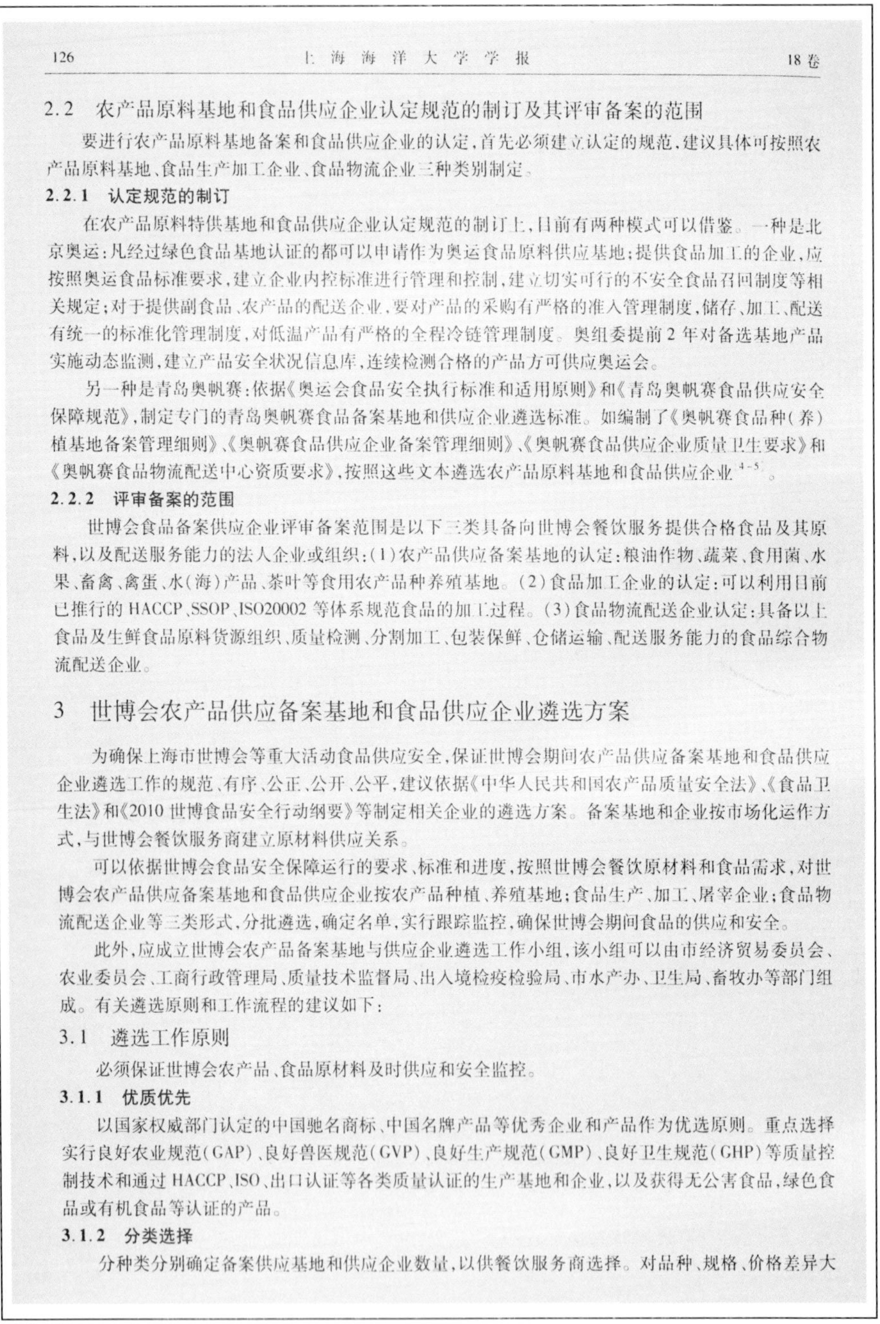

2.2 农产品原料基地和食品供应企业认定规范的制订及其评审备案的范围

要进行农产品原料基地备案和食品供应企业的认定,首先必须建立认定的规范,建议具体可按照农产品原料基地、食品生产加工企业、食品物流企业三种类别制定。

2.2.1 认定规范的制订

在农产品原料特供基地和食品供应企业认定规范的制订上,目前有两种模式可以借鉴。一种是北京奥运:凡经过绿色食品基地认证的都可以申请作为奥运食品原料供应基地;提供食品加工的企业,应按照奥运食品标准要求,建立企业内控标准进行管理和控制,建立切实可行的不安全食品召回制度等相关规定;对于提供副食品、农产品的配送企业,要对产品的采购有严格的准入管理制度、储存、加工、配送有统一的标准化管理制度,对低温产品有严格的全程冷链管理制度。奥组委提前2年对备选基地产品实施动态监测,建立产品安全状况信息库,连续检测合格的产品方可供奥运会。

另一种是青岛奥帆赛:依据《奥运会食品安全执行标准和适用原则》和《青岛奥帆赛食品供应安全保障规范》,制定专门的青岛奥帆赛食品备案基地和供应企业遴选标准。如编制了《奥帆赛食品种(养)植基地备案管理细则》、《奥帆赛食品供应企业备案管理细则》、《奥帆赛食品供应企业质量卫生要求》和《奥帆赛食品物流配送中心资质要求》,按照这些文本遴选农产品原料基地和食品供应企业[4-5]。

2.2.2 评审备案的范围

世博会食品备案供应企业评审备案范围是以下三类具备向世博会餐饮服务提供合格食品及其原料,以及配送服务能力的法人企业或组织:(1)农产品供应备案基地的认定:粮油作物、蔬菜、食用菌、水果、畜禽、禽蛋、水(海)产、茶叶等食用农产品种养殖基地。(2)食品加工企业的认定:可以利用目前已推行的HACCP、SSOP、ISO20002等体系规范食品的加工过程。(3)食品物流配送企业认定:具备以上食品及生鲜食品原料货源组织、质量检测、分割加工、包装保鲜、仓储运输、配送服务能力的食品综合物流配送企业。

3 世博会农产品供应备案基地和食品供应企业遴选方案

为确保上海市世博会等重大活动食品供应安全,保证世博会期间农产品供应备案基地和食品供应企业遴选工作的规范、有序、公正、公开、公平,建议依据《中华人民共和国农产品质量安全法》、《食品卫生法》和《2010世博食品安全行动纲要》等制定相关企业的遴选方案。备案基地和企业按市场化运作方式,与世博会餐饮服务商建立原材料供应关系。

可以依据世博会食品安全保障运行的要求、标准和进度,按照世博会餐饮原材料和食品需求,对世博会农产品供应备案基地和食品供应企业按农产品种植、养殖基地;食品生产、加工、屠宰企业;食品物流配送企业等三类形式,分批遴选,确定名单,实行跟踪监控,确保世博会期间食品的供应和安全。

此外,应成立世博会农产品备案基地与供应企业遴选工作小组,该小组可以由市经济贸易委员会、农业委员会、工商行政管理局、质量技术监督局、出入境检疫检验局、市水产办、卫生局、畜牧办等部门组成。有关遴选原则和工作流程的建议如下:

3.1 遴选工作原则

必须保证世博会农产品、食品原材料及时供应和安全监控。

3.1.1 优质优先

以国家权威部门认定的中国驰名商标、中国名牌产品等优秀企业和产品作为优选原则。重点选择实行良好农业规范(GAP)、良好兽医规范(GVP)、良好生产规范(GMP)、良好卫生规范(GHP)等质量控制技术和通过HACCP、ISO、出口认证等各类质量认证的生产基地和企业,以及获得无公害食品、绿色食品或有机食品等认证的产品。

3.1.2 分类选择

分种类分别确定备案供应基地和供应企业数量,以供餐饮服务商选择。对品种、规格、价格差异大

图 2-166 《遴选农产品原料基地和食品供应企业、保障世博食品安全》,
《上海海洋大学学报》第 18 卷第 1 期（2009 年 1 月）

的品种(如蔬菜、水果、水产等),建议确定 30－40 家备案供应基地和供应企业;对品种、规格、价格差异不大的品种(如粮食、豆制品、猪牛羊肉、禽蛋、调味品等),建议确定 10－15 家备案供应基地和供应企业;为统一运输、便于监管,建议确定 5－10 家食品物流配送企业以供农产品供应备案基地和食品生产加工企业选择。

3.1.3　集中配送

尽量减少往世博会园区直接送货的备案供应基地和供应企业数量。除了易腐、易变质的鲜活商品采取向世博会园区直接送货的办法外,其它所有商品一律采取由经认证的配送企业分类配送的办法来供货,以便于卫生、安保等部门监管。

3.2　遴选工作流程

在遴选工作中分别由各部门纪检监察人员参与,进行全过程监督,严格遴选、监控工作的规范、有序、公正、公开、公平。

3.2.1　自愿申请

各相关企业或组织,依据世博食品安全供给所制定的农产品供应备案基地和食品供应企业遴选原则,向主管部分提出申请,准备相关资料,供文本初审。

3.2.2　现场考察

根据《2010 世博食品安全行动纲要》、绿色食品标准体系、《世博会食品供应安全保障规范》要求,按照世博会农产品供应备案基地和食品供应企业遴选工作的职责分工,组织考察小组分别对申请备案基地和供应企业进行实地考察,提出备选备案名单,以便确认。

3.2.3　讨论审核

世博会农产品供应备案基地和食品供应企业遴选工作组对备选备案名单按所申请的产品类别进行研究讨论,在充分考虑规避餐饮供应风险、确保食品安全的前提下,以总供给能力多于总需求为原则,确定世博会农产品供应备案基地和食品供应企业名单。

3.2.4　其他事项

备案基地和供应企业在世博会期间能否为世博餐饮提供供应,由世博局所确定的餐饮服务商根据世博会期间餐饮、食品供应需求和食品安全跟踪检测的结果,通过邀请招标等方式自主确定。

对于世博会餐饮已签约的农产品、食品等供应商若能提供绿色食品认证或有机食品认证及已执行食品安全保障体系认证的证明,向世博局提出申请,经世博会农产品备案基地与供应企业遴选工作小组认定后也可以直接成为世博会农产品供应备案基地和食品供应企业。

对已签约的备案基地和供应企业,由相关职能部门负责世博会会前、世博会期间的全程监控。已确定的备案基地和供应企业如有不规范行为或不良事件发生,可随时取消资格。

总之,围绕世博特供食品的相关标准与法规,应进行有效的梳理、整合与规范化,有机地将食品供应链上的各种标准法规系统化。通过对农产品原料基地生产的重点监测,对食品生产加工的质量控制,对流通与销售环节跟踪和追溯,为世博会食品安全保驾护航,实现原料基地化、加工定点化、产品标签化、管理信息化的世博特供食品质量与安全保障体系的运行与管理模式。

参考文献:

[1]　谢　品,潘迎捷,王锡昌. 构建世博会特供食品质量与安全保障体系的思考[J]. 食品工业,2007,(6):1－5.

[2]　刘华楠,潘迎捷,丛　健. 国际重大活动食品安全监管经验对 2010 年世博会的启示[J]. 世界农业,2007,(11):10－13.

[3]　于　冷. 2010 年世博会与上海食品安全体系建设[C]//食品安全:消费者行为、国际贸易及其规制国际研讨会论文集,中国杭州,2003,10;378－383.

[4]　中华食品商务网. 青岛奥帆委、市经贸委发布实施青岛奥帆赛食品供应安全保障规范[EB/OL]. http://www.31food.com/Article/show/13.html,2007.12.22.

[5]　青岛政务网. 青岛奥帆赛食品备案基地和供应企业遴选工作方案[EB/OL]. www.qingdao.gov.cn/n172/n1191/n1246/n9822 ...32K,2008.01.10.

图 2-167　《遴选农产品原料基地和食品供应企业、保障世博食品安全》,

《上海海洋大学学报》第 18 卷第 1 期(2009 年 1 月)

2009 年 5 月 18 日《上海海洋大学》第 688 期头版、2010 年 3 月 30 日《上海海洋大学》第 702 期头版、2010 年 3 月 30 日《上海海洋大学》第 702 期第 3 版、2010 年 4 月 15 日《上海海洋大学》第 703 期第 2 版，对上海海洋大学师生为上海世博会的食品安全保驾护航进行报道。原文依次如下：

为安全健康世博护航
迎世博·食品安全宣传周"开幕

本报讯 5 月 15 日上午，2009 年"迎世博食品安全宣传周"启动仪式举行。上海市人民政府副秘书长翁铁慧，上海市卫生局、食品药品监督管理局党委书记王龙兴，上海市卫生局、食品药品监督管理局局长徐建光等领导出席启动仪式。

2009 年是世博会筹备工作最后冲刺的一年，也是全面夯实上海世博会食品安全保障工作基础的关键年。活动通过"世博知识、法规宣传、食疗保健、饮食安全"等专区展示，介绍世博知识及饮食安全常识，同时也再一次敲起了食品安全的警钟。执法人员工作中收缴的假冒"冬虫夏草"也在此次的活动专家区首次亮相，真假产品一起展出，为市民学习鉴别提供了更直接的感官认识。

同时，食品药品监督管理局各区县分局和我校大学生艺术团精彩的文艺演出也吸引了南来北往的过客。我校近百名志愿者充分展现了当代大学生的风采与素质，受到了广大市民朋友的好评。

"迎世博，食品安全宣传周"是我校与上海市食品药品监督管理局等单位在 2005 年至 2010 年期间以迎世博食品工程为主线举办的一项长期活动。启动仪式结束后，活动将向纵深发展，食品专家团和大学生志愿者们还前往科技馆、进入社区进行食品安全的咨询、讲解、服务和宣传，继续服务于提高广大消费者的食品安全消费意识和责任意识，坚定大众食品消费的信心。随后，将在全市以各健康社区、健康单位为重点深入开展入户宣传，发放食品安全宣传资料 1000000 份以普及更多的食品安全知识和科学饮食教育。

（校团委、食品学院）

为安全健康世博护航
"迎世博·食品安全宣传周"开幕

本报讯 5月15日上午，2009年"迎世博食品安全宣传周"启动仪式举行。上海市人民政府副秘书长翁铁慧，上海市卫生局、食品药品监督管理局党委书记王龙兴，上海市卫生局、食品药品监督管理局局长徐建光等领导出席启动仪式。

2009年是世博会筹备工作最后冲刺的一年，也是全面夯实上海世博会食品安全保障工作基础的关键年。活动通过"世博知识、法规宣传、食疗保健、饮食安全"等专区展示，介绍世博知识及饮食安全常识，同时也再一次敲起了食品安全的警钟。执法人员工作中收缴的假冒"冬虫夏草"也在此次的活动专家区首次亮相，真假产品一起展出，为市民学习鉴别提供了更直接的感官认识。

同时，食品药品监督管理局各区县分局和我校大学生艺术团精彩的文艺演出也吸引了南来北往的过客。我校近百名志愿者充分展现了当代大学生的风采与素质，受到了广大市民朋友的好评。

"迎世博·食品安全宣传周"是我校与上海市食品药品监督管理局等单位在2005年至2010年期间以迎世博食品工程为主线举办的一项长期活动。启动仪式结束后，活动将向纵深发展，食品专家团和大学生志愿者们还前往科技馆、进入社区进行食品安全的咨询、讲解、服务和宣传，继续服务于提高广大消费者的食品安全消费意识和责任意识，坚定大众食品消费的信心。随后，将在全市以各健康社区、健康单位为重点深入开展入户宣传，发放食品安全宣传资料1000,000份以普及更多的食品安全知识和科学饮食教育。

（校团委、食品学院）

翁铁慧(左三)等领导参观我校展台

图 2-168　《为安全健康世博护航 "迎世博·食品安全宣传周"开幕》，
《上海海洋大学》第 688 期（2009 年 5 月 18 日）

世博，我们准备好了！

我校选送 210 名实习生服务世博会食品安全工作

本报讯　3 月 17 日，世博会上海海洋大学食品安全实习生动员暨培训大会隆重举行。我校共选送 210 名实习生服务世博会食品安全工作。校长潘迎捷、上海食品药品监督所所长顾振华等出席会议。

潘校长代表学校对入选的食品安全实习生表示祝贺，并用生动的语言做了战前动员。潘校长表示：服务世博的历史机遇来之不易，是对学校服务意志和能力的充分肯定，全院师生务必要珍惜。潘校长要求：第一，要以高度的政治责任感参加实习工作，顺利完成世博会赋予的历史使命，确保交出一份满意的政治答卷。第二，做好吃苦的准备，不畏艰苦，认真负责地完成各项任务。第三，做好精湛的业务准备，在扎实的专业基础上，通过培训，熟练掌握实战能力，确保不疏忽，不出错。第四，严格遵守工作纪律，一切行动听指挥，力争学习工作两不误，素质业务双提高。

顾振华所长简要介绍了此次食品安全保障的重要意义和艰巨任务。较之奥运会，其时间更长、参观人数更多，食品安全检测责任更大、任务更重。由此带来的工作质量要求前所未有，对同学们的毅力、耐力和能力，都是严峻的考验。希望同学们认真学习，提升实践能力。

食品安全实习生代表，代表入选的同学庄严承诺：一、坚守荣誉和责任，不畏艰苦，严守纪律，展现海大青年优秀的人文素质；二、秉承勤朴忠实之校风，团结友爱，互助进步，实践"城市让生活更美好"的世博主题；三、遵照实习要求，恪守实习规范，主动扎实地完成服务任务，为世博、为母校交上满意的答卷。

据悉，我校 210 名实习生和 6 名专业教师，在经过培训后，将分三批进入园区或指定站点，为世博会的食品安全工作提供服务。

（食品学院）

图 2-169　《世博，我们准备好了！我校选送 210 名实习生服务世博会食品安全工作》，
《上海海洋大学》第 702 期（2010 年 3 月 30 日）

FDA 实习生，为世博食品安全保驾护航

FDA 实习生，在世博会志愿者中是个比较特殊的群体。他们的工作就是担任世博会的食品安全监管，做好世博会期间相关食品的安全检验工作。从 2009 年 5 月起，上海市食品药品监督管理局（SHFDA）便在上海的 3 所高校中精心挑选志愿者，其中大部分由我校的学生志愿者组成。我校共有 210 人入选，将分 3 批进入实习工作。目前，首批实习生的培训工作已圆满结束。4 月 20 日，他们将奔赴工作岗位，为世博会的食品安全保驾护航。

园区食品安全"守门人"

据了解，世博园区的公共餐饮面积近 8 万平方米，共有 42 栋楼，80 多家企业，拥有中华美食街八大菜系等 130—150 多个门店。有为员工提供服务的 9 家食堂、3 个就餐点和 1 个中央厨房。另外，还有 3 个大型仓库承担物流配送任务。

海洋大学食品学院院长王锡昌介绍说，我们食品安全实习生们将被分配在世博园区、物流仓库和实验室等三大区域，协助 FDA 专业人员，对园区物流仓库及物流入口处的食品储存、食品物流等环节进行监督检查，会同世博局物流、安保管理部门共同做好世博食品物流的安全管理工作；并对世博园内各餐饮单位及物流中心食品进行抽样，实施快速检测，或在园区外的定点实验室内，为世博食品安全进行相关检测。

精挑细选精兵强将

从 2005 年开始，海洋大学每年举办一次食品节暨迎世博食品安全宣传周，已形成良好的口碑，志愿者们具有较为丰富的工作经验。因此，在迎接世博的关键时刻，上海市食品药品监督管理局决定启用我校的学生志愿者，协助完成世博会的食品安全监管任务。210 名 FDA 实习生是从近五百名优秀学生中选拔出来的佼佼者，他们将分三批，每批 39 人进入园区，进行实验室检测、物流控制品质监控以及现场执法，确保世博现场的食品安全工作。另外，还将有 31 名实习生分配到各个区县的分局。为了配合世博会的相关工作，各个区县分局已抽出很多人员到世博园区工作。因此，区县的力量略显薄弱。FDA 实习生将有机会在世博会园区外更大的空间内开展食品安全工作。

为实习生开"小灶"

为保证食品安全实习生能胜任岗位要求，上海海洋大学为 FDA 实习生开起了"小灶"。六位专业教师分别为志愿者们开设了理论讲座、通用基础和实验操作等三类强化讲座。理论讲座分为食品安全基本知识、食品加工及贮存中的安全保证和冷餐及其配送安全等，通用基础是志愿者的角色认知与使命、日常行为与礼仪规范和大型活动环境下的工作技巧等。食品学院刘源老师介绍说，"食品安全检测是项操作性非常强的工作，为适应世博食品安全检测的特点，我们专门开设了大肠杆菌和大肠菌群快速检验、牛乳品质分析、食品中药物残留的快速检测、样品采集和预处理，饮料中糖度测定和油脂过氧化值的测定等实验操作。"

同时学校还特地请来 FDA 的专业人员为实习生进行培训与指导，开设了多个实验课程以及专业理论课程，强化同学们的专业技能。学校不仅注重实习生的能力训练，更重视志愿者素质的养成教育。与此同时学校还对实习生们进行心理辅导，使他们了解到即便没有进入世博园区工作，也可为世博会做贡献，避免可能产生的心理落差。

志愿者吴海云同学表示，"作为一名海大人，每个志愿者就是海大的一面旗帜，每个言行都是海大的窗口，主动、热情、周到就是我们对世博的庄严承诺。"

海大学生记者团

FDA 实习生，为世博食品安全保驾护航

FDA 实习生，在世博会志愿者中是个比较特殊的群体。他们的工作就是担任世博会的食品安全监管，为世博会期间相关食品的安全检验工作。从2009年5月起，上海市食品药品监督管理局（SHFDA）便在上海的3所高校中精心挑选志愿者，其中大部分由我校的学生志愿者担任。我校共有210人入选，将分3批进入实习工作，首批实习的培训工作已圆满结束。4月20日，他们将奔赴工作岗位，为世博食品安全保驾护航。

园区食品安全"守门人"

据了解，世博园区的公共餐饮面积近8万平方米，共有42栋楼，80多家企业，拥有中华美食街八大菜系等130～150多个门店，另有为员工提供服务的9家食堂、3个就餐点和1个中央厨房。另外，还有3个大型仓库承担物流配送任务。

海洋大学食品学院院长王锡昌介绍说，我们的食品安全实习生们将被分配在世博园区、物流仓库和实验室等三大区域，协助FDA专业人员，对园区物流仓库及物流入口处的食品储存、食品物流等环节进行监督检查，会同世博局物流、安保管理部门共同做好世博园区食品物流的安全管理工作；并对世博园区内各餐饮单位及物流中心食品进行抽样，实施快速检测，或在园区外的定点实验室内，为世博食品安全进行相关检测。

精挑细选精兵强将

从2005年开始，海洋大学每年举办一次食品节暨迎世博食品安全宣传周，已形成良好的口碑，志愿者们具有较为丰富的工作经验。因此，在迎接世博的关键时刻，上海市食品药品监督管理局决定启用我校的学生志愿者，协助完成世博会的食品安全监管任务。210名FDA实习生是从近五百名优秀学生中选拔出来的佼佼者，他们将分三批，每批39人进入园区，进行实验室检测、物流控制制品质监控以及现场执法，确保世博现场的食品安全工作。另外，还将有31名实习生分配到各个区县的分局。为了配合世博会的相关工作，各个区县分局会抽出很多人员到世博园区工作。因此，区县的力量略显薄弱，FDA实习生将有机会在世博会园区外更大的空间内开展食品安全工作。

为实习生开"小灶"

为保证食品安全实习生能胜任岗位要求，上海海洋大学为FDA实习生开起了"小灶"。六位专业教师分别为志愿者们开设了理论讲座、通用基础和实验操作等三类强化讲座。理论讲座分为食品安全基本知识、食品加工及贮存中的安全保证和冷藏及其配送安全等，通用基础是志愿者的角色认知与使命、日常行为与礼仪规范和大型活动环境下的工作技巧等。食品学院副源老师介绍说，"食品安全检测是一项维性非常强的工作，为适应世博食品安全检测的特点，我们专门开设了大肠杆菌和大肠菌群快速检验、牛乳品质分析、食品中药物残留的快速检测、样品采集和预处理、饮料中糖度的测定和油脂过氧化值的测定等实验操作。"

同时学校还特地请来FDA的专业人员为实习生进行培训与指导，开设了多个实验课程以及专业理论课程，强化同学们的专业技能。学校不仅注重实习生的能力训练，更重视志愿者素质的养成教育。与此同时学校还对实习生们进行心理辅导，使他们了解到即便没有进入世博园区工作，也可为世博会做贡献，避免可能产生的心理落差。

志愿者吴海云同学表示，"作为一名海大人，每个志愿者就是海大的一面旗帜，每个言行都是海大的窗口。主动、热情、周到就是我们对世博的庄严承诺。"

海大学生记者团

相关链接：FDA是食品和药物管理局（Food and Drug Administration）的简称，它是一家科学管理机构，其职责是确保本国生产或进口食品、化妆品、药物、生物制剂、医疗设备和放射产品的安全。2003年，国务院机构改革方案正式出台，为加强食品安全监管，在原国家药品监督管理局的基础上组建了国家食品药品监督管理局。主要负责对食品、药品和化妆品安全管理的综合监督和组织协调，依法开展对重大事故的查处。

图 2-170　《FDA 实习生，为世博食品安全保驾护航》，《上海海洋大学》第 702 期（2010 年 3 月 30 日）

首批世博食品安全保障实习生即将出征上岗

本报讯　4月9日，2010年上海世博会食品安全保障实习生会议在市食品药品监督管理所召开，上海海洋大学、上海交通大学医学院、上海师范大学等学校的领导和工作联络人参加了会议，我校副校长封金章应邀出席会议。

会议就食品安全保障实习生的入园时间、交通安排、住宿安排、工作分工等进行了协调。我校首批70名食品安全实习生有40人分布在园区的各个片区内，另有30人分布在上海市食品药品监督管理局及黄浦、卢湾、浦东、闵行等四个分局。

园区内上岗的同学主要参与到片区检查、物流检查、快速检测等相关工作中，其中片区检查、物流检查采取"三班两运转"模式，即一天早班8:00至16:00，一天中班16:00至24:00，一天休息；快速检测岗位采用"做一休一"模式，工作时间从上午8:00至晚间24:00；在区县内工作的实习生采取"做五休二"模式，工作时间从上午8:00至17:00。

我校首批实习生由8名2006级研究生、12名2007级食品科学与工程专业同学、26名2007级生物技术（海洋生物制药方向）同学以及24名相关专业的研究生构成，于本月15日起陆续入园开展工作。

（食品学院）

首批世博食品安全保障实习生即将出征上岗

我校志愿者将承担世博园区 D、E 片区和城市最佳实践区服务工作

本报讯 4 月 9 日，2010 年上海世博会食品安全保障实习生会议在市食品药品监督管理所召开，上海海洋大学、上海交通大学医学院、上海师范大学等学校的领导和工作联络人参加了会议，我校副校长封金章应邀出席会议。

会议就食品安全保障实习生的入园时间、交通安排、住宿安排、工作分工等进行了协调。我校首批 70 名食品安全实习生有 40 人分布在园区的各个片区内，另有 30 人分布在上海市食品药品监督管理局及黄浦、卢湾、浦东、

闵行等四个分局。

园区内上岗的同学主要参与到片区检查、物流检查、快速检测等相关工作中，其中片区检查、物流检查采取"三班两运转"模式，即一天早班 8:00 至 16:00，一天中班 16:00 至 24:00，一天休息；快速检测岗位采用"做一休一"模式，工作时间从上午 8:00 至晚间 24:00；在区县内工作的实习生采取"做五休二"模式，工作时间从上午 8:00 至 17:00。

我校首批实习生由 8 名 2006 级研究生、12 名 2007 级食品科学与工程专业同学、26 名 2007 级生物技术（海洋生物制药方向）同学以及 24 名相关专业的研究生构成，于本月 15 日起陆续入园开展工作。

（食品学院）

图 2-171 《首批世博食品安全保障实习生即将出征上岗》，《上海海洋大学》第 703 期（2010 年 4 月 15 日）

四十六、硕士学位论文首次荣获
上海市研究生优秀成果

2011 年，上海市教育委员会、上海市学位委员会公布 2010 年上海市研究生优秀成果（学位论文），上海海洋大学 2008 届水产品加工及贮藏工程专业硕士研究生王孙勇（指导教师：陶妍）撰写的硕士学位论文《草鱼骨骼肌肌球蛋白重链同工型基因的 cDNA 克隆与表达》荣获上海市研究生优秀成果（学位论文）。

这是学校水产品加工及贮藏工程专业硕士研究生学位论文首次荣获上海市研究生优秀成果（学位论文）。

学校代码： 1 0 2 6 4
研究生学号： M050201109

上 海 海 洋 大 学
硕 士 学 位 论 文

题　目：　草鱼骨骼肌肌球蛋白重链同工型基因的 cDNA 克隆与表达

英文题目：　cDNA cloning and expression of grass carp fast skeletal myosin heavy chain gene isforms

专　业：　水产品加工及贮藏工程

研究方向：　水产品加工

姓　名：　王孙勇

指导教师：　陶妍 教授

二〇〇八年五月二十日

图 2-172　王孙勇获 2010 年上海市研究生优秀成果（硕士学位论文封面）

四十七、大学生科技创新和社会实践硕果累累

在学科建设中，学校注重大学生科技创新能力和社会实践能力的培养，取得一系列成果。

上海海洋大学档案馆馆藏的大学生科技创新和社会实践竞赛中获得的荣誉证书（部分）如下：

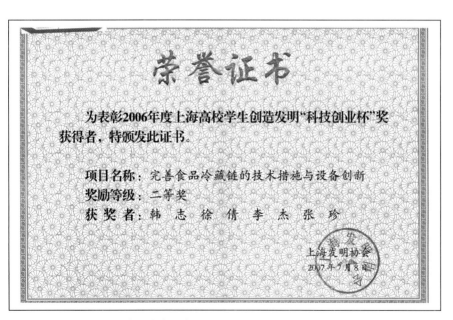

图 2-173　2007 年获上海高校学生创造发明"科技创业杯奖"二等奖荣誉证书

图 2-174　2007 年获上海高校学生创造发明"科技创业杯奖"三等奖荣誉证书

图 2-175　2011 年获第三届"知行杯"上海市大学生社会实践大赛特等奖荣誉证书

图 2-176　2015 年获第十四届"挑战杯"上海市
大学生课外学术科技作品竞赛二等奖获奖证书

图 2-177　2015 年获第十四届"挑战杯"上海市
大学生课外学术科技作品竞赛三等奖获奖证书

图 2-178　2015 年获第十四届"挑战杯"上海市
大学生课外学术科技作品竞赛三等奖获奖证书

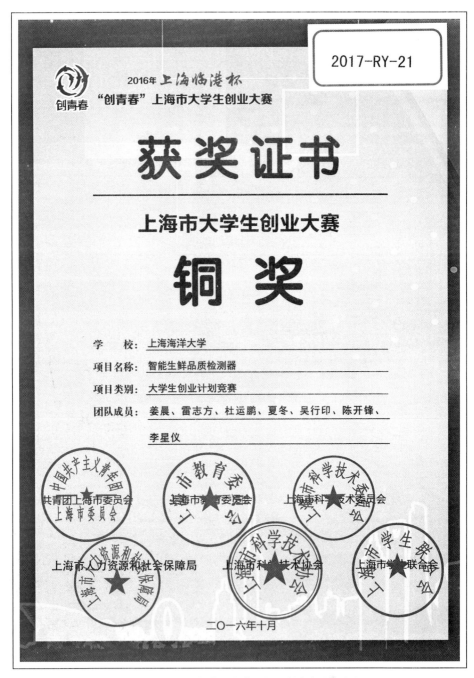

图 2-179　2016 年获上海临港杯"创青春"上海市
大学生创业大赛铜奖获奖证书

四十八、新增上海市级冷链装备性评价专业技术服务平台

为满足农产品和食品行业对低温物流装备性能、安全和节能技术第三方评价的广泛需求，更好地服务中国低温物流业的发展。2017年，学校食品学院院长谢晶教授领衔，团队申报的上海市冷链装备性能与节能评价专业技术服务平台获批。该平台是上海市首个以冷链装备的新技术研发、性能和节能评价为目标的专业技术服务平台。

该平台依托学校冷冻冷藏学科创新团队和农业部冷库及制冷设备质量监督检验测试中心，通过整合技术与人才资源，形成高起点、高质量的技术研发体系，为中国低温物流业跨越式发展和高水平人才培养打造上海市领先、国内一流的服务平台。

2017年9月30日《上海海洋大学》第809期第2版，对学校新增上海市级冷链装备性评价专业技术服务平台情况进行报道。原文如下：

我校新增上海市级冷链装备性评价专业技术服务平台

本报讯 近日，接到市科委通知，国家"万人计划"科技创新领军人才、我校食品学院院长谢晶领衔，团队申报的上海市冷链装备性能与节能评价专业技术服务平台获批，至此，我校又荣获一个上海市级科研平台，成为上海市首个以冷链装备的新技术研发、性能和节能评价为目标的专业技术服务平台。

该平台立足于上海及长三角乃至全国冷链建设的需求，通过冷链关键技术研发、资源整合建设、共享服务系统开发、服务培训和宣传推广这五个方面，构建"上海市冷链装备性能与节能评价专业技术服务平台"，满足农产品和食品行业对低温物流装备性能、安全和节能技术的第三方评价的广泛需求。该平台建成后不但可以提供客观、公正、高水平的第三方检测，旨在更为有效地

发挥新型冷链装备研制和装备流场优化、节能新技术等共性关键技术研发提供科技支撑，从而服务于我国低温物流业的迅猛发展。

该平台依托我校冷冻冷藏学科的创新团队和农业部冷库及制冷设备质量监督检验测试中心，以上海市需求为牵引，瞄准低温物流产业前沿，在技术力量较强的基础上，整合与上海冷藏库协会、上海冷冻空调行业协会、上海水产协会、上海市制冷学会、中国仓储协会等协/学会的战略合作关系，整合技术与人才资源平台，形成高起点、高质量的技术研发体系，旨在对国内低温物流产业产生引领和示范效果，为我国低温物流业跨越式发展和高水平人才培养打造上海市领先、国内一流的服务平台。

（叶圣杰）

我校新增上海市级冷链装备性评价专业技术服务平台

本报讯 近日，接到市科委通知，国家"万人计划"科技创新领军人才、我校食品学院院长谢晶领衔团队申报的上海市冷链装备性能与节能评价专业技术服务平台获批，至此，我校又荣获一个上海市级科研平台，成为上海市首个以冷链装备的新技术研发、性能和节能评价为目标的专业技术服务平台。

该平台立足于上海及长三角乃至全国冷链建设的需求，通过冷链关键技术研发、资源整合建设、共享服务系统开发、服务培训和宣传推广这五个方面，构建"上海市冷链装备性能与节能评价专业技术服务平台"，满足农产品和食品行业对低温物流装备性能、安全和节能技术的第三方评价的广泛需求。该平台建成后不但可以提供客观、公正、高水平的第三方检测，旨在更为有效地发挥新型冷链装备研制和装备流场优化、节能新技术等共性关键技术研发提供科技支撑，从而服务于我国低温物流业的迅猛发展。

该平台依托我校冷冻冷藏学科的创新团队和农业部冷库及制冷设备质量监督检验测试中心，以上海市需求为牵引，瞄准低温物流产业前沿，在技术力量较强的基础上，整合与上海冷藏库协会、上海冷冻空调行业协会、上海水产协会、上海市制冷学会、中国仓储协会等协/学会的战略合作关系，整合技术与人才资源平台，形成高起点、高质量的技术研发体系，旨在对国内低温物流产业产生引领和示范效果，为我国低温物流业跨越式发展和高水平人才培养打造上海市领先、国内一流的服务平台。

（叶圣杰）

图 2-180 《我校新增上海市级冷链装备性评价专业技术服务平台》，
《上海海洋大学》第 809 期（2017 年 9 月 30 日）

四十九、食品与健康国际学术研讨持续推进

近年来，围绕"食品与健康"，学校多次举办国际学术研讨会，探讨食品营养、安全与人类健康，交流食品科学领域最新研究成果，促进学术交流、课题研究和科研合作，提升学科水平。

学校档案馆馆藏档案中记载的在学校召开的食品与健康国际学术研讨会情况报道选登如下：

2018年5月30日《上海海洋大学》第822期第2版，对第三届食品与健康国际学术研讨会在学校召开情况进行报道。原文如下：

第三届国际食品与健康学术研讨会（上海）在我校召开

本报讯 2018年第三届国际食品与健康学术研讨会（上海）于5月24日在上海海洋大学开幕。本届国际学术研讨会由上海海洋大学、上海市食品学会承办，得到了中国水产学会渔业制冷专业委员会、德·中分子医学与分子药学学会、上海微生物学会、美国华美食品学会等机构支持。

会议邀请了中国工程院院士、大连工业大学朱蓓薇教授，中国工程院院士、江南大学陈坚校长，渤海大学副校长、美国佐治亚大学兼职励建荣教授，加拿大纽芬兰纪念大学、Journal of Functional Foods主编Fereidoon Shahidi教授，国际食品科学院院士、美国佐治亚大学食品科学系洪延康教授，德国柏林自由大学夏洛蒂医学院樊华教授，美国农业部西部研究中心研究所主任、上海市东方学者吴启华教授，美国农业部人类营养研究中心吴献礼教授，英国食品研究院研究员、上海市东方学者Pradeep K. Malakar教授，美国生物社会学和医学研究所博士、AIBMR公司首席执行官Alexander G. Schauss，爱尔兰农业部TEAGASC食品研究中心缪松教授，爱尔兰科克大学R. Paul Ross教授，泰国泰米尔纳德农业大学Jeya shakila Robinson教

授，阿联酋大学 Walid Alali 教授，东京海洋大学 Noboru Sakai 教授等专家参加会议并作主题演讲。上海海洋大学程裕东校长、上海市食品学会潘迎捷理事长分别代表主办单位致欢迎辞，开幕式由食品学院谢晶院长主持。

本届学术研讨会共汇聚了来自 9 个国家的 200 余名代表参会，包括上海市食品学会青年论坛在内的 30 余个口头报告，50 余篇墙报展示。

（张水晶）

第三届国际食品与健康学术研讨会（上海）在我校召开

本报讯 2018 年第三届国际食品与健康学术研讨会（上海）于 5 月 24 日在上海海洋大学开幕。本届国际学术研讨会由上海海洋大学、上海市食品学会承办，得到了中国水产学会渔业制冷专业委员会、德·中分子医学与分子药学学会、上海微生物学会、美国华美食品学会等机构支持。

会议邀请了中国工程院院士、大连工业大学朱蓓薇教授，中国工程院院士、江南大学陈坚校长，渤海大学副校长、美国佐治亚大学兼职励建荣教授，加拿大纽芬兰纪念大学 Journal of Functional Foods 主编 Fereidoon Shahidi 教授，国际食品科学院院士、美国佐治亚大学食品科学系洪延康教授，德国柏林自由大学夏洛蒂医院院长樊华教授，美国农业部西部研究中心研究所主任、上海市东方学者吴启华教授，美国农业部人类营养研究中心吴献礼教授，英国食品研究院研究员、上海市东方学者 Pradeep K. Malakar 教授，美国生物社会学和医学研究所博士、AIBMR 公司首席执行官 Alexander G. Schauss，爱尔兰农业部 TEAGASC 食品研究中心缪松教授，爱尔兰科克大学 R. Paul Ross 教授，泰国泰米尔纳德农业大学 Jeya shakilaRobinson 教授，阿联酋大学 Walid Alali 教授、东京海洋大学 Noboru Sakai 教授等专家参加会议并作主题演讲。上海海洋大学程裕东校长、上海市食品学会潘迎捷理事长分别代表主办单位致欢迎辞，开幕式由食品学院谢晶院长主持。

本届学术研讨会共汇聚了来自 9 个国家的 200 余名代表参会，包括上海市食品学会青年论坛在内的 30 余个口头报告，50 余篇墙报展示。

（张水晶）

图 2-181　《第三届国际食品与健康学术研讨会（上海）在我校召开》，
《上海海洋大学》第 822 期（2018 年 5 月 30 日）

2019 年 5 月 31 日《上海海洋大学》第 841 期第 2 版，对第四届食品与健康国际学术研讨会在学校召开情况进行报道。原文如下：

2019 年第四届食品与健康国际研讨会（上海）召开

本报讯　2019 年第四届食品与健康国际研讨会（上海）于 5 月 23 日在上海海洋大学隆重开幕。研讨会围绕"食品与健康"，共同探讨食品营养、安全与人类健康，交流食品科学领域的最新研究成果，促进国际食品产业人员和学者之间的交流沟通，推动食品与健康事业的发展。

上海海洋大学食品学院院长谢晶教授主持开幕式。上海海洋大学校长程裕东教授、上海市食品学会理事长潘迎捷教授分别代表主办单位致辞。上海交通大学教授、美国罗格斯大学冠名讲席教授赵立平，南昌大学谢明勇教授，江西师范大学副校长涂宗财教授，中国农业大学工程学院食品科学与营养学院院长胡小松教授，英国东安格利亚大学 Andrew M. Hemmings 教授、董长江教授，联合利华北美首席微生物学负责人 Domenic Caravetta 博士，德国柏林自由大学夏洛蒂医学院樊华教授，国际食品科学院院士、美国佐治亚大学食品科学系洪延康教授，美国农业部西部研究中心研究所主任吴启华教授，新西兰恒天然集团高级研究员 Pradeep K. Malakar 教授，美国杨百翰大学 Frost M. Steele 教授，中国科学院上海药物研究所耿勇教授，美国威斯康星大学—斯托特分校 Min Liu Degruson 教授，上海海洋大学焦阳博士等专家出席，他们围绕食品研发与加工、食品品质与安全、食品包装与物流、食品原料与安全、食品营养与健康等热点方向展开研讨。

本届国际学术研讨会由上海海洋大学、上海市食品学会主办，上海市食品科学与工程高原学科、中国水产学会渔业制冷专业委员会，农业部水产品贮藏保鲜质量安全风险评估实验室（上海），上海水产品加工及贮藏工程技术研究中心，德中分子医学与分子药学学会，美国华美食品学会协办。会议共有 15 位特邀专家的主题报告，41 篇墙报展示，收录摘要 68 篇。

（刘海泉　赵芊临）

2019 年第四届
食品与健康国际研讨会
（上海）召开

本报讯 2019 年第四届食品与健康国际研讨会（上海）于 5 月 23 日在上海海洋大学隆重开幕。研讨会围绕"食品与健康"，共同探讨食品营养、安全与人类健康，交流食品科学领域的最新研究成果，促进国际食品产业人员和学者之间的交流沟通，推动食品与健康事业的发展。

上海海洋大学食品学院院长谢晶教授主持开幕式。上海海洋大学校长程裕东教授、上海市食品学会理事长潘迎捷教授分别代表主办单位致辞。上海交通大学教授、美国罗格斯大学冠名讲席教授赵立平，南昌大学谢明勇教授，江西师范大学副校长涂宗财教授，中国农业大学工程学院食品科学与营养学院院长胡小松教授，英国东安格利亚大学 Andrew M. Hemmings 教授、董长江教授，联合利华北美首席微生物学负责人 Domenic Caravetta 博士，德国柏林自由大学夏洛蒂医学院樊华教授，国际食品科学院院士、美国佐治亚大学食品科学系洪延康教授，美国农业部西部研究中心研究所主任吴启华教授，新西兰恒天然集团高级研究员 Pradeep K. Malakar 教授，美国杨百翰大学 Frost M. Steele 教授，中国科学院上海药物研究所耿勇教授，美国威斯康星大学－斯托特分校 Min Liu Degruson 教授，上海海洋大学焦阳博士等专家出席，他们围绕食品研发与加工、食品品质与安全、食品包装与物流、食品原料与安全、食品营养与健康等热点方向展开研讨。

本届国际学术研讨会由上海海洋大学、上海市食品学会主办，上海市食品科学与工程高原学科、中国水产学会渔业制冷专业委员会，农业部水产品贮藏保鲜质量安全风险评估实验室（上海），上海水产品加工及贮藏工程技术研究中心，德国分子医学与分子药学学会，美国华美食品学会协办。会议共有 15 位特邀专家的主题报告，41 篇墙报展示，收录摘要 68 篇。

（刘海泉 赵芊临）

图 2-182 《2019 年第四届食品与健康国际研讨会（上海）召开》，
《上海海洋大学》第 841 期（2019 年 5 月 31 日）

五十、摘得上海市科技"三大奖"

21世纪以来，学校进一步加大学科建设力度，水产品加工及贮藏工程学科多次承担国家和省市级科研项目，成果斐然，2007年、2008年、2011年、2016年、2020年分别摘得上海市科技"三大奖"（自然科学奖、技术发明奖和科技进步奖）。依次为："蔬菜低温流通技术和安全体系的研发和应用"项目2007年获上海市科技进步奖三等奖、"农产品冷藏链中关键技术研究与设备创新"项目获2008年上海市技术发明奖二等奖、"虾类产后增值关键技术与装备的研发与产业化"项目获2011年上海市科技进步奖三等奖、"水产品低温物流关键技术研发与设备创新"项目获2016年上海市技术发明奖三等奖、"电解水冰保鲜机理"项目2020年获上海市自然科学奖二等奖。

学校档案馆馆藏的荣获上海市科技"三大奖"的获奖证书如下：

（一）2007 年、2011 年荣获上海市科技进步奖

图 2-183 "蔬菜低温流通技术和安全体系的研发和应用"项目
2007 年获上海市科技进步奖三等奖证书

图 2-184 "虾类产后增值关键技术与装备的研发与产业化"项目
获 2011 年上海市科技进步奖三等奖证书

（二）2008年、2016年荣获上海市技术发明奖

图 2-185　"农产品冷藏链中关键技术研究与设备创新"项目
2008 年获上海市技术发明奖二等奖证书

图 2-186 "水产品低温物流关键技术研发与设备创新"项目
获 2016 年上海市技术发明奖三等奖证书

（三）2020 年荣获上海市自然科学奖

图 2-187　"电解水冰保鲜机理"项目
2020 年获上海市自然科学奖二等奖证书

五十一、博士研究生培养中的学科研究

自 2003 年学校获得水产品加工及贮藏工程博士学位授予权至 2021 年，学校培养的水产品加工及贮藏工程博士研究生在水产品营养与风味、水产品质量与安全、水产品保鲜与安全评价、海洋生物资源利用、海洋生物制药、食品风味与品质评价、食品工程及生物技术、食品应用化学、食品冷冻冷藏、食品包装与保鲜技术等方面进行研究，并形成相应的研究成果（博士学位论文）。

自 2007 年学校首篇水产品加工及贮藏工程博士学位论文至 2021 年十五年间，学校档案馆馆藏的博士学位论文（部分）依次如下：

（一）2007 年

博士论文题目：《甲壳素脱乙酰酶产生菌的筛选、cDNA 克隆及原核表达研究》

博士研究生：蒋霞云

指导教师：周培根

学校代码：１０２６４
研　究　生
学　号：　D040201015

上 海 水 产 大 学
博 士 学 位 论 文

题　目：　甲壳素脱乙酰酶产生菌的筛选、cDNA
　　　　　克隆及原核表达研究

英文题目：　Studies on strain-screening , cDNA cloning
　　　　　of chitin deacetylase and its recombinant
　　　　　expression in prokaryote

专　业：　水产品加工及贮藏工程

研究方向：　海洋生物资源利用学

姓　名：　蒋霞云

指导教师：　周培根教授

二〇〇七年 六月 二十 日

图 2-188

（二）2008 年

博士论文题目：《中国对虾风味成分的分析及其天然仿真风
味料的研究》

博士研究生：陈丽花

指导教师：周培根、肖作兵

学校代码：	10264
研究生学号：	D040201014

上 海 海 洋 大 学
博 士 学 位 论 文

题　　目：	中国对虾风味成分的分析及其天然仿真风味料的研究
英文题目：	Analysis of flavor components of *Penaeus chinensis* and preparation of its natural imitation flavoring
专　　业：	水产品加工与贮藏工程
研究方向：	食品应用化学
姓　　名：	陈丽花
指导教师：	周培根教授　肖作兵教授

二〇〇八 年 六 月 十 八 日

图 2-189

（三）2009 年

博士论文题目：《食品真空冷却过程的实验研究及数值模拟》

博士研究生：韩　志

指导教师：潘迎捷、谢　晶

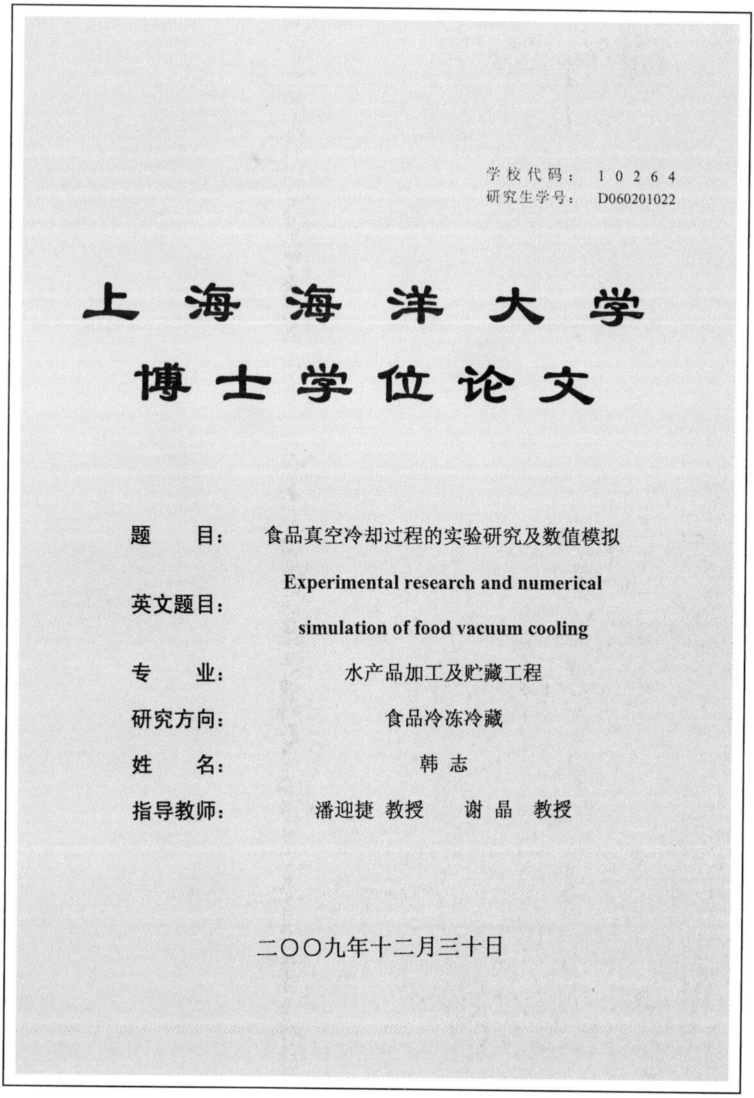

学校代码：１０２６４
研究生学号：D060201022

上 海 海 洋 大 学
博 士 学 位 论 文

题　　目：　食品真空冷却过程的实验研究及数值模拟

英文题目：　Experimental research and numerical
　　　　　　simulation of food vacuum cooling

专　　业：　水产品加工及贮藏工程

研究方向：　食品冷冻冷藏

姓　　名：　韩　志

指导教师：　潘迎捷 教授　　谢 晶 教授

二〇〇九年十二月三十日

图 2-190

（四）2010 年

博士论文题目：《草鱼肉挥发性成分及其影响因素的研究》

博士研究生：施文正

指导教师：王锡昌

博士论文题目：《微胶囊化宝石鱼油及其功能性研究》

博士研究生：陶宁萍

指导教师：王锡昌

图 2-191

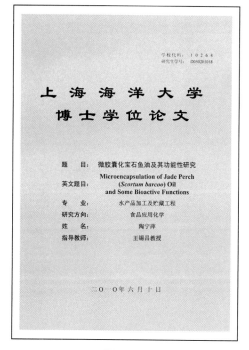

图 2-192

（五）2011 年

博士论文题目：《水产品过敏原的特性研究》

博士研究生：蔡秋凤

指导教师：王锡昌、曹敏杰

博士论文题目：《生物保鲜剂在带鱼冷藏保鲜中的应用及其抑菌机理研究》

博士研究生：蓝蔚青

指导教师：谢　晶

图 2-193

图 2-194

（六）2012 年

博士论文题目：《解冻金枪鱼肉品质变化及生食安全评价》

博士研究生：包海蓉

指导教师：王锡昌

博士论文题目：《四种养殖鱼类特定腐败菌生长动力学与货
架期预测研究》

博士研究生：郭全友

指导教师：王锡昌

博士论文题目：《章鱼胺的发酵制备及生物活性研究》

博士研究生：曲映红

指导教师：郭本恒

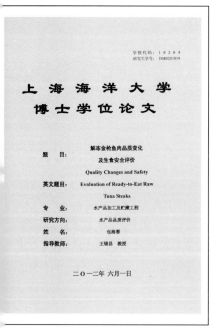

图 2-195

图 2-196

图 2-197

（七）2013 年

博士论文题目：《水产品中副溶血性弧菌风险评估基础研究》

博士研究生：唐晓阳

指导教师：潘迎捷、谢　晶

博士论文题目：《贝类中诺如病毒的风险评估及与组织血型抗原相关性》

博士研究生：马丽萍

指导教师：周德庆

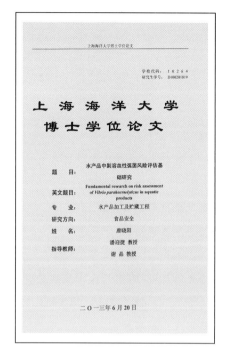

图 2-198

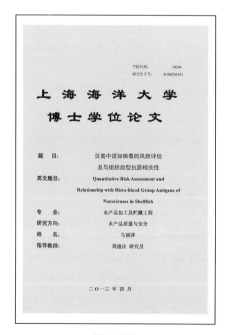

图 2-199

（八）2014 年

博士论文题目：《中华绒螯蟹游离氨基酸滋味贡献研究及其
产生机理探讨》

博士研究生：付　娜

指导教师：王锡昌

博士论文题目：《不同产地中华绒螯蟹多指纹鉴别及其特征
性关键气味物质研究》

博士研究生：顾赛麒

指导教师：王锡昌

博士论文题目：《海洋微生物 YS0810 过氧化氢酶纯化、基
因克隆与表达和固定化研究》

博士研究生：付新华

指导教师：孙　谧

博士论文题目：《应用表面增强拉曼光谱技术检测水产品药
物残留的研究》

博士研究生：李春颖

指导教师：黄轶群

博士论文题目：《凡纳滨对虾抑菌、防黑变保鲜技术及机理
研究》

博士研究生：钱韫芳

指导教师：谢　晶、吴文惠

图 2-200

图 2-201

学校代码： 1 0 2 6 4
研究生学号： D110201020

上 海 海 洋 大 学
博 士 学 位 论 文

题 目：海洋微生物 YS0810 过氧化氢酶纯化、基因克隆与表达和固定化研究

英文题目：Purification, Gene Cloning , Expression and Immobilization of Catalase from Marine Bacterium YS0810

专 业：水产品加工及贮藏工程

研究方向：海洋产物资源利用

姓 名：付新华

指导教师：孙谧 研究员

二〇一四年六月三日

图 2-202

上海海洋大学博士学位论文

学校代码： 1 0 2 6 4
研究生学号： D100201018

上海海洋大学
博 士 学 位 论 文

题 目：应用表面增强拉曼光谱技术检测水产品药物残留的研究

英文题目：Study on analysis of Veterinary Drugs Residue in aquaculture products by Surface-enhanced Raman Spectroscopy

专 业：水产品加工及贮藏

研究方向：食品安全

姓 名：李春颖

指导教师：黄轶群

二〇一四年六月六日

图 2-203

学校代码： 10264
研究生学号： D110201021

上 海 海 洋 大 学
博 士 学 位 论 文

题 目：凡纳滨对虾抑菌、防黑变保鲜技术及机理研究

英文题目：Research on Effect of Antibacterial and Anti-Melanosis Preservation Technology on the Quality of *Litopenaeus vannamei* and its Mechanism

专 业：水产品加工及贮藏工程

研究方向：食品冷冻冷藏工程

姓 名：钱韻芳

指导教师：谢晶、吴文惠 教授

二〇一四年六月九日

图 2-204

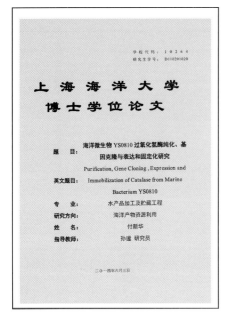

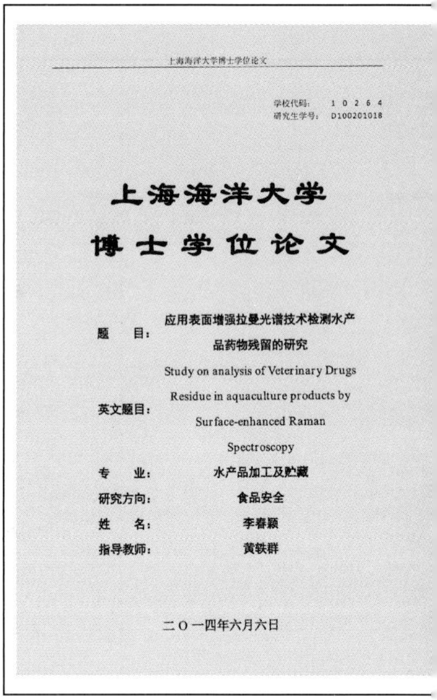

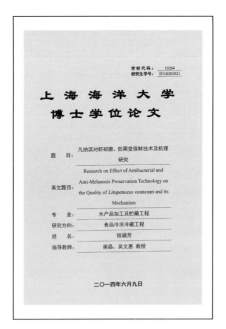

（九）2015 年

博士论文题目：《盐度调控对中华绒螯蟹育肥阶段品质形成
的影响》

博士研究生：王　帅

指导教师：王锡昌

博士论文题目：《虾类死后肌肉 ATP 降解途径及其鲜度评价
的研究》

博士研究生：邱伟强

指导教师：谢　晶

图 2-205

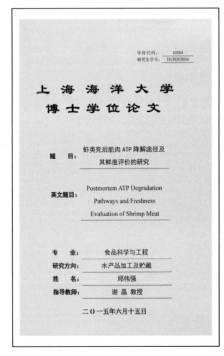

图 2-206

（十）2016 年

博士论文题目：《虾夷扇贝保活流通过程中气味特征模式识
别与品质快速评价》

博士研究生：傅润泽

指导教师：王锡昌

博士论文题目：《南极磷虾胰蛋白酶的结构分析和适冷性机
制研究》

博士研究生：周婷婷

指导教师：王锡昌

博士论文题目：《团头鲂保活工艺优化及机制的研究》

博士研究生：刘　骁

指导教师：谢　晶

博士论文题目：《色质谱结合靶向和非靶向代谢组学技术分
析模拟贮运水产品生理代谢特征的研究》

博士研究生：陈山乔

指导教师：吴文惠

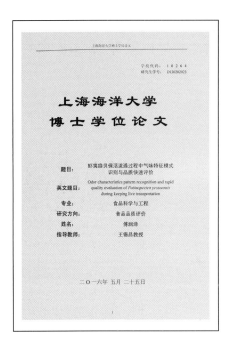

图 2-207

图 2-209

图 2-210

（十一）2017 年

博士论文题目:《基于脂质热氧化降解解析中华绒螯蟹关
键香气物质的形成机制》

博士研究生：吴　娜

指导教师：王锡昌

博士论文题目:《水产品弧菌的等温核酸扩增可视化检测
方法的建立与运用》

博士研究生：唐毓祎

指导教师：潘迎捷

博士论文题目:《引起对虾早期死亡综合征的副溶血性弧
菌的分离鉴定及发病机理研究》

博士研究生：冯　博

指导教师：赵　勇、潘迎捷

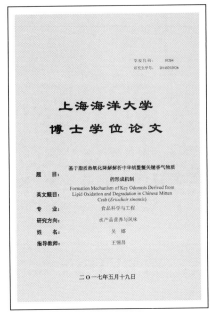

图 2-211

学校代码： 10264
研究生学号： D140202024

上 海 海 洋 大 学
博 士 学 位 论 文

题　目： 水产品弧菌的等温核酸扩增可视化
检测方法的建立与应用

英文题目： Development and application of
colorimetric detection of *Vibrio* in
seafood based on isothermal
amplification techniques

专　业： 食品科学与工程

研究方向： 食品质量与安全

姓　名： 唐毓祎

指导教师： 潘迎捷教授

二〇一七年 五月 二十日

图 2-212

图 2-213

（十二）2018 年

博士论文题目：《冰温离水储运及休眠方式与储藏时间对
　　　　　　　　鲫鱼生理指标的影响》

博士研究生：曾　鹏

指导教师：陈天及

博士论文题目：《诺如病毒的流行规律及其在牡蛎中的富
　　　　　　　　集研究》

博士研究生：喻勇新

指导教师：王永杰

博士论文题目：《基于多层复合控释技术的 PP/PVA/PP 活
　　　　　　　　性包装复合薄膜制备分析及其应用研究》

博士研究生：陈晨伟

指导教师：谢　晶

博士论文题目：《冷藏南美白对虾菌相分析及其腐败希瓦
　　　　　　　　氏菌适冷机制研究》

博士研究生：杨胜平

指导教师：谢　晶

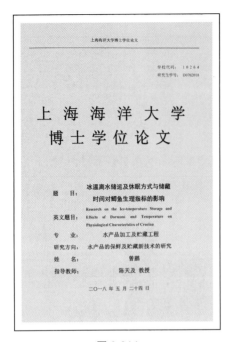

图 2-214

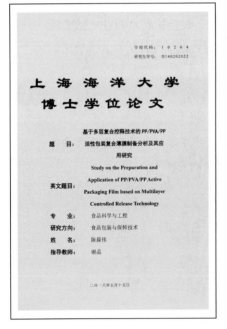

图 2-216

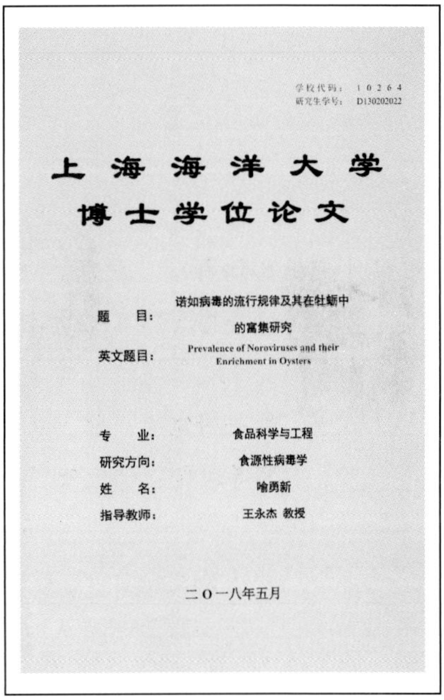

图 2-215

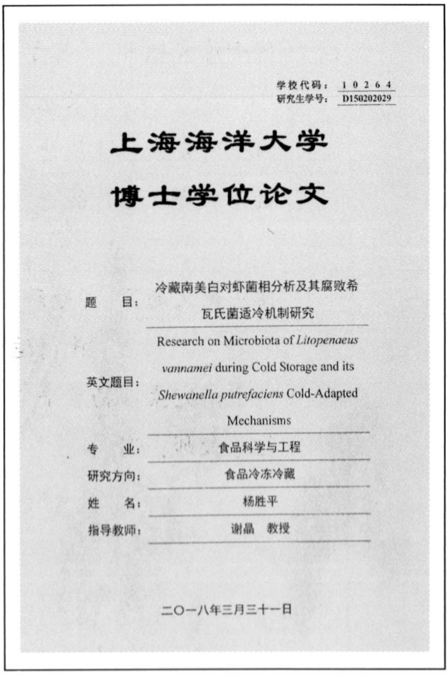

图 2-217

（十三）2019 年

博士论文题目：《罗非鱼胶原蛋白与生物组织相互作用关
系的研究》

博士研究生：张静怡

指导教师：吴文惠

博士论文题目：《副溶血性弧菌风险评估关键技术及重要
毒力蛋白 VopA 结晶条件筛选的研究》

博士研究生：张昭寰

指导教师：潘迎捷、赵　勇

博士论文题目：《不同条件下大菱鲆品质变化与蛋白氧化
对品质影响机理》

博士研究生：邹朝阳

指导教师：周德庆

博士论文题目：《中华绒螯蟹蟹肉蛋白质性状变化及其对
质地品质的影响》

博士研究生：张龙

指导教师：王锡昌

博士论文题目：《诺如病毒在贝类中的分布及与牡蛎类组
织血型抗原结合机制研究》

博士研究生：苏来金

指导教师：周德庆

博士论文题目:《鳕鱼鳔胶原蛋白和胶原肽特性及对细胞衰老进程干预作用与机制》

博士研究生:李　娜

指导教师:周德庆

博士论文题目:《商用陈列柜制冷系统优化及柜内贮藏食品温度波动的仿真模拟》

博士研究生:林文松

指导教师:陈天及

图 2-218

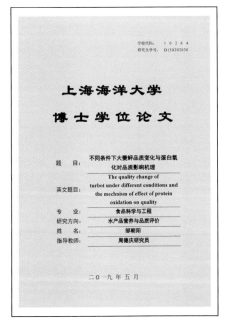

图 2-220

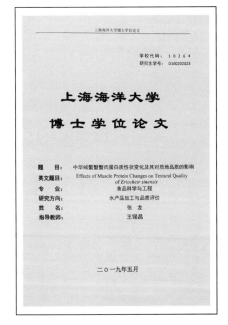

图 2-221

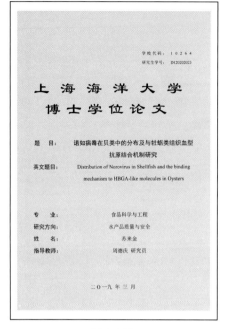

图 2-222

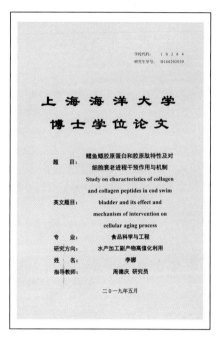

图 2-223

图 2-224

（十四）2020 年

博士论文题目：《白姑鱼和小黄鱼气味特征及影响因素的差异探究》

博士研究生：张晶晶

指导教师：王锡昌

博士论文题目：《鱼头脂质指纹图谱及鱼头汤改善 HepG2 高脂细胞模型脂质沉积作用》

博士研究生：张　静

指导教师：陶宁萍、王明富

博士论文题目：《海洋青霉菌代谢纤溶活性化合物的研究》

博士研究生：马子宾

指导教师：吴文惠

博士论文题目：《大黄鱼加工副产物的白鲢鱼糜凝胶品质特性的研究》

博士研究生：周　纷

指导教师：王锡昌

博士论文题目：《冷藏条件下金枪鱼品质变化与水分迁移的相关性研究》

博士研究生：王馨云

指导教师：谢　晶

博士论文题目：《石斑鱼冷藏过程中品质评价、蛋白变化以及内源性蛋白酶作用机制研究》

博士研究生：张喜才

指导教师：谢　晶

2020-JX16-118

学校代码：10264

上海海洋大学

SHANGHAI OCEAN UNIVERSITY

博士学位论文

DOCTORAL DISSERTATION

题　目：白姑鱼和小黄鱼气味特征及影响因素的差异探究

专　业：食品科学与工程

学　号：D150202026

姓　名：张晶晶

指导教师：王锡昌 教授

二〇二〇年五月八日

图 2-225

2020-JX16-123

学校代码：10264

上海海洋大学

SHANGHAI OCEAN UNIVERSITY

博士学位论文

DOCTORAL DISSERTATION

题　目：鱼头脂质指纹图谱及鱼头汤改善HepG2高脂细胞模型脂质沉积作用

专　业：食品科学与工程

学　号：D170202038

姓　名：张静

指导教师：陶宁萍 教授、王明富 教授

二〇二〇年五月十日

图 2-226

2020-JX16-125

学校代码：10264

上海海洋大学

SHANGHAI OCEAN UNIVERSITY

博士学位论文

DOCTORAL DISSERTATION

题　目：海洋青霉菌代谢纤溶活性化合物的研究

专　业：食品科学与工程

学　号：D170202039

姓　名：马子宾

指导教师：吴文惠 教授

二〇二〇年五月三十日

图 2-227

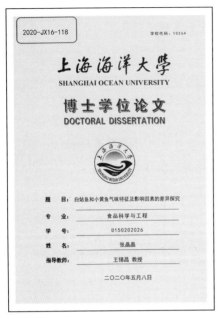

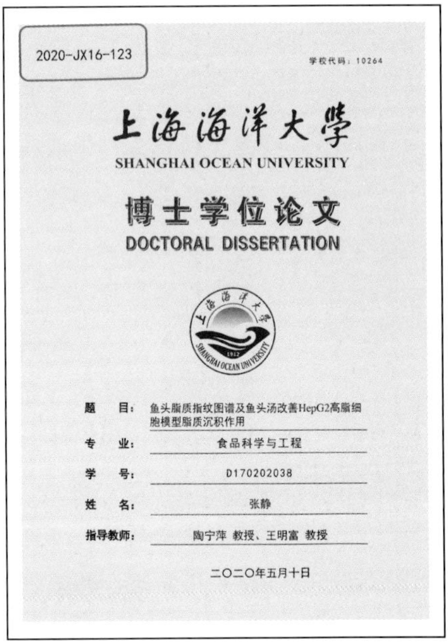

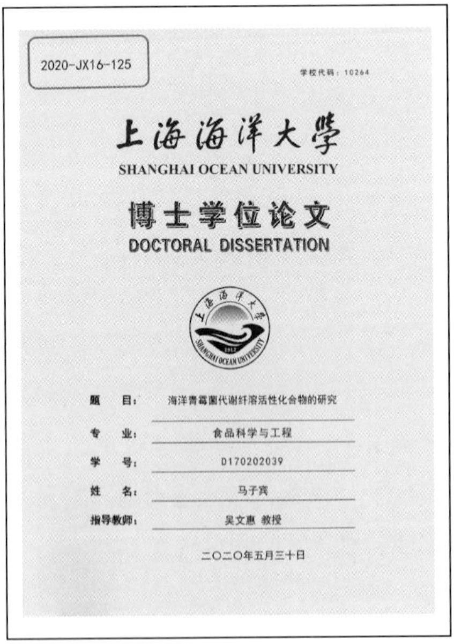

图 2-228

图 2-229

图 2-230

（十五）2021 年

博士论文题目：《上海市售大宗水产品中抗生素和重金属
暴露评估及其克雷伯氏菌的生物学特性
研究》

博士研究生：倪　玲

指导教师：陈兰明

博士论文题目：《干酪乳杆菌 K17 介导加州鲈鱼生长、肠
道和肝脏健康及肉质变化的研究》

博士研究生：王劲松

指导教师：陈兰明

博士论文题目：《3- 硫酸 -25 羟胆固醇（25HC3S）作为内
源性表观遗传调控因子的研究》

博士研究生：王雅平

指导教师：陈兰明

博士论文题目：《基于 PD-1/PD-L1 阻断的肿瘤免疫综合
治疗研究》

博士研究生：张　敏

指导教师：王明福、刘克海

博士论文题目：《水产品及暂养水中抗生素和重金属抗性
共选机制研究》

博士研究生：谢庆超

指导教师：潘迎捷

博士论文题目：《腐败希瓦氏菌脂肪酸生物合成及调控机
制的研究》

博士研究生：陈　力

指导教师：谢　晶

博士论文题目：《低温条件下腐败希瓦氏菌生物被膜形成
　　　　　　　机制研究》
博士研究生：阎　俊
指导教师：谢　晶

博士论文题目：《基于细胞膜脂质代谢途径解析腐败希瓦
　　　　　　　氏菌适冷机制》
博士研究生：高　鑫
指导教师：谢　晶

博士论文题目：《冻藏过程中养殖暗纹东方鲀蛋白氧化与
　　　　　　　肌肉稳定性的研究》
博士研究生：郑　尧
指导教师：王锡昌

博士论文题目：《南极磷虾蛋白-多酚复合颗粒稳定机制及
　　　　　　　其功能研究》
博士研究生：李玉峰
指导教师：赵　勇

博士论文题目：《牛类芽孢杆菌 BD3526 降血糖活性研究》
博士研究生：韩　瑨
指导教师：赵　勇

博士论文题目：《诺如病毒在牡蛎和校园中流行的相关性
　　　　　　　研究及其与细菌间潜在吸附结合的探索》
博士研究生：杨明树
指导教师：王永杰

图 2-231

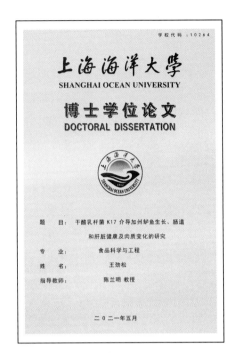

图 2-232

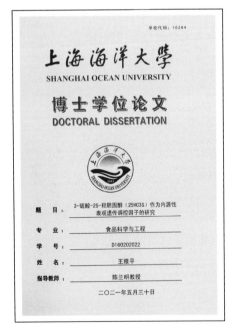

图 2-233

图 2-234

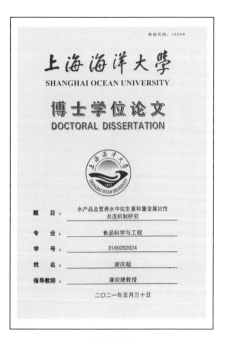

图 2-235

图 2-236

图 2-237

图 2-238

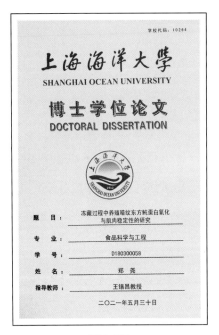

图 2-239   图 2-240

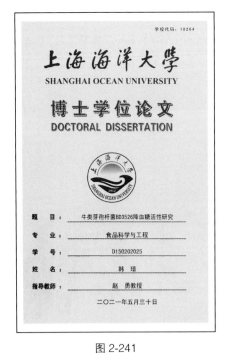

图 2-241   图 2-242

五十二、发挥学科优势 助力"健康中国"战略

上海海洋大学食品学院充分发挥学科特色优势和学科品牌力量，针对不同单位、群体，构建广覆盖、多元化的培训及科普模式，推动食品安全与营养理念进社区、下基层，服务政府部门等，以实际行动助力"健康中国"战略。

2020年12月15日《上海海洋大学》第866期第3版，对学校食品学院发挥学科优势，助力"健康中国"战略进行报道。原文如下：

食品学院发挥学科优势 助力"健康中国"战略

食品学院充分发挥学科优势，积极承接和参与社会服务培训工作任务，推动上海市食品安全与营养理念进社区、下基层，服务政府部门等活动，以实际行动助力"健康中国"战略。

2020年，食品学院先后承接并完成上海市临港新片区管委会委托的"食品安全宣传进社区项目"、上海市宝山区市场监督管理局委托的"食品安全事故应急处置演练及快检培训项目"、上海市浦东新区市场监督管理局委托的"食品监管干部培训项目"、南汇新城镇政府委托的"食品安全宣传培训活动项目"等一系列社会服务工作，年累计受益人数达2000人次。

食品学院作为国家食物营养教育示范基地创建单位，积极承担社会责任，扩大了上海海洋大学食品科学与工程学科的社会影响力，获得上海市食品安全委员会办公室颁发的"2020年上海市食品安全优秀服务项目"荣誉称号。

近20年来，食品学院通过"食品科学商店""食品营养与安全进社区""科技三下乡""暑期社会实践""食品营养与安全志愿者"与每年一届"上海海洋大学食品科技文化节"等活动，积极参与面向上海和全国的食品安全科普活动，彰显学科品牌力量，不断提升市民食品安全的知晓度与满意度。食品学院师生将继续

以"食品安全重于泰山"的态度认真谋划，针对不同单位、不同群体，构建广覆盖、多元化的培训及科普模式，同时学院将延续食物安全营养意识和健康行为代代传递的理念，坚持服务于"满足人民对美好生活的向往"，为习近平总书记提出的"健康梦，中国梦"而努力奋斗。

（食品学院）

食品学院发挥学科优势助力"健康中国"战略

食品学院充分发挥学科优势，积极承接和参与社会服务培训工作任务，推动大市食品安全与营养理念进社区、下基层、服务政府部门等活动，以实际行动助力"健康中国"战略。

2020年，食品学院先后承接并完成上海市临港新片区管委会委托的"食品安全宣传进社区项目"、上海市宝山区市场监督管理局委托的"食品安全事故应急处置演练及快检培训项目"、上海市浦东新区市场监督管理局委托的"食品监管干部培训项目"、南汇新城镇政府委托的"食品安全宣传培训活动项目"等一系列社会服务工作，年累计受益人数达2000人次。

食品学院作为国家食物营养教育示范基地创建单位，积极承担社会责任，扩大了上海海洋大学食品科学与工程学科的社会影响力，获得上海市食品安全委员会办公室颁发的"2020年上海市食品安全优秀服务项目"荣誉称号。

近20年来，食品学院通过"食品科学商店""食品营养与安全进社区""科技三下乡""暑期社会实践""食品营养与安全志愿者"与每年一届"上海海洋大学食品科技文化节"等活动，积极参与面向上海和全国的食品安全科普活动，彰显食品科学品牌力量，不断提升市民食品安全的知晓度与满意度。食品学院师生将继续以"食品安全重于泰山"的态度认真谋划，针对不同单位、不同群体，构建广覆盖、多元化的培训及科普模式，同时学院将延续食物安全营养意识和健康行为代代传递的理念，坚持服务于"满足人民对美好生活的向往"，为习近平总书记提出的"健康梦，中国梦"而努力奋斗。

（食品学院）

图 2-243 《食品学院发挥学科优势　助力"健康中国"战略》，
《上海海洋大学》第 866 期（2020 年 12 月 15 日）

主張

對於發展全國農業問題之意見（答覆全國農業討論會）　侯朝海

一．關於討論全國農業問題　吾國農業之重要問題殊屬繁多然衡之吾國社會程度與國家經濟之關係則討論農業問題必先決適宜的大綱然後再商確詳細的進行計劃庶不致有試空言無俾實際之弊也

二．關於農業之學及試驗場　農業學校之創辦為培植農業專門人才農事試驗場之設置為改革農業以抵完成均非常切要急宜剙辦不容或緩惟經費宜求充足設備庶克完善若經費難籌不妨數省或數道區合辦一校或一試驗場蓋經費不充足則辦理不完善難見信用於社會反足為進行之阻礙又非有大規模之學校及試驗場則不能因地之急而為教授及試驗也如稻麥蠶桑茶煙水產森林製糖原料等皆屬農業出品之大宗宜於適宜地點設立大規模之試驗場而急圖改良及製造之方以謀農業之發展也

一、《水产》(第一期)(摘选)

(一)调查定海渔民制鱼之大略

王刚　姚致隆　陈谋琅　郑翼燕　张礼铨

本文原载于江苏省立水产学校校友会发行的《水产》第一期，民国六年十二月（1917 年 12 月）

鱼之种类，非常繁富，故制法亦非常之多。今以调查时所得之数种约陈于后。

一、海蜇

将海蜇用弓形之竹刀，括去外面之红皮，以水洗净，乃用盐与明矾渍入缸中。其盐明矾与海蜇之配合量，大约海蜇百斤，用盐十余斤，明矾斤余。但海蜇之制法，可小分为二。一则当时盐渍，当时即可取食。一则盐渍于缸中之后，可分头矾二矾三矾之名。称头矾当时盐渍，当时变买，如第一法。二矾盐渍十余天，三矾盐渍一个月。当其买时，不以斤两为标准，而以海蜇之对之大小为标准。唯二矾三矾之海蜇，概运往他处售销。此时不论对而用秤，其秤概为六六。大致三矾销于天津、汉口、苏州等内地，装于篓篓内。每件重一百六十斤，每件价贵时七八元，贱时四五元。二矾销于宁波等处。

海蜇又可分为二部。一曰红海蜇，价贱。一曰白海蜇，价贵。而土人则称白者曰皮子，红者曰头子。

二、淡菜

淡菜产于浪杠，在海底中，采时抓入海底而收取之。当其采获时，即去其壳，而后用盐渍之。每斤价洋一角。此淡菜专销于上海、宁波穿山各处。

三、黄鱼鲞

黄鱼鲞概在四五月间制，以黄鱼最旺之时在四五月也。其制法，用香刀（土称圆头形每把值六七分）沿脊骨而背开之，腹中之内脏及鱼胶（鱼胶可制胶质为副产中之大利）尽行抽出。每鱼百斤，用盐二十斤，渍入桶中，盐渍二三日后出晒，晒一天阴二天，每百斤晒成七十斤。晒时再加以他种手续，使鱼成圆形。制此种鲞之工人，均雇男工。每二人（一人抽内脏一人背开）每日可制四十篰之鲜黄鱼，每篰重百斤，其工资每篰铜元四枚。此黄鱼鲞，广东人来收者最多，大概均用司马秤，每担价十余元，每年出产可数十万斤。

当其购买原料时，每元自二十尾至五六十尾。

四、螟蜅鲞

该鲞概在谷雨时制，至忙种时为止。其制法，即以乌贼置于桌上，用食指与中指插入腹部，乃用尖头之刀刺入剖开之，挖去内脏，再用刀剖其头。其眼球内之墨汁，亦须剖开除去，于是在盐水中浸渍，约经二时许，取出洗净，置于日光之下晒之。晒后二三日，乃收进铺置于稻草中。约经三日，启而视之，观其头上之白霉发出与否。若已发出，仍移于日光晒之，一二日而毕，即为制品告成。大致原料百斤，晒成后只存三十斤。又其内脏每原料百斤可有三十斤，每斤内脏可售银一角。

制造此鲞，概用女工，每天可制原料七八篰，每篰工资四十文，而每篰之重百斤云。

此种螟蜅鲞，专销行于广东。包装概用蒲包，每包小者百个，大者四百斤。每百斤三十元至二十元，每包装船时，由买主出力金一角。

原料每元一百只，贱时可二百只，重量可八十余斤。

五、鳗鲞

制法与上述之螟蜅鲞相同。

此制品，其原料百斤晒成后四十斤，每百斤用盐二十斤云。

此包装法，用绳捆束，不用蒲包，专销上海、宁波各处，每斤价一角。

该制品之原料为海鳗，每斤六七分。

六、富鱼

制法自脊开之，去其内脏，每百斤盐二十斤，晒成后四十斤。原料每斤四十文，晒时吊于尾上倒置之，约五六日，而制品告成。该鱼尾有刺甚毒，制时当先除去。

图 3-1　江苏省立水产学校校友会发行的《水产》第一期封面（1917 年 12 月）

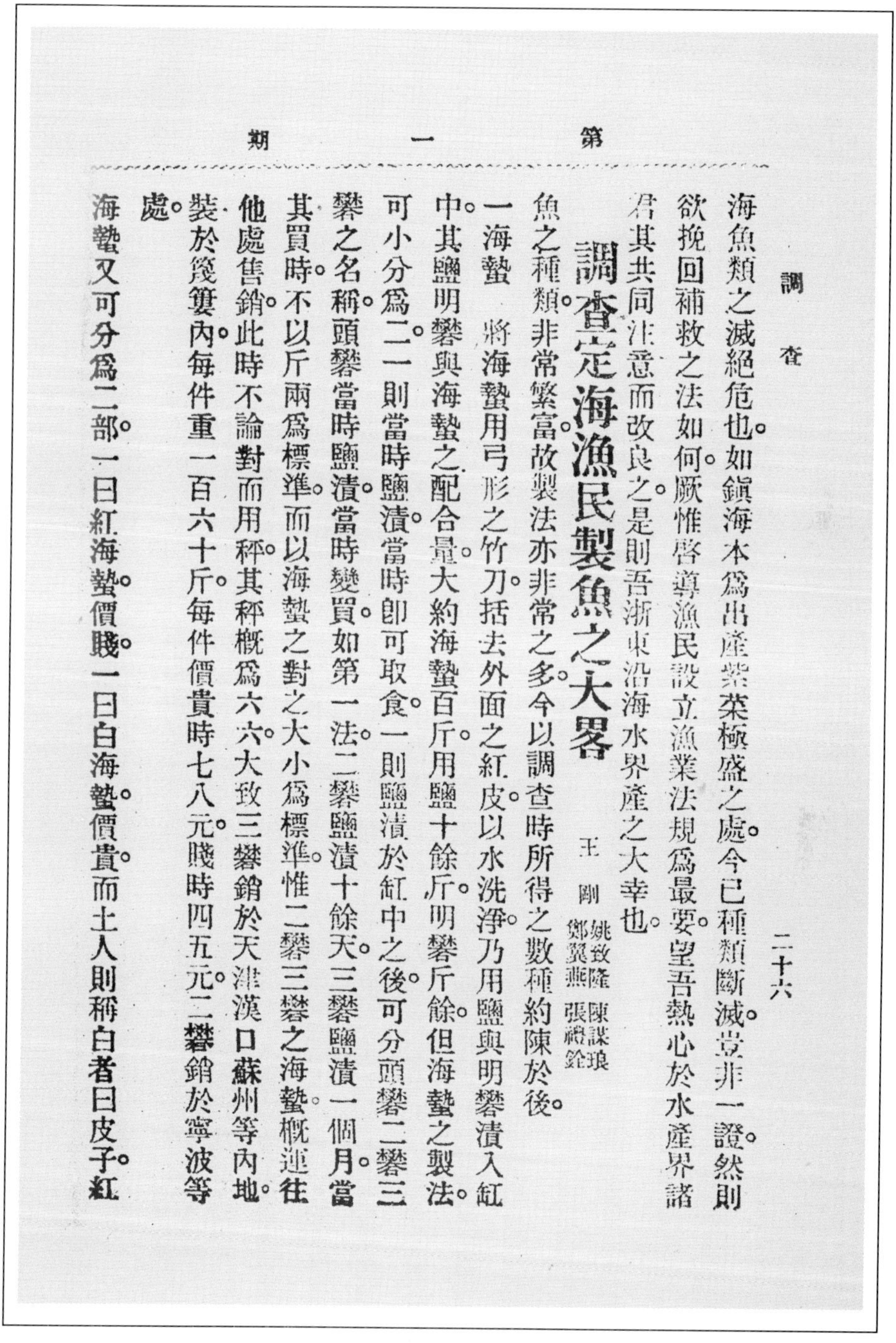

調查定海漁民製魚之大畧

王剛　姚致隆　陳謀琅　鄧翼燕　張禮銓

海魚類之滅絕危也。如鎮海本為出產紫菜極盛之處。今已種類斷滅豈非一證。然則欲挽回補救之法如何。厥惟啟導漁民設立漁業法規為最要。望吾熱心於水產界諸君其共同注意而改良之。是則吾浙東沿海水界產之大幸也。

魚之種類非常繁富故製法亦非常之多。今以調查時所得之數種約陳於後。

一海蟄　將海蟄用弓形之竹刀括去外面之紅皮以水洗淨乃用鹽與明礬漬入缸中其鹽明礬與海蟄之配合量大約海蟄百斤用鹽十餘斤。明礬斤餘。但海蟄之製法可小分為二。一則當時鹽漬即可取食。一則鹽漬於缸中之後可分頭礬二礬三礬之名稱。頭礬當時鹽漬。當時變賣如第一法。二礬鹽漬十餘天。三礬鹽漬一個月當其買時不以斤兩為標準。而以海蟄之對之大小為標準。惟二礬三礬之海蟄概運往他處售銷。此時不論對而用秤。其秤概為六六大。致三礬銷於天津漢口蘇州等內地。裝於篾簍內每件重一百六十斤。每件價貴時七八元。賤時四五元。二礬銷於寧波等處。

海蟄又可分為二部。一曰紅海蟄價賤。一曰白海蟄價貴。而土人則稱白者曰皮子紅

图 3-2　《调查定海渔民制鱼之大略》,《水产》第一期（1917 年 12 月）

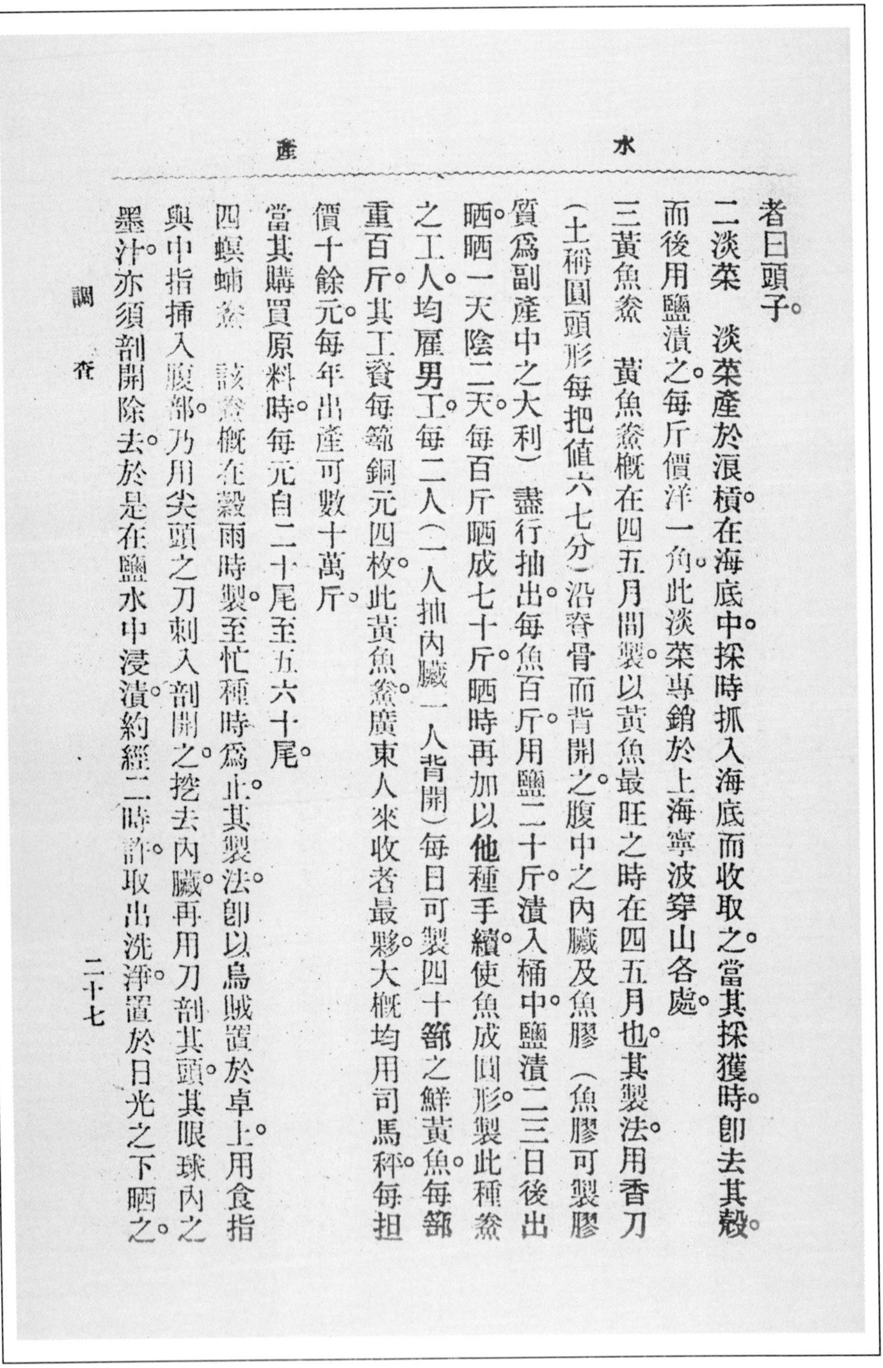

水 産

調 査

者曰頭子。

二淡菜 淡菜產於浪磧在海底中採時抓入海底而收取之當其採獲時即去其殼而後用鹽漬之每斤價洋一角此淡菜專銷於上海寧波穿山各處。

三黃魚鮝 黃魚鮝概在四五月間製以黃魚最旺之時在四五月也其製法用香刀（土稱圓頭形每把值六七分）沿脊骨而背開之腹中之內臟及魚膠（魚膠可製膠質爲副產中之大利）盡行抽出每魚百斤用鹽二十斤漬入桶中鹽漬二三日後出晒一天陰二天每百斤晒成七十斤晒時再加以他種手續使魚成圓形製此種鮝之工人均雇男工每二人（一人抽內臟一人背開）每日可製四十餚之鮮黃魚每餚重百斤其工資每餚銅元四枚此黃魚鮝廣東人來收者最夥大概均用司馬秤每擔價十餘元每年出產可數十萬斤。

當其購買原料時每元自二十尾至五六十尾四�️蝛鮝 該鮝概在穀雨時製至忙種時爲止其製法即以烏賊置於卓上用食指與中指挿入腹部乃用尖頭之刀刺入剖開之挖去內臟再用刀剖其頭其眼球內之墨汁亦須剖開除去於是在鹽水中浸漬約經二時許取出洗淨置於日光之下晒之。

二十七

图 3-3 《调查定海渔民制鱼之大略》，《水产》第一期（1917 年 12 月）

調查

晒後二三日乃收進鋪置於稻草中約經三日啟而視之觀其體上之白黴發出與否

若已發出仍移於日光晒之一二日而畢卽爲製品告成大致原料百斤晒成後祇存

三十斤又其內臟每原料百斤可有三十斤每斤內臟可售銀一角

製造此鯗槪用女工每天可製原料七八簍每簍工資四十文而每簍之重百斤每百斤云

此種蟶蜅鯗專銷行於廣東包裝槪用蒲包每包小者百個大者四百斤每百斤三十

元至二十元每包裝船時由買主出力金一角

原料每元一百隻賤時可二百隻重量可八十餘斤

五鰻鯗　製法與上述之蟶蜅鯗相同

此製品其原料百斤晒成後四十斤每百斤用鹽二十斤云

其包裝法用繩梱束不用蒲包專銷上海寧波各處每斤價一角

該製品之原料爲海鰻每斤六七分

六富魚　製法自脊開之去其內臟每百斤鹽二十斤晒成後四十斤原料每斤四十

文晒時吊於尾上倒置之約五六日而製品告成該魚尾有刺甚毒製時當先除去

浙江定海渭利螺甸鈕廠調查報告

王漢俠
蘇以義

二十八

图 3-4　《调查定海渔民制鱼之大略》，《水产》第一期（1917 年 12 月）

（二）那威对于鱼类之干燥

何永昌　钱辅宏　合译

本文原载于江苏省立水产学校校友会发行的《水产》第一期，民国六年十二月（1917 年 12 月）

鱼类之干燥，允推利用天日风力为佳。然鱼类干燥期中，偶逢降雨或淫雨连绵之际，原料价格低贱。欲图制造业之发展，不得不装置人工干燥法。顾人工火力干燥之鱼类，无论如何，欲与利用天然风日力之干燥者同其状态，其事极为困难。

那威之人工干燥，与天然之竞争尚不可及。近年以科学与技术之进步，今日稍得达匹敌之状态。

盖那威适于鱼类之干燥，能以极多量鱼获物干燥而供于市场。故其制品，已于百年前流行于全球。世界各商埠，至今犹不失其声名焉。

然苏格兰、德意志、英吉利等，于人工的鱼类干燥法之研究，告成厥功。今大规模之制造，于实际已在企图，那威之鱼类天然干燥，遂至大起竞争。

如是之后，那威于近来改良从前之干燥方法，又除去人工干燥法之缺憾，热心努力，参酌他国已经试验之法及种种。考今将使用苏格兰式之可可斯炉，述其简单之试验。

干燥室用普通二层之仓库，被干燥物，充于二叠之架上，而干燥之。此室之广十呎半，长十六呎，高十五呎，上层高十一呎。窗之一设于屋基之稍上，他二窗并设于近架之处，使空气之新鲜者，得以充分流通出入也。

又鱼体即吊悬于钉，钉固定于木板，其距离有一定适当之位置。全体之设计，用简便之加热装置，取苏格兰式之可可斯炉，此试验使用千二百启罗格兰姆之鱼。

右干燥用之鱼，切成小片，盐渍七日后，别以盐汁洗涤。堆积一日之后，用摄氏十四五度之温度热之，吊悬于室内，尽二日间止后，堆积经一日换积之。翌朝又行换积，次于摄氏二十一度左右温暖之室内吊悬之。其后再将鱼类堆积一日，又吊悬于干燥内。最后于室内用二十二度至二十五度之温热，约经过二日后，取出鱼类而堆积之。是时制品已为终了。

如上干燥之鱼类，可重四百五十启罗格兰姆，约为厚重（千二百启罗格兰姆）百分之三十七。

上之制品，其外观食味均佳。比之空气干燥之鱼，其特有之香味并未缺少。惟稍含盐味耳。

水 産

那威對於魚類之乾燥

何永昌
錢輔宏 合譯

譯 述

魚類之乾燥允推利用天日風力爲佳然魚類乾燥期中偶逢降雨或霪雨連綿之際。原料價格低賤欲圖製造業之發展不得不裝置人工乾燥法顧人工火力乾燥之魚類無論如何欲與利用天然風日力之乾燥者同其狀態其事極爲困難那威之人工乾燥與天然之競爭尚不可及近年以科學與技術之進步今日稍得達匹敵之狀態

蓋那威適於魚類之乾燥能以極多量魚獲物乾燥而供於市場。故其製品已於百年前流行於全球世界各商埠至今猶不失其聲名焉然蘇格蘭德意志英吉利等於人工的魚類乾燥法之研究告成厥功今大規模之製造於實際已在企圖那威之魚類天然乾燥遂至大起競爭

譯 述

図 3-5 《那威对于鱼类之干燥》，《水产》第一期（1917 年 12 月）

第　一　期

譯述

二

如是之後那威於近來改良從前之乾燥方法又除去人工乾燥法之缺憾熱心努力。參酌他國已經試驗之法及種種考今將使用蘇格蘭式之可可斯爐述其簡單之試驗。

乾燥室用普通二層之倉庫被乾燥物充於二疊之架上而乾燥之此室之廣十呎半。長十六呎高十五呎上層高十一呎窗之一設於屋基之稍上他二窗並設於近架之處使空氣之新鮮者得以充分流通出入也。又魚體卽吊懸於釘釘固定於木板其距離有一定適當之位置全體之設計用簡便之加熱裝置取蘇格蘭式之可可斯爐此試驗使用千二百啓羅格蘭姆之魚。右乾燥用之魚切成小片鹽漬七日後別以鹽汁洗滌堆積一日之後用攝氏十四五度之溫度熱之吊懸於室內儘二日間止後堆積經一日換積之翌朝又行換積次於攝氏二十一度左右溫暖之室內吊懸之其後再將魚堆積一日又吊懸於乾燥內。最後於室內用二十二度至二十五度之溫熱約經過二日後取出魚類而堆積之是時製品已爲終了。如上乾燥之魚類可重四百五十五啓羅格蘭姆約爲厚重（十二百啓羅格蘭姆）百

图 3-6　《那威对于鱼类之干燥》，《水产》第一期（1917 年 12 月）

水　産

分之三十七。上之製品其外觀食味均佳。比之空氣乾燥之魚。其特有之香味並未缺少。惟稍含鹽味耳。

魚皮鞣製法　　陳謀琅譯

魚皮中之可以鞣製者。雖有鮫鱷大鮃鱝鰻鱈鮭鱒等種種。然自品質上及經濟上觀之。當推鮫鱷大鮃等為最適宜。鮫皮質極強韌。適於製靴。其不脫鱗者。可製特種用具。鰻皮有美麗斑紋。可製錢包等物。大鮃之皮背腹部色澤相異。皆可製匣袋。而鮭鱒之皮。雖可製袋匣。然其外觀似易損壞。難得社會歡迎。至其他屬於爬蟲類之龜及永良部之鰻。其皮頗美麗。故得製造珍奇品。至於鱷皮。是世人之所熟知。茲不贅述也。

一　鮫皮鞣製法

鮫魚種類繁多。分布亦廣。故其產額亦甚大。其皮之用途。從來未聞有研究之者。惟製為肥料而已。雖近來有為水膠之原料。未嘗不云鮫魚利用上之一大進步。然仍不知鮫皮之質極緻密而強靭。若鞣製之。得供製造用。其所惜者。未得脫鱗完全方法。往往有鱗跡附著於鞣製時。美中不足。在所難免。雖然鮫革鞣製。今尚未臻完善。以余之研

譯述

三

图3-7 《那威对于鱼类之干燥》,《水产》第一期（1917年12月）

（三）鱼皮鞣制法

陈谋琅　译

本文原载于江苏省立水产学校校友会发行的《水产》第一期，民国六年十二月（1917 年 12 月）

鱼皮中之可以鞣制者，虽有鲛、鳝、大鲆、鳢、鳗、鳕、鲑、鳟等种种，然自品质上及经济上观之，当推鲛、鳝、大鲆等为最适宜。鲛皮质极强韧，适于制靴，其不脱鳞者可制特种用具。鳝皮有美丽斑纹，可制钱包等物。大鲆之皮背腹部，色泽相异，皆可制匣袋。而鲑鳟之皮，虽可制袋匣，然其外观，似易损坏，难得社会欢迎。至其他属于爬虫类之龟及永良部之鳗，其皮颇美丽，故得制造珍奇品。至于鳄皮，是世人之所熟知，兹不赘述也。

一、鲛皮鞣制法

鲛鱼种类繁多，分布亦广，故其产额亦甚大。其皮之用途，从来未闻有研究之者，唯制为肥料而已。虽近来有为水胶之原料，未尝不云鲛鱼利用上之一大进步。然仍不知鲛皮之质极至密而强韧，若鞣制之，得供制造用具，所惜者，未得脱鳞完全方法，往往有鳞迹附着，于鞣制时美中不足，在所难免。虽然鲛革鞣制今尚未臻完善，以余之研究所得，用铬酸（クロ｜ム）二浴法，最为合宜，请申其方法如次。

鞣制法，即取盐藏后之鲛皮，行水渍法约一二日，除去盐粒，投入石灰乳中，约五日取出之。刮其里皮，使无凸凹，后用岛粪石灰液渍之，再以一.五％之硫酸及一五％之食盐，行ビックリング[1]（Picric acid）浸渍法。一时乃至二时，其时鳞之表面，为硫酸所溶解。手触之稍光滑，次用重铬酸钾五％盐酸二.五％之溶液洗涤之，取出堆积于木马上。计一夜，乃以次亚硫酸钠一四％盐酸七％之液中。

---

[1] ビックリング，此处中文意思：苦味酸。

行三时至四时之反复浸渍，使其还元。即在此液中放置一夜，用温汤细加洗涤，更以二％之硼砂洗涤之，然后用橄榄油或蓖麻油四％软石碱二％之溶液涂其表面，张于板上，干燥之可矣。

如斯制就之皮，难以革质稍软，难供诸种袋物之用途，然以之包裹香炉盒及细点心盒等，则尽善矣。

二、鳝皮鞣制法

鳝鱼多栖息于太平洋沿岸岩礁叠积之处，故以日本之三重歌山德岛诸县所产特多。

鳝皮难属无鳞类，然含有多量脂肪。故鞣制时宜先将其脂肪除脱尽净。此皮除却盐粒后，行一星期之石灰渍，取出而强压其里面，将其石灰石碱及脂肪分压出，再用岛粪液再三摩擦其里面，仔细除去石碱及脂肪分，乃入水中洗涤之。浸渍于单宁液中，至鞣制鳝皮所用之单宁剂，据实验以阿仙药为最宜。使用他种单宁剂，恐色泽上有妨碍也。或使用铬酸二浴法，能使皮之固有色泽有褪色之弊，难适合于本皮之鞣制。然用一浴法，必能得良好之结果。所不同者，用铬酸鞣制后，须张在板上以干燥之，而用阿仙药鞣时，仅挂之干燥可矣。

三、大鮃皮鞣制法

大鮃产于日本之北海道及千岛东岸，而以根室近海地方更为饶裕，其体长且大几达六尺。

将原皮投入水中，充分除去盐粒后，施以石灰之浸渍。计十日左右，取出，除去鳞片，用岛粪去其石灰分，再以水洗之，然后行铬酸一浴法鞣制之即可。

大鮃之皮，若施以植物鞣制法鞣制之，其革极坚硬，故不若铬酸鞣法为愈也。

四、鲑皮鞣制法

将原料去盐质后，投诸石灰乳中，时时取出，摩擦其皮面，约计三十日，使易脱鳞。次如常用之法，施以铬酸一浴法，或植物铬酸结合鞣法，后用橄榄油一％软石碱一％之混合物以润泽之可矣。但不可用二浴法及植物鞣制法，盖缘皮易收缩，或革质坚硬，不适于制作也。

五、鳗皮鞣制法

原皮脱盐后，行石灰渍约二星期，次用スリッカ｜[1]刮去鳞片，更强擦皮之里面，除去石灰石碱及脂肪质，再以岛粪液擦之，使脱其脂肪，然后以スマック[2]（Sumach）鞣制之可矣。

鱼类鞣制上之最当记忆者，为于预备工程及鞣液浸渍之初期，不可与以常温以上之热度是也。不然，其皮将全归无用，但鲛皮不在此例。

鳖及永良部鳗，本非属于鱼类，今因便宜记述其鞣制法于本章中。

六、鳖皮鞣制法

赤海鳖及青海鳖之四肢体侧及颈部之皮，亦可利用。即以此等之皮，水渍约十五日，间行石灰渍，易使其表皮剥离，于是取出之。剥其表皮，用刨削其裹面，使无凹凸状。渍入岛粪液中，后行铬酸一浴法，或植物铬酸结合鞣法，即得。但植物鞣法易使其革坚硬，故不可也。

七、永良部鳗皮鞣制法

永良部鳗多产琉球诸岛之近海，斑纹美丽，故适于制造袋物，据实验本皮之鞣制法。欲保存本皮自然之色泽，以铬酸一浴法最为妥当，然以之合于手触及或另加光泽则用スマック[2]（Sumach）法可矣。

（注）铬酸一浴法　铬酸明矾一〇分，温汤八〇分，成为甲液。炭酸曹达二·五—三·五分，水一〇分，混合为乙液。甲液与乙液混合，徐徐搅拌，再加入铬酸明矾一分，可鞣生皮一〇分，当于该液充分鞣之，谓之铬酸一浴法。

スマック[2]法　スマック[2]含有二五—二七％之单宁，即利用此单宁而鞣制，革之薄者最为适当。

---

[1] スリッカ｜，此处中文意思：刮刀。
[2] スマック，此处中文意思：漆树。

水 產

分之三十七。

上之製品其外觀食味均佳比之空氣乾燥之魚其特有之香味並未缺少惟稍含鹽

味耳。

魚皮鞣製法

陳謀琅譯

魚皮中之可以鞣製者雖有鮫鱷大鮃鱧鰻鱈鮭鱒等種種然自品質上及經濟上觀

之當推鮫鱷大鮃等為最適宜鮫皮質極強韌適於製靴其不脫鱗者可製特種用具

鱷皮有美麗斑紋可製錢包等物大鮃之皮背腹部色澤相異皆可製匣袋而鮭鱒之

皮雖可製袋匣然其外觀似易損壞難得社會歡迎至其他屬於爬蟲類之龜及永良

部之鰻其皮頗美麗故得製造珍品至於鱷皮是世人之所熟知茲不贅述也。

一 鮫皮鞣製法

鮫魚種類繁多分布亦廣故其產額亦甚大其皮之用途從來未聞有研究之者惟製

為肥料而已雖近來有為水膠之原料未嘗不去鮫魚利用上之一大進步然仍不知

鮫皮之質極緻密而強靱若鞣製之得供製造用具所惜者未得脫鱗完全方法往往

有鱗跡附着於鞣製時美中不足在所難免雖然鮫革鞣製今尚未臻完善以余之研

譯述

三

图 3-8 《鱼皮鞣制法》,《水产》第一期(1917 年 12 月)

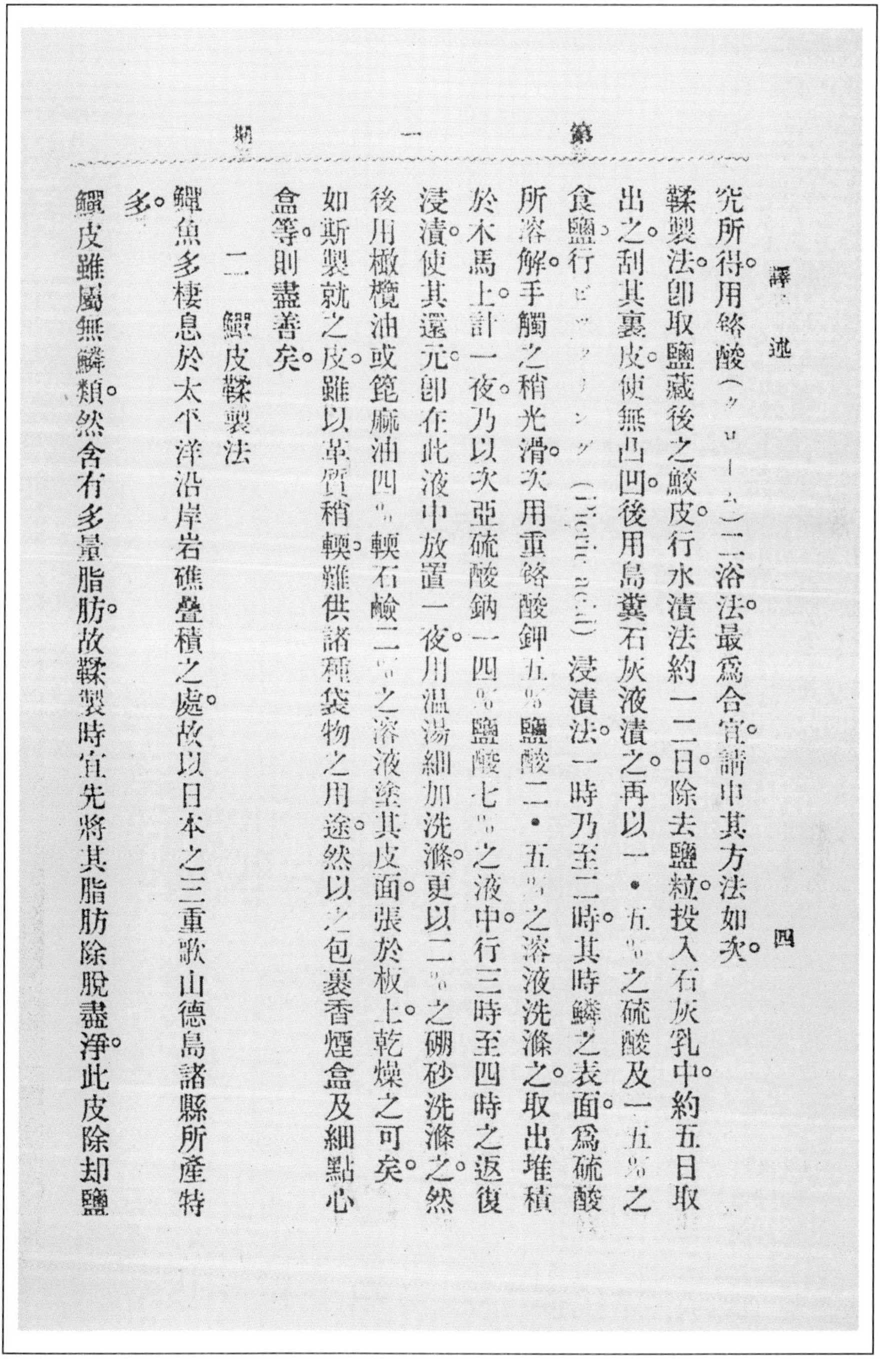

譯述

四

究所得用絡酸（クローム）二浴法最爲合宜請申其方法如次。

鞣製法即取鹽藏後之鮫皮行水漬法約一二日除去鹽粒投入石灰乳中約五日取

出之刮其裏皮使無凸凹後用鳥糞石灰液漬之再以一·五％之硫酸及一五％之

食鹽行ビックリング（Pic'ic acid）浸漬法一時乃至二時其時鱗之表面爲硫酸

所容解手觸之稍光滑次用重絡酸鉀五％鹽酸二·五％之溶液洗滌之取出堆積

於木馬上計一夜乃以次亞硫酸鈉一四％鹽酸七％之液中行三時至四時之返復

浸漬使其還元即在此液中放置一夜用溫湯細加洗滌更以二％之硼砂洗滌之然

後用橄欖油或篦蔴油四％輭石鹼二％之溶液塗其皮面張於板上乾燥之可矣。然

如斯製就之皮雖以革質稍輭雖供諸種袋物之用途然以之包裹香煙盒及細點心

盒等則盡善矣。

二 鱷皮鞣製法

鱷魚多棲息於太平洋沿岸岩礁疊積之處故以日本之三重歌山德島諸縣所產特

多。

鱷皮雖屬無鱗類然含有多量脂肪故鞣製時宜先將其脂肪除脫盡淨此皮除却鹽

图3-9 《鱼皮鞣制法》,《水产》第一期（1917年12月）

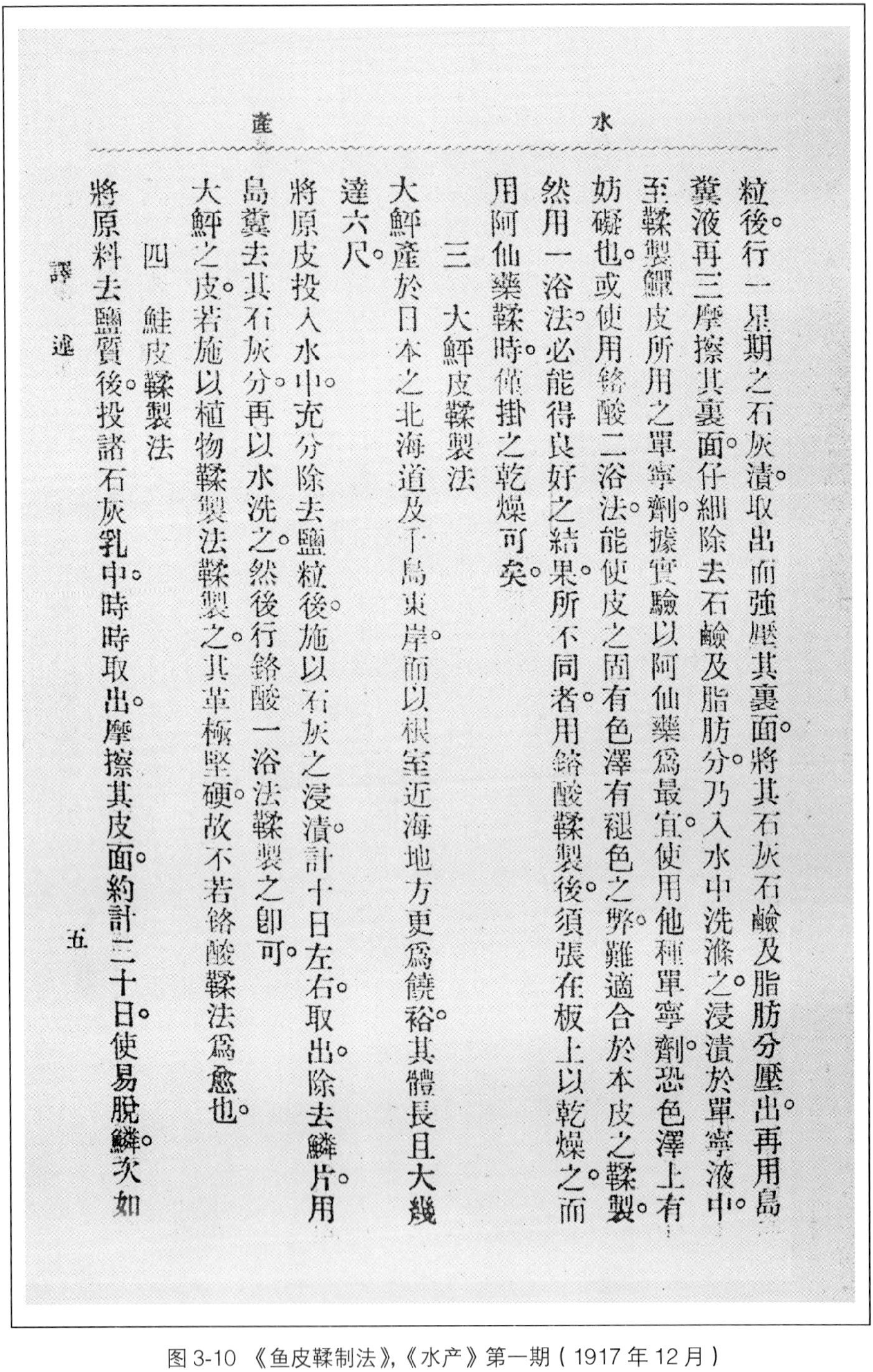

水　產

粒後行一星期之石灰漬。取出而壓其裏面。將其石灰石鹼及脂肪分壓出。再用島

糞液再三摩擦其裏面仔細除去石鹼及脂肪分。乃入水中洗滌之。浸漬於單寧液中。

至鞣製鰭皮所用之單寧劑。據實驗以阿仙藥爲最宜。使用他種單寧劑恐色澤上有

妨礙也。或使用鉻酸二浴法。能使皮之固有色澤有褪色之弊。難適合於本皮之鞣製。

然用一浴法必能得良好之結果。所不同者用鉻酸鞣製後須張在板上以乾燥之。而

用阿仙藥鞣時僅掛之乾燥可矣。

三　大鮃皮鞣製法

大鮃產於日本之北海道及千島東岸。而以根室近海地方更爲饒裕。其體長且大幾

達六尺。

將原皮投入水中充分除去鹽粒後。施以石灰之浸漬。計十日左右。取出除去鱗片。用

島糞去其石灰分。再以水洗之。然後行鉻酸一浴法鞣製之卽可。

大鮃之皮若施以植物鞣製法鞣製之。其革極堅硬。故不若鉻酸鞣法爲愈也。

四　鮭皮鞣製法

將原料去鹽質後。投諸石灰乳中。時時取出摩擦其皮面。約計三十日。使易脫鱗。次如

譯述

五

图 3-10　《鱼皮鞣制法》，《水产》第一期（1917 年 12 月）

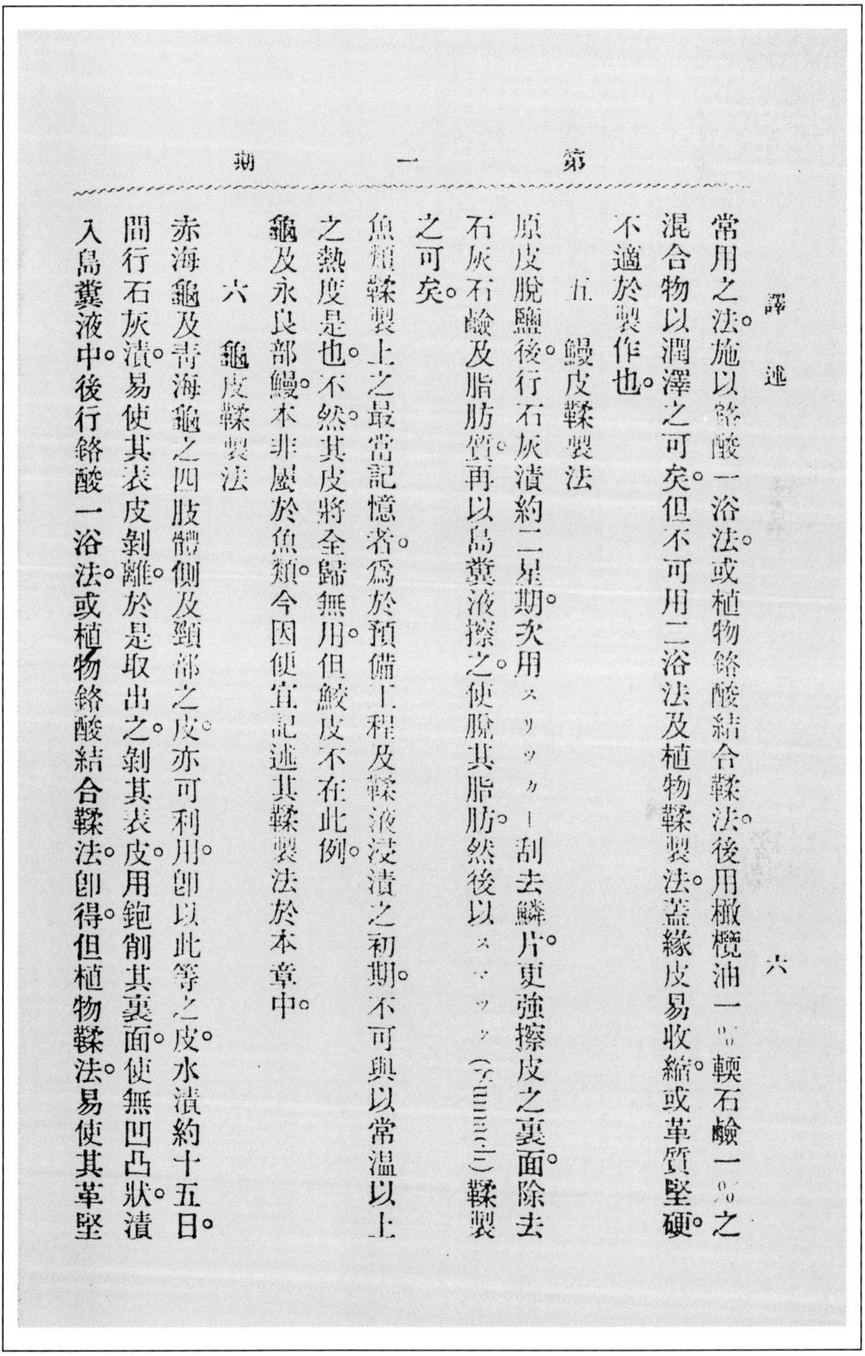

譯述

常用之法施以鉻酸一浴法。或植物鉻酸結合鞣法。後用橄欖油一□輭石鹼一□之

混合物以潤澤之可矣。但不可用二浴法及植物鞣製法。蓋緣皮易收縮。或革質堅硬

不適於製作也。

　五、鰻皮鞣製法

原皮脫鹽後行石灰漬約二星期次用スリツクー刮去鱗片更強擦皮之裏面除去

石灰石鹼及脂肪質再以島糞液擦之使滌其脂肪然後以スツク（Smoke）鞣製

之可矣。

魚類鞣製上之最常記憶者。爲於預備工程及鞣液浸漬之初期。不可與以常溫以上

之熱度是也。不然其皮將全歸無用。但鮫皮不在此例。

龜及永良部鰻本非屬於魚類。今因便宜記述其鞣製法於本章中。

　六、龜皮鞣製法

赤海龜及青海龜之四肢體側及頸部之皮亦可利用。即以此等之皮。水漬約十五日。

間行石灰漬易使其表皮剝離。於是取出之。剝其表皮用鉋削其裏面使無凹凸狀漬

入島糞液中後行鉻酸一浴法。或植物鉻酸結合鞣法。即得但植物鞣法易使其革堅

六

图3-11 《鱼皮鞣制法》，《水产》第一期（1917年12月）

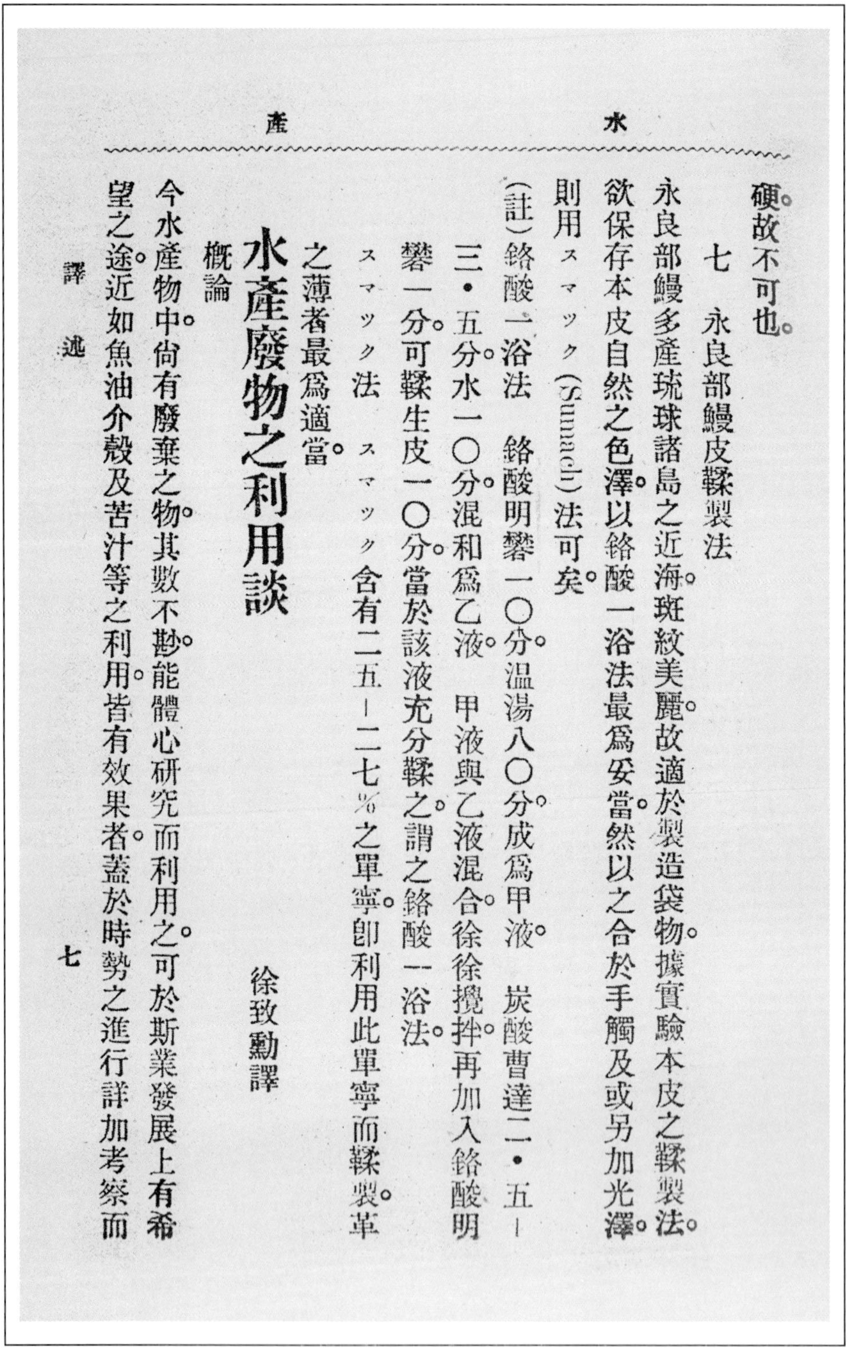

水　　　産

硬。故不可也。

七　永良部鰻皮鞣製法

永良部鰻多産琉球諸島之近海斑紋美麗故適於製造袋物據實驗本皮之鞣製法

欲保存本皮自然之色澤以鉻酸一浴法最爲妥當然以之合於手觸及或另加光澤

則用スマック（Sumach）法可矣

（註）鉻酸一浴法　鉻酸明礬一〇分温湯八〇分成爲甲液　炭酸曹達二・五ー

三・五分水一〇分混和爲乙液　甲液與乙液混合徐徐攪拌再加入鉻酸明

礬一分可鞣生皮一〇分當於該液充分鞣之謂之鉻酸一浴法

スマック法　スマック含有二五ー二七％之單寧卽利用此單寧而鞣製革

之薄者最爲適當

水產廢物之利用談

徐致勳譯

概論

今水產物中尚有廢棄之物其數不尠能體心研究而利用之可於斯業發展上有希

望之途近近如魚油介殼及苦汁等之利用皆有效果者蓋於時勢之進行詳加考察而

譯述

七

图 3-12　《鱼皮鞣制法》,《水产》第一期（1917 年 12 月）

二、《水产》（第二期）（摘选）

南洋水产品之制造法

苏以义

本文原载于江苏省立水产学校校友会发行的《水产》第二期，民国七年十二月（1918 年 12 月）

南洋地处热带，物产丰富，徒以气候炎热，鲜鱼之保存，殊觉困难，故鱼类殆尽制盐煮盐藏盐干及素干等品，以保持于短由二三日迄数周间长至二三月为目的。兹将各地之处理法，记载于左。

一、暹罗鱼类之制法
制造场
制造场由盐藏场盐藏桶安置场釜室及埠桥而成。
埠桥系突出于河中，其长度以水深及地位而有一定，普通约十寸乃至十五寸，宽二寸半乃至五寸，高出水面约一寸之谱。为洗涤鱼类净除污物之用。
盐藏室及釜室熟鱼安置场，均系平屋建成，横狭而纵宽，宽约三丈，其一部为盐藏场，他部即充釜室及安置熟鱼之用。
盐藏桶安置场及贮盐室，宽约三丈。纵倍之，约置盐藏大桶六个，贮盐桶两个。
干燥场约有五方丈至十五方丈之面积，离地二三尺设置竹簀棚架，鱼类即罗列其上。
制造用具，盐藏桶有大小二种。大者径六尺六寸，高二尺六寸余。小者径三尺七寸余，高二尺六寸。
釜则以适容左列各种蒸笼一个或两个为度。
洗涤笼口径八寸，高七寸半，底径九寸余。

运搬笼圆筒形，其口径为一尺六寸，高一尺一寸，缘具二耳。煮熟笼式同运搬笼，而口径则二尺二寸，高一尺七寸余。平笼径一尺七寸，高一寸八分。

处理

该地习惯，于渔获时，即在渔船高揭标号，而于大渔之时，除标号之外，更于船首尾作种种装饰，为招集人夫之用。附近妇女见此即猬集于制造场。此外如常雇工人等，遂作处理之准备。而鱼贩亦以小船前来，颇形繁盛。迨渔船一达埠桥，鱼类即离渔夫之手，而全为工人所运渡。运渡之法，一人持抄入舱，抄取鱼类，授于桥侧之他之一人。此人即以所受之鱼，扬散于桥上，桥上一人即行洗涤，而齐集于埠桥之众妇女，乃取鱼除肠。除肠之法，入手指于鳃盖，将鳃及肠同时拔除之，然后投入箕形筐内，他工人即移送于洗涤场，洗涤夫遂以河水净洗，终乃运往盐藏场。

盐煮品之制法

盐藏桶内先置饱和盐水三四分，乃将自洗涤场运来之鱼入于桶内，更散布少量之盐而搅拌之，至充满而止。其需盐量约百分之二十，然后放置二三小时。一方任煮熟之工人，饱和盐水于釜中而沸煮之，鱼即从桶中取出，移至竹帘上。分别大小，排列于平笼，更沿煮熟笼之内侧，重积成圆形，中央取空，鱼高于笼缘齐，乃加以盖，移至沸腾釜中。约压十分间，去盖扫除中央部空所之污物，加盖再煮五分钟，即可取出，安置于冷却场。至完全冷却后，乃即运往市上。

此种制品，味颇美，方得三四月之保存云。

盐藏品之制法

大鱼须除肠，小鱼或半鱼之时，并不除肠，即行盐藏。至其除肠之法，一如前项所记，用盐量约计百分之三十乃至四十，盐渍三四日后，运后市场，船底敷以藁席，布盐一层，上列盐鱼，再撒少量之盐。如是鱼盐交积，上复蔽以席草。此种制品，多输海外。

盐干品之制法

大鱼当除肠，小者即行盐渍，上加轻压，放置一昼夜，取出，用淡水洗涤，布列帘上，三日间晒干之。鲻石首鱼等，盐渍后放置二三日，凡三四日间晒干之。

以上各种鱼类盐藏时，不问其种类、大小，均混合施行，至晒干二三日，始行区别。鲣鳕鲷鲨等之大者，施脊开法。二日盐渍后，四五日晒干之。

鱼酱油之制造

暹罗酱油，谓之鱼水。盖以鱼类盐藏时一种副产所制成者。制法于盐藏之际，除肠后，并不洗涤，即取其液汁，混以适量之盐，使其发酵，味颇佳，为暹罗人及我国南方人所嗜食云。

二、法属安南盐干鱼之制法

鱼类多制盐干、素干、盐蒸及熏制等。就中盐干及素干为输出品，盐蒸鱼、熏制鱼专销内地。

盐干鱼之制法，先自产地渔获后，即切落头部，脱去肠腑，大者背开，小者即可盐渍。盐渍之法，殊简单，先置食盐于大桶内，乃将净鱼之两面（背开者背部及腹部不开者两侧），插入盐内，然后重渍于他桶中（普通用盐量约百分之二十至三十），二三日取出，曝晒一日，即可送往市场。凡用盐量及干燥之程度，以鱼之种类、节季及销地与嗜好等而异。通常盐少则干燥易充分，盐佳而干燥相当者，价最贵，此与鱼类之贮藏时日关系最大，制造者所极宜留意者也。

鱼油及鱼酱油之制造，制造盐干鱼，得同时制造鱼油。即取集其时切落之头部，煮沸而采取之。所残余之渣滓，并不利用为肥料，即行弃去。

又鱼酱油由鱼类腐败而制取之。

三、菲列宝鱼类之制法

各鱼村概有二三鲜鱼贩商，鱼类渔获后，悉被收买，直接运往各市场售卖，有时不能销罄，乃施盐渍，后再行煮干及素干，或即盐渍，输送需用地。

于马尼剌近傍。寸有我国侨商收买鱼类。大者即行新鲜贩卖，小则为干制盐藏等而发售。在该市附近之白哥生尚有此项水产制造场六十余户。制造熏制煮干盐干等品。贩售于马尼剌及其他各市场,就中熏制品,以前概为土人所经营,而规模极小,其后被我国人所习见,渐次扩充,乃达今日之盛。每场雇佣工人十名至二十名,每年产额凡二百万元乃至四百万元,厂屋虽有大小,通常广三丈长九丈,并有七百方丈内外之干燥场,且备二十个乃至五十个之熏灶,灶以石筑成,高二尺,口径一尺,灶门之下尺许,穿一径寸之小孔,施以栓塞,时时离雄,以通空气,又有深二寸半径一尺四寸之笼五六百个乃至二千个。具深五寸径二尺内外之盖笼如灶数,其他煮熟用大釜及盐渍用箱桶等,亦有数个。干燥场上,筑高三尺幅二尺半之棚,备竹帘及干笼(长二尺半深一寸宽二尺)为鱼类曝干之用。

鳁类熏制法

原料一斗,用盐四升渍入桶内成箱中,上加石压,凡经五六小时,取出,用淡水洗涤后,滴干水湿,熏笼一个,可容大鱼凡七十尾,小者百二十尾之谱,一一列入,而于灶内豫燃锯屑,每灶置笼一个,笼加以盖。时时添投锯屑,经一时间,鱼体变狐褐色,已可供食,乃送市场销售,其价格时有高下,大者一笼三四角至七八角,平均约半元,小者角余至四角,平均约二角半,熏材并不选用别种原料,锯屑多自各本作铺收买而来,惟以消费额巨,用过于供,故各制造场必有一二人专事锯解木屑,以备日熏制之用,斯业之盛,可以推知,此项制造,几终岁不绝,唯七八月极少,而尤以一二三月为最益。

此品在盛夏中于相当时日,亦堪贮藏,然易起腐败云。

熏制之外尚有煮干盐干等,鲜鱼浓厚盐渍后,放置一夜或至二三昼夜,自桶中取出,盐干则即搬至燥场,散布帘上厚约二寸余,曝之。此地以日光之强烈,与空气之流通,干燥极速,而色泽良好,腹部切开,尤为该地之特色,煮干而自桶中取出,后豫于容量一石许之釜中,煮沸淡水,每回投入鱼类四五斗,经二次沸腾后,以抄取出,滴去水湿,稍行冷却,散布干棚帘上晾干之或不经盐渍,即行素干者亦有之。

此项制品专销山间及内地云。

四、荷兰属各岛干鱼之制法

荷属苏门答腊婆罗爪哇各地，渔业不盛，故制造亦甚幼稚。只有少数小规模之制造场，其主要者一二于左。

盐蒸鱼

爪哇北海岸各鱼村，先入少量之水于口经一尺深一尺二三寸之素烧釜中。中央环树竹釜，外周列鱼，上布食盐，再列鱼类，又撒食盐，至满而止。加盖，置于灶上蒸之，每釜不知几许，惟概连土釜脱售。

又有与此法略同而规模较小者，其法于口径六寸深七寸之土素釜内，列鱼一层，其上布盐，乃敷藁草数十本。如此一再安置，达满釜，乃行蒸煮。

盐干鱼

于盐专卖施行地，以盐价昂贵，不堪使用。多于沿岸掘穴，注入海水，利用日热，蒸发浓厚，乃投入鱼类。一如盐水渍，放置数时或一二日后，取出晒干之。

素干

兰领内以盐价高贵，鱼类多制素干。素干之法与他处大异，惟于日干前浸渍海水二三时，俟盐水浸透肉部，而复行日干。然亦并不充分干燥，至鱼肉当具多少之弹力而止。

熏制亦间行于各地，其法煮后徐熏。生熏者亦有之，只堪数日之保存云。

图 3-13　江苏省立水产学校校友会发行的《水产》第二期封面（1918 年 12 月）

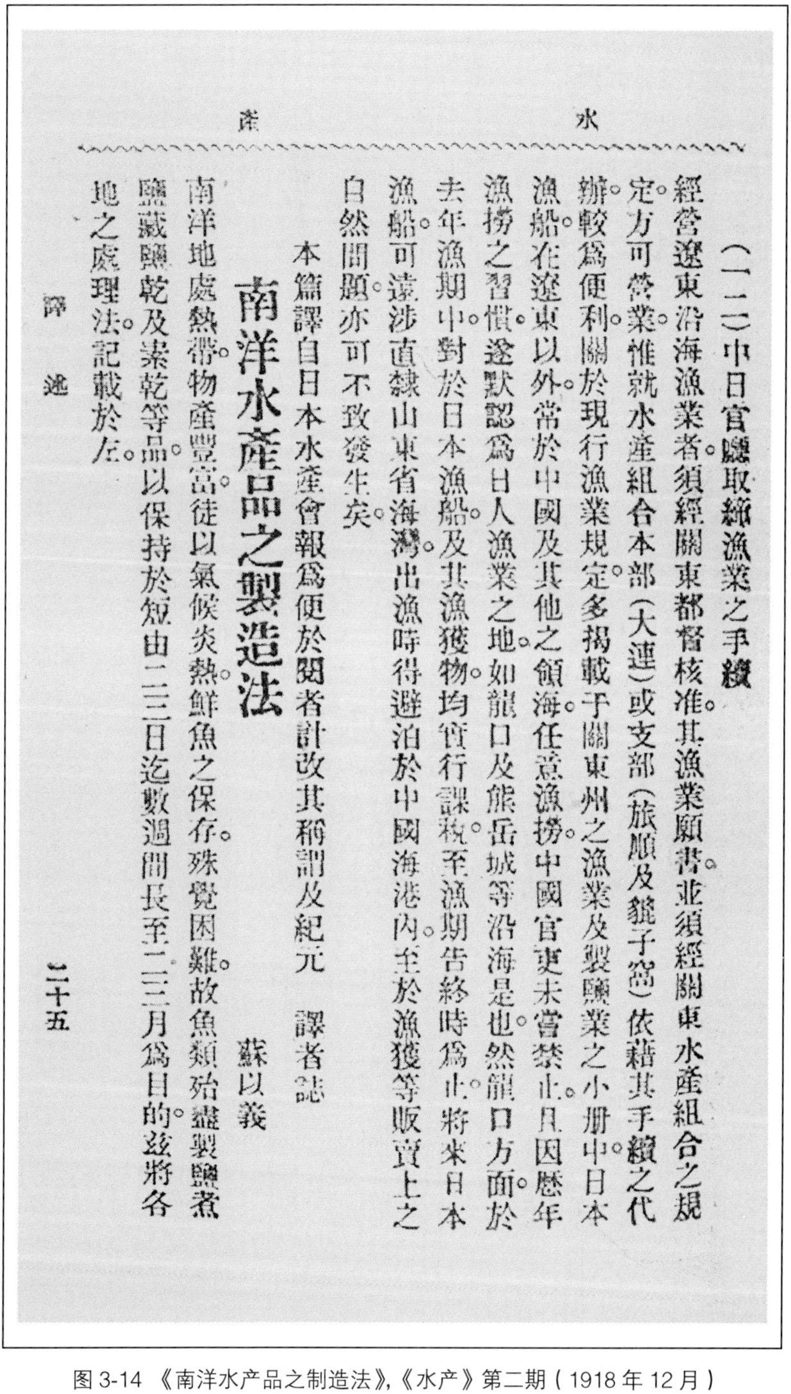

水　產

（二）中日官廳取締漁業之手續

經營遼東沿海漁業者。須經關東都督核准。其漁業願書並須經關東水產組合之規定方可營業惟就水產組合本部（大連）或支部（旅順及貔子窩）依藉其手續之代辦較爲便利關於現行漁業規定多揭載于關東州之漁業及製鹽業之小册中日本漁船在遼東以外常於中國及其他之領海任意漁撈中國官更未嘗禁止且因歷年漁撈之習慣逐默認爲日人漁業之地如龍口及熊岳城等沿海是也然龍口方面於去年漁期中對於日本漁船及其漁獲物均實行課稅至漁期告終時爲止將來日本漁船可遠涉直隸山東省海灣出漁時得避泊於中國海港內至於漁獲等販賣上之自然問題亦可不致發生矣

本篇譯自日本水產會報爲便於閱者計改其稱謂及紀元　譯者誌

南洋水產品之製造法

蘇以義

南洋地處熱帶物產豐富徒以氣候炎熱鮮魚之保存。殊覺困難。故魚類殆盡製鹽煮鹽藏鹽乾及素乾等品以保持於短由二三日迄數週間長至二三月爲目的茲將各地之處理法記載於左。

譯述

二十五

图3-14 《南洋水产品之制造法》，《水产》第二期（1918年12月）

譯述

二十六

（一）暹羅魚類之製法。

製造場。製造場由鹽藏場鹽藏桶安置場釜室及埠橋而成。

埠橋係突出於河中。其長度以水深及地位而有一定。普通約十尊乃至十五尊寬二尊半乃至五尊高出水面約一尊之譜爲洗滌魚類淨除汚物之用。

鹽藏室及釜室熟魚安置場均係平屋建成橫狹而縱寬寬約三丈其一部爲鹽藏場。他部卽充釜室及安置熟魚之川。

鹽藏桶安置場及貯鹽室寬約三丈。縱倍之。約置鹽藏大桶六個貯鹽桶兩個。

乾燥場約有五方丈至十五方丈之面積離地二三尺設置竹簀棚架魚類卽羅列其上。

製造用具鹽藏桶有大小二種。大者徑六尺六寸。高二尺六寸餘。小者徑三尺七寸餘。高二尺六寸。

釜則以適容左列各種蒸籠一個或兩個爲度。

洗滌籠口徑八寸高七寸半底徑九寸餘。

運搬籠圓筒形其口徑爲一尺六寸高一尺一寸緣具二耳煮熟籠式同運搬籠而口

图 3-15　《南洋水产品之制造法》，《水产》第二期（1918 年 12 月）

水　産

譯述

徑則二尺二寸。高一尺七寸餘。平籠徑一尺七寸。高一寸八分。

處理　該地習慣於漁獲時即在漁船高揭標號。而於大漁之時除標號之外更於船

首尾作種種裝飾爲招集人夫之用附近婦女見此即蜎集於製造場。此外如常雇工

人等遂作處理之準備。而魚販亦以小船前來。頗形繁盛造漁船一達埠橋魚類即離

漁夫之手。而全爲工人所受運渡運渡之法一人持抄入艙而齊集於埠橋之衆婦女。

一人即以所受之魚揚散於橋上。橋上一人即行洗滌。而魚授於橋側之他之

乃取魚除腸除腸之法入人手指於鰓將鰓及腸同時拔除之。然後投入箕形筐內他

工人即移送於洗滌場洗滌。夫遂以河水淨洗移運往鹽藏場

鹽藏品之製法　鹽藏桶內先置飽利鹽水三四分。乃將自洗滌場運來之魚入於桶

內更散布少量之鹽而攪拌之。至充滿而止其需鹽量約百分之二十。然後放置二三

小時。一方任煮熟之工人飽和鹽水於釜中而沸煮之。魚即從桶中取出移置竹簾上。

分別大小排列於平籠更沿袈熟籠之內側重積成圓形中央取空魚高與籠緣齊乃

加以善移置沸騰釜中約歷十分間去蓋掃除中央部空所之污物加蓋再煮五分鐘

即可取出安置於冷却場至完全冷却後乃即運往市上。

二十七

图 3-16　《南洋水产品之制造法》，《水产》第二期（1918 年 12 月）

譯 述

二十八

此種製品味頗美方得三四月之保存云。

鹽藏品之製法。大魚須除腸小魚或半魚之時並不除腸即行鹽藏至其除腸之法一如前項所記用鹽量約計百分之三十乃至四十鹽漬三四日逐運後市場船底敷以蓆席布鹽一層上列鹽魚再撒少量之鹽如是魚鹽交積上復蔽以蓆草此種製品多輸海外。

鹽乾品之製法。大魚當除腸小者即行鹽漬上加輕壓放置一晝夜取出用淡水洗滌布列簾上三日間晒乾之鹽石首魚等鹽漬後放置二三日凡三四日間晒乾之。以上各種魚類鹽藏時不問其種類大小均混合施行至晒乾二三日始行區別鹽露鯛鯊等之大者施脊開法二日鹽漬後四五日晒乾之。

魚醬油之製造。暹羅醬油謂之魚類鹽藏時一種副產所製成者製法於鹽藏之際除腸後並不洗滌卽取其液汁混以適量之鹽使其發酵味頗佳為暹羅人及我國南方人所嗜食云。

(二)法屬安南鹽乾魚之製法

魚類多製鹽乾素乾鹽蒸及燻製等就中鹽乾及素乾為輸出品鹽蒸魚燻製魚專銷

图 3-17 《南洋水产品之制造法》,《水产》第二期（1918 年 12 月）

水　產

內地。

鹽乾魚之製法先自產地漁獲後卽切落頭部。脫去腸臍大者背開小者卽可鹽漬

漬之法殊簡單先置食鹽於大桶內。乃將淨魚之兩面。（背開者背部及腹部不開者

兩側）插入鹽內。然後重漬於他桶中。（普通用鹽量約百分之二十至三十）二三

日取出曬曬一日卽可送往市塲。凡用鹽量及乾燥之程度以魚之種類節季及銷地

與嗜好等而異通常鹽少則乾燥易充分鹽佳而乾燥相當者價最貴此與魚類之貯

藏時日關係最大製造者極宜留意者也

魚油及魚醬油之製造製造鹽乾魚得同時製造魚油卽取集其時切落之頭部煮沸

而採取之所殘餘之渣滓並不利用爲肥料卽行棄去

又魚醬油由魚類腐敗而製取之

三菲列賓魚類之製法

各魚村概有二三鮮魚販商魚類漁獲後悉被收買直接運往各市塲售賣有時不能

銷罄乃施鹽漬後再行㬠乾及素乾或卽鹽漬輪送需用地

於馬尼剌近旁專有我國僑商收買魚類大者卽行新鮮販賣小則爲乾製鹽藏等而

評　述

二十九

图3-18　《南洋水产品之制造法》，《水产》第二期（1918年12月）

譯述

三十

發售於該市附近之白哥生尙有此項水產製造場六十餘戶製造燻製燻乾鹽乾等品販售於馬尼剌及其他各市塲就中燻製品以前槪爲土人所經營而規模極小其後被我國人所習見漸次擴充乃達今日之盛每塲雇用工人十名至二十名每年產額凡二百萬元乃至四百萬元廠屋雖有大小通常廣三丈長九丈幷有七百方丈內外之乾燥塲且備二十個乃至五十個之燻灶灶以石築成高二尺口徑一尺四寸下尺許穿一徑寸之小孔施以拴塞時時離雄以通空氣又有深二寸半之灶門之籠五六百個乃至二千個具深五寸徑二尺內外之盖籠如灶數其他资热用大釜及鹽漬用箱桶等亦有數個乾燥塲上築高三尺輻二尺半之棚備竹籤及乾籠（長二尺半深一寸寬二尺）爲魚類曝乾之用。

鰮類燻製法。一原料一斗用鹽四升漬入桶內成箱中。上加石壓凡經五六小時。取出用淡水洗滌後滴乾水濕燻籠一個可容大魚凡七十尾小者百二十尾之譜。一列入而於灶內豫燃鋸屑每灶置籠一個籠加以盖。時時添投鋸屑經一時間。魚體變狐褐色已可供食乃送市塲銷售其價格時有高下大者一籠三四角至七八角平均約半元小者角餘至四角平均約二角半燻材並不選用别種原料鋸屑多自各本作鋪

图 3-19 《南洋水产品之制造法》，《水产》第二期（1918 年 12 月）

水　産

收買而來惟以消費頗巨川過於供各製造場必有一二人專綰解木屑以備每日嶺製之川斯業之盛可以推知此項製造幾終歲不絕唯七八月極少而尤以一二

三月爲最盛。

此品在盛夏中於相當時日。亦壅跎薐然易毗腐敗云。

爆製之外尚有窊乾鹽乾等鮮魚濃厚鹽漬後放置一夜或至一二三畫夜自桶中取出

鹽乾則卽搬至燥塲散布簾上厚約二寸餘曝之此地以日光之強烈與空氣之流通

乾燥頗速。而色澤良好腹部切開尤爲該塊之特色窊乾則自桶中取出後豫於容量

一石許之釜中窊沸淡水每回投入魚類四五斗經二次沸腾後以抄取出滴去水濕

稍行冷卻散布乾棚簾上晒乾之或不經鹽漬卽行素乾者亦有之。

此項製品專銷山間及內地云。

·四荷鹽窊之製法。

荷屬蘇門答臘婆羅爪哇各地漁業不盛散製造亦甚幼稚祇有少數小規模之製造

·塲達其主要者一二於左。

·鹽蒸魚　瓜哇北海岸各魚村先入少量之水於口經一尺深一尺二三寸之素燒釜

譯述

三十一

图 3-20　《南洋水产品之制造法》,《水产》第二期（1918 年 12 月）

譯述

中央環樹竹篷外周列魚上布食鹽再列魚類又撒食鹽至滿而止加蓋置於灶上

蒸之每釜不知幾許概運土釜脫售

又有與此法略同而規模較小者其法於口徑六寸深七寸之土素釜內列魚一層其

上布鹽乃敷藥草數十本如此一再安置達滿釜乃行蒸煮

鹽乾魚於鹽專賣施行地以鹽價昂貴不堪便用多於沿岸掘穴注入海水利用日

熱蒸發退厚乃投入魚類一如鹽水漬放置數時或一二日後取出曬乾之

素乾　闢領內以鹽價高貴魚類多製素乾素乾之法與他處大異惟於日乾前浸漬

海水二三時俟鹽水滲透肉部而復行日乾然亦並不充分乾燥至魚肉常具多少之

彈力而止

燻製亦間行於各地其法爇後徐燻生爇者亦有之祇堪數日之保存云

測定船之位置法

馮寶顥

此法於一八八六年英國 C. Brent 氏始公之於世而以之為航海新法 New N

avigation 然常時尚不適於實用一九○二年英國海軍教授 J-R-Walker 氏

曾著書以說明之其後一九○七年英國海軍教授 Frederick Ball 氏又出版

三十三

图 3-21 《南洋水产品之制造法》，《水产》第二期（1918 年 12 月）

三、《水产》(第三期)(摘选)

(一)干制试验报告

张毓騄

本文原载于江苏省立水产学校校友会发行的《水产》第三期，民国九年九月(1920年9月)

一、螟蜅鲞

试验目的

螟蜅鲞之制法，由来已久，销路至广，惟我国相沿成习，都不注意于制品之改良，故虽行销日广，尚未能受社会之欢迎，且近年以来，日本所制鱿鱼，充斥市场。两相比较，国货每况愈下，销路日滞，外货日增，终非抵制之道，今后根本上着想，厥维先行试验，俟成绩稍佳，再行普及于产地，裨知矜式，顾试验之法，分为数制法防腐等种种，今次试验。系专对于制品之成数，然后再及于改良制法，并保存制品之期限等。以期结果之良好。

试验方法

先将原料置于母氏比重三度盐水中，洗去表面附着之粘液及污物等，取出滴干水湿，秤定重量，乃置于俎板上，以刀直开腹部及头部，除去内脏，复置于前述之三度盐水中，洗涤洁净。而后浸于新制之三度盐水中，十分钟后取出。(其时盐水之度数为二度半失去半度即原料吸收咸度亦为半度量当百分之五)滴干水湿，背部向上，置于帘上而干燥之。自后凡经二时反转一次，至第三日，原料已有八分之干度，乃行掩蒸二日半。掩蒸之法，即用清洁之稻草，将原料平铺于上，再用稻草散布于上面加以轻压，经二日半取出，反复日干之，今将各种重量之变迁表之于次。

掩蒸前重量之变化

号数	生鲜时重量	除内脏后重量	内脏重量	晒后第一日重	晒后第二日重	晒后第三日重
一	11 两	9 两	3 两	6.5 两	4.7 两	3.8 两
二	8.5	6.5	2.5	4.6	3.2	2.2
三	9.5	7	2	4	3	2.7
四	10	7.5	3	5	3.5	2.6
五	9	6.3	2.5	5	3.3	2.4
六	8	6	1.9	3.7	2.4	2.3
七	7.5	6.3	1.2	4.5	3	2.1
八	9	7.5	2	4.7	3.1	2.8
九	8.5	6	2.5	4.5	3.9	2.5
十	9	7.4	2.3	5	3.3	2.6
总重量	5 斤 10 两	4 斤 5.5 两	1 斤 6.9 两	2 斤 15.5 两	2 斤 1.4 两	1 斤 10 两
平均重量	9 两	6.95 两	2.29 两	4.75 两	3.34 两	2.6 两

掩蒸后重量之变化

号数	掩蒸后重	晒后 第一日重	晒后 第二日重	完全 干燥后重
一	7 两	3.8 两	3.1 两	3 两
二	6.1	3	2.8	2.5
三	6.5	3.1	2.9	2.6
四	6.3	2.9	2.7	2.6
五	6.2	2.6	2.5	2.3
六	6.1	2.8	2.5	2.1
七	6	2.7	2.6	2.5
八	5.8	3.1	3	2.8
九	5.6	2.8	2.6	2.3
十	6.3	3	2.9	2.3
总重量	3 斤 13.9 两	1 斤 13.8 两	1 斤 11.6 两	1 斤 9 两
平均重量	6.19 两	2.98 两	2.76 两	2.5 两

注：掩蒸前重量变化，表中原料除内脏后之重量与内脏重量，以生鲜之重量核之，不相符合。即一、二、四、八、十号之鱼体，其重量较之生鲜时溢出，盖除内脏后之鱼体已行洗涤沾濡水分，故重量反形增加也。又三、五、六号之鱼体减少其内脏之重量，盖内脏自鱼体中取出时，每致散失其卵子及卵白等，故较生鲜时重量反形减损也。

掩蒸后重量变化，表中掩蒸后重量，核诸掩蒸前重量为多，是盖原料于掩蒸期中吸收外界水湿之所致。凡干制品施行掩蒸法时，均呈如斯现象。但其增加之重量，约居掩蒸前三分之二。较诸掩蒸常法，应无如此之多。推其原因，盖于掩蒸期中，适遇阴雨连绵之故也。又晒后第一日重量，竟失全量之半，是盖水分均留于表面。内部之水分当掩蒸之后，占量甚少，故虽经一日之干燥，亦能若是之迅速也。

今再将原料与制品相差之成数，即制品对于原料之成数，表之于次。

掩蒸前成数比较表

号数	原料生鲜时重量	原料除内脏后重量	对于生鲜时之成数	内脏重量	内脏对于原料之成数	晒后第一日重量	对于生鲜时之成数	对于除内脏后之成数	晒后第二日重量	对于生鲜时之成数	对于除内脏后之成数	晒后第三日重量	对于生鲜时之成数	对于除内脏后之成数
一	11 两	9 两	8.1 成	3 两	2.7 成	6.5 两	5.9 成	7.2 成	4.7 两	4.3 成	5.2 成	3.8 两	3.4 成	4.2 成
二	8.5	6.5	7.6	2.5	2.9	4.6	5.4	7.1	3.2	3.7	4.9	2.2	2.6	3.4
三	9.5	7	7.4	2	2	4	4.2	6.4	3	3.2	4.3	2.7	2.8	3.8
四	10	7.5	7.5	3	3	5	5	6.6	3.5	3.5	4.6	2.6	2.6	3.4
五	9	6.3	7	2.5	2.8	5	5.5	7.9	3.3	3.6	5.2	2.4	2.7	3.8
六	8	6	7.5	1.9	2.3	3.7	4.6	6.2	2.4	3	4	2.3	2.9	3.8
七	7.5	6.3	8.4	1.2	1.6	4.5	6	7.1	3	4	4.7	2.1	2.8	3.4
八	9	7.5	8.3	2	2.2	4.7	5.2	6.3	3.1	3.4	4.1	2.8	3.1	3.7
九	8.5	6	7.1	2.5	2.9	4.5	5.3	7.5	3.9	4.5	6.5	2.5	3	4.2
十	9	7.4	8.2	2.3	2.5	5	5.5	7.4	3.3	3.6	4.4	2.6	2.9	3.5
总重量或总成数	5斤10两	4斤5.5两	77.1成	1斤6.9两	24.9成	2斤15.5两	52.6成	69.7成	2斤1.4两	36.8成	47.9成	1斤10两	28.8成	37.2成
平均重量或平均成数	9两	6.95两	7.7成	2.29两	2.5成	4.75两	5.3成	7成	3.34两	3.7成	4.8成	2.6两	2.9成	3.7成

注：上表均以四舍五入计算之

掩蒸后成数比较表

号数	掩蒸后重量	对于生鲜时之成数	对于除内脏后之成数	晒后第一日重	对于生鲜时之成数	对于除内脏后之成数	晒后第二日重	对于生鲜时之成数	对于除内脏后之成数	完全干燥后重	对于生鲜时之成数	对于除内脏后之成数
一	7两	6.3	7.6	3.8	3.5	4.2	3.1	2.8	3.4	3	2.7	3.3
二	6.1	7.1	9.4	3	3.5	4.6	2.8	3.3	4.3	2.5	2.9	3.8
三	6.5	6.8	9.3	3.1	3.3	4.4	2.9	3	4.1	2.6	2.7	3.7
四	6.3	6.3	8.4	2.9	2.9	3.8	2.7	2.7	3.6	2.6	2.6	3.4
五	6.2	6.9	9.8	2.6	2.9	4	2.5	2.8	4	2.3	2.5	3.6
六	6.1	7.6	7.6	2.8	3.2	4.6	2.5	3.1	4.1	2.1	2.6	3.5
七	6	8	9.5	2.7	3.6	4.3	2.6	3.4	4.1	2.5	3.3	3.9
八	5.8	6.4	7.7	3.1	3.4	4.1	3	3.3	4	2.8	3.1	3.7
九	5.6	6.6	9.3	2.8	3.3	4.6	2.6	3	4.3	2.3	2.7	3.8
十	6.3	7	8.5	3	3.3	4	2.9	3.2	3.9	2.3	2.5	3
总重量或总成数	3斤13.9两	69	87.1	1斤13.8两	32.9	42.6	1斤11.6两	30.6	39.8	1斤9两	27.6	35.7
平均重量或平均成数	6.19	6.9	8.71	2.98	3.29	4.26	2.76两	3.06	3.98	2.5两	2.76	3.57

制品成数表

号数	原料除肉脏后对于生鲜时之成数	晒后第一日对于生鲜时之成数	晒后第二日对于生鲜时之成数	晒后第三日对于生鲜时之成数	掩蒸后对于生鲜时之成数	晒后第一日对于生鲜时之成数	晒后第二日对于生鲜时之成数	完全干燥后对于生鲜时之成数
一	8.1成	5.9	4.3	3.4	6.3	3.5	2.8	2.7
二	7.6	5.4	3.7	2.6	7.1	3.5	3.3	2.9
三	7.4	4.2	3.2	2.8	6.8	3.3	3	2.7
四	7.5	5	3.5	2.6	6.3	2.9	2.7	2.6
五	7	5.5	3.6	2.7	6.9	2.9	2.8	2.5
六	7.5	4.6	3	2.9	7.6	3.2	3.1	2.6
七	8.4	6	4	2.8	8	3.6	3.4	3.3
八	8.3	5.2	3.4	3.1	6.4	3.4	3.3	3.1
九	7.1	5.3	4.5	3	6.6	3.3	3	2.7
十	8.2	5.5	3.6	2.9	7	3.3	3.2	2.5
平均成数	七成七分	五成三分	三成七分	二成九分	六成九分	三成三分	三成一分	二成七分

一、掩蒸前经过状况

原料经腹开后，除去内脏而秤其重量，各有轻重，其重者都系雌鱼将近产卵之期故也。其于洗涤后干燥，前腹部每致向内弯曲，故将背面向上。经一点钟后，表面已略现干燥，即行反转之。至日没后，即行收藏屋内，平铺于板上而放置之。其时水分已去全重量十分之四，其日干时平均温度为摄氏十八度。第二日出晒后至收藏时，表面已略见干燥。触足等已见干固，重量失去全重十分之六，平均温度二十度。第三日至收藏时，表面已行干固，水分失去全重十分之七，平均温度十八度半。收藏后即行掩蒸。（法见前）第一日掩蒸后，其表面潮湿而柔软，略现白粉状态，室内平均温度十六度。第二日掩蒸后，表面较第一日稍湿，而于肉面之两侧发现浓厚之白粉，背部之背甲、侧部亦稍见白粉，是日平均温度十五度半。第三日上午取出时，白粉全现。背部除背甲表面外，均有散存之白粉。下午即行日干，是日室内平均温度十五度。综录掩蒸时经过状况，为时二日有半，而经过时间内，天气常雨，湿度至高，故室内制品易于吸收湿气也。

二、掩蒸后经过状况

掩蒸后第一日干燥后，已形干固。盖掩蒸时虽易受湿气，而其内面之水分，已全行透出于表面。故第一日干燥后，失去水分较掩藏后遥为减少，失去全重十分之八。是日日干时，温度为二十一度半。第二日干燥后，已完全干固，体形极坚，白粉之发现局部分尚不完全，背部则逊于腹部云，是日日干平均温度二十三度半。

试验结果

一、肉质

本品试验时，除掩蒸时在雨期外，天气至佳，肉质并无变败之现象，惟颈部之眼球，周围在掩蒸之后，稍呈粘性。又肉质当新鲜时，已不肥满，故制品之肉质，亦较薄也。

二、色泽

本品市场之习惯，以白粉发现之浓厚为定评。制品之佳者，肉色淡黄，表面全系白粉，形状亦须整齐。其白粉发现之多少，全恃掩蒸时之适宜与否为准。其所现之白粉，俗名白花。本品试验后，腹部之白粉，略为完全，惟背部则除背甲之两侧外，余则散存，至少其原因一在于干燥程度已过，二当掩蒸时遭逢雨期之故。

三、成数

本品试验后制品之成数，已可窥见一班。即原料除内脏后，实得七成七分。自后依干燥之时间，渐自七成处减至三成。而至掩蒸后，反增至七成。就理论上言之，增加之度数，决无增加如此之大，容俟后日再续行试验。至制品完全干燥后，实得二成七分。较诸普通制品相去不远，惟本品之试验，只为一次，不敢决其余一般制品，而规以本试验之结果，须续行数次之试验而后可。

二、黄鱼鲞

试验目的

黄鱼鲞为盐干品之一种，亦为我国重要之食品。国外之干制品，输入我国者，概无是种制品，惟亦因成法之限制，不克推陈出新，而畅销于全国也。本品试验时，即在马迹校外实习。场中目的，亦以制品及副产物之成数为最初之着手，然后再及于制法保存等。但初次试验时，因盐渍桶之缺乏，致与未试验之鱼体相混，不克告厥成功，自后黄鱼已行缺乏，遂致停滞，至为抱憾，今只以副产物鱼胶之试验记述于此。

甲、鱼胶

试验方法

当原料于鱼体中抽出后，即置于稀薄之明矾水中，洗涤一次。即将附着之黑色网膜，自头部除去之。然后以剪自质薄处垂直剪开，至尾部为止。乃行除去血膜，洗涤洁净，平置于帘上，整理其形状，而后日干之即得。今将重量之变迁，记之于次。

	原料个数	鱼体重量	鱼体除内脏后重量	原料重量	干燥后重量	干燥经过时间	日干时平均温度
第一次试验	10 个	242 两	208 两	8 两	2.5 两	8.5 时	24°
	平均重量	24.2	20.8	0.8	0.25		
第二次试验	10 个	176 两	144 两	5 两	2 两	8 时 10 分	26.5°
	平均重量	17.6	14.4	0.5	0.2		

制品成数表

	名　目	原料对于生鲜鱼体之成数	原料对于鱼体除内脏后之成数	制品对于生鲜鱼体之成数	制品对于鱼体除内脏后之成数	制品对于原料之成数
第一次	总成数	0.33 成	0.38 成	0.104 成	0.12 成	3.1 成
	平均成数	0.033 成	0.038 成	0.0104 成	0.012 成	0.31 成
第二次	总成数	0.28 成	0.34 成	0.11 成	0.14 成	4 成
	平均成数	0.028 成	0.034 成	0.011 成	0.014 成	0.4 成

试验时经过状况

当鱼体抽出鱼鳔后，其洗涤时有二三个原料之头部，已呈破碎状态。盖手术不熟，为其原因之一。而斯时天气渐热，抽出后放置一小时，故头部胶质粗松，易于损坏也。又干燥后，每致屈曲，此乃干燥后鱼胶之特性。凡属片胶，均呈如此现象。

试验结果

本品试验共分二次，观上表试验之结果，稍有差异。是盖由于原料之厚薄，而生其制品之成数，对于原料第一次为三成一分，第二次为四成，以二次平均之，则为三成五分五。对于鱼体之成数，则遥为减少，第一次仅得百分之一余，第二次亦如之，须后日续行试验数次，或可得正确之成数欤。

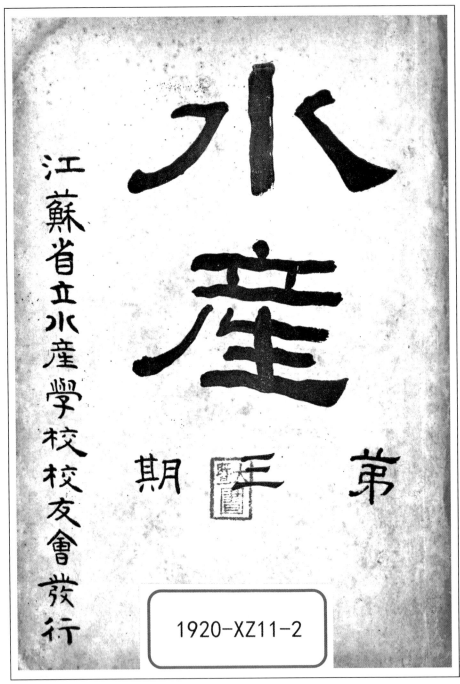

图 3-22　江苏省立水产学校校友会发行的《水产》第三期封面（1920 年 9 月）

水　　　産

各地所用之秤多係天平或亦有用他種者視賣客之信用而變更若賣主資本豐富不

急求售而行家適有買客時或賣客有貨甚多而市上適非常缺少時則行家因他種利

益關係亦能以較小之秤委曲求全也至若賣價較市價低廉之際亦得用小秤。

除上述賣貨法外尚可直接賣與行家而不抽佣金者惟必須有下列條件之一

（一）賣價較市價廉。

（二）市上尚無一定價格而賣價較行家預料之將來市價低廉。

（三）有其他特別關係。

再售貨時賣價與製品之大小頗有關係市價係就最大之項白或頂圓而言若大白、大

中中白建片或大圓大中中圓小圓必較市價遞小大洋二角也。

乾製試驗報告

張毓驤

一　螶蛹鯗

試驗目的

螶蛹鯗之製法由來已久銷路至廣惟我國相沿成習都不注意於製品之改良故雖行

成績

三十三

图 3-23　《干制试验报告》，《水产》第三期（1920 年 9 月）

成績

三十四

銷日廣尚未能受社會之歡迎且近年以來日本所製鯣魚充斥市場兩相比較國貨每況愈下銷路日滯外貨日增終非抵制之道今從根本上着想歐維先行試驗俟成績稍佳再行普及於產地裨知秤式顧試驗之法分成數製法防腐等種種今次試驗係專對於製品之成數然後再及於改良製法并保存製品之期限等以期結果之良好

試驗方法

先將原料置於母氏比重三度鹽水中洗去表面附着之粘液及污物等取出滴乾水滲秤定重量乃置於俎板上以刀直開腹部及頭部除去內臟復置於前述之三度鹽水中洗滌潔淨而後浸於新製之三度鹽水中十分鐘後取出（其時鹽水之度數爲二度半失去半度刓原料吸收鹹度亦爲半度量當百分之五）滴乾水滲背部向上置於簾上而乾燥之自後凡經二時反轉一次至第三日原料已有八分之乾度乃行掩蒸二日半掩蒸之法即用清潔之稻草將原料平鋪於上再用稻草散布於上面加以輕壓經二日半取出反覆日乾之今將各種重量之變遷表之於次

掩蒸前重量之變化

图 3-24　《干制试验报告》,《水产》第三期（1920 年 9 月）

產　　　　　　　　水

號數	生鮮時重量	除內臟後重量	內臟重量	第一曬日後重	第二曬日後重	第三曬日後重	掩蒸後重量之變化 第二曬日後重	完全乾燥後重	
一	11 兩	9 兩	3 兩	6.5 兩	4.7 兩	3.8 兩	3.1 兩	3 兩	成績
二	8.5	6.5	2.5	4.6	3.2	2.2	2.8	2.5	
三	9.5	7	2	4	3	2.7	2.9	2.6	
四	10	7.5	3	5	3.5	2.6	2.7	2.6	
五	9	6.3	2.5	5	3.3	2.4	2.5	2.3	
六	8	6	1.9	3.7	2.4	2.3	2.5	2.1	
七	7.5	6.3	1.2	4.5	3	2.1	2.6	2.5	
八	9	7.5	2	4.7	3.1	2.8	3	2.8	
九	8.5	6	2.5	4.5	3.9	2.5	2.6	2.3	
十	9	7.4	2.3	5	3.3	2.6	2.9	2.3	三十五
總重量	斤兩 5 10	斤兩 4 5.5	斤兩 1 6.9	斤兩 2 15.5	斤兩 2 1.4	斤兩 1 10	斤兩 1 11.6	斤兩 1 9	
重量平均	兩 9	兩 6.95	兩 2.29	兩 4.75	兩 3.34	兩 2.6	兩 2.76	兩 2.5	

图 3-25 《干制试验报告》,《水产》第三期（1920 年 9 月）

第　三　期

成績

號數	掩蒸後重量	蒸後第一日重量
一	兩 7	兩 3.8
二	6.1	3
三	6.5	3.1
四	6.3	2.9
五	6.2	2.6
六	6.1	2.8
七	6	2.7
八	5.8	3.1
九	5.6	2.8
十	6.3	3
總重量	斤兩 3 13.9	斤兩 1 13.8
平均重量	兩 6.19	兩 2.98

三十六

註

掩蒸前重量變化表中原料除內臟後之重量與內臟重量以生鮮之重量核之不相符合即一二四八十號之魚體之魚體已行洗滌沾濡水分故重量反形增加也又三五六號之魚體減少其內臟之重量蓋內臟自魚體中取出時每致散失其卵子及卵白等。故較生鮮時重量反形減損也。

掩蒸後重量變化表中掩蒸後重量核諸掩蒸前重量為多是蓋原料於掩蒸期中吸收外界水溼之所致凡乾製品施行掩蒸法時均呈如斯現象但其增加之重量約居掩蒸前三分之二較諸掩蒸常法應無如此之多推其原因蓋於掩蒸期中適遇陰雨連綿之故也又曬後第一日重量竟失全量之半是蓋

图 3-26 《干制试验报告》,《水产》第三期（1920 年 9 月）

產　　　　　水

之內對成臟於數後除	量二曬日後重第	成鮮對數時於之生	之內對成臟於數後除	量三曬日後重第	成鮮對數時於之生	之內對成臟於數後除
成 7.2	兩 4.7	成 4.3	成 5.2	兩 3.8	成 3.4	成 4.2
7.1	3.2	3.7	4.9	2.2	2.6	3.4
6.4	3	3.2	4.3	2.7	2.8	3.8
6.6	3.5	3.5	4.6	2.6	2.6	3.4
7.9	3.3	3.6	5.2	2.4	2.7	3.8
6.2	2.4	3	4	2.3	2.9	3.8
7.1	3	4	4.7	2.1	2.8	3.4
6.3	3.1	3.4	4.1	2.8	3.1	3.7
7.5	3.9	4.5	6.5	2.5	3	4.2
7.4	3.3	3.6	4.4	2.6	2.9	3.5
成 69.7	斤 2 兩 1.4	成 36.8	成 47.9	斤 1 兩 10	成 28.8	成 37.2
成 7	兩 3.34	成 3.7	成 4.8	兩 2.6	成 2.9	成 3.7

成績

三十七

今再將原料與製品相差之成數。即製品對於原料之成數表之於次。

掩蒸前成數比較表

水分均留於表面。內部之水分當掩蒸之後佔量甚少。故雖經一日之乾燥亦能若是之迅速也。

图 3-27　《干制试验报告》,《水产》第三期（1920 年 9 月）

第三期　成績

号数	生鮮原料時重量	除去內臟後原料重量	生鮮時之成數	內臟重量	對原料內臟成數	第一曬日後重量	生鮮時對之成數
一	兩 11	兩 9	成 8.1	兩 3	成 2.7	兩 6.5	成 5.9
二	8.5	6.5	7.6	2.5	2.9	4.6	5.4
三	9.5	7	7.4	2	2	4	4.2
四	10	7.5	7.5	3	3	5	5
五	9	6.3	7	2.5	2.8	5	5.5
六	8	6	7.5	1.9	2.3	3.7	4.6
七	7.5	6.3	8.4	1.2	1.6	4.5	6
八	9	7.5	8.3	2	2.2	4.7	5.2
九	8.5	6	7.1	2.5	2.9	4.5	5.3
十	9	7.4	8.2	2.3	2.5	5	5.5
總重量或總成數	斤兩 5 10	斤兩 4 5.5	成 77.1	斤兩 1 6.9	成 24.9	斤兩 2 15.5	成 52.6
平均重量或平均成數	兩 9	兩 6.95	成 7.7	兩 2.29	成 2.5	兩 4.75	成 5.3

註　上表均以四捨五入計算之

庵蒸後成數比較表

三十八

图 3-28　《干制试验报告》,《水产》第三期（1920 年 9 月）

產　　　　　　水

	之內對成臟於數後除	一曬日後重第	成鮮對數時於之生	之內對成臟於數後除	二曬日後重第	成鮮對數時於之生	之內對成臟於數後除	燥完後全重乾	成鮮對數時於之生	之內對成臟於數後除
成績	7.6	3.8	3.5	4.2	3.1	2.8	3.4	3	2.7	3.3
	9.4	3	3.5	4.6	2.8	3.3	4.3	2.5	2.9	3.8
	9.3	3.1	3.3	4.4	2.9	3	4.1	2.6	2.7	3.7
	8.4	2.9	2.9	3.8	2.7	2.7	3.6	2.6	2.6	3.4
	9.8	2.6	2.9	4	2.5	2.8	4	2.3	2.5	3.6
	7.6	2.8	3.2	4.6	2.5	3.1	4.1	2.1	2.6	3.5
	9.5	2.7	3.6	4.3	2.6	3.4	4.1	2.5	3.3	3.9
	7.7	3.1	3.4	4.1	3	3.3	4	2.8	3.1	3.7
三十九	9.3	2.8	3.3	4.6	2.6	3	4.3	2.3	2.7	3.8
	8.5	3	3.3	4	2.9	3.2	3.9	2.3	2.5	3
	87.1	斤兩 1 13.8	32.9	42.6	斤兩 1 11.6	30.6	39.8	斤兩 1 9	27.6	35.7
	8.71	2.98	3.29	4.26	2.76	3.06	3.98	兩 2.5	2.76	3.57

图 3-29　《干制试验报告》,《水产》第三期（1920 年 9 月）

第 三 期

成績 ……………………………………………………………………………………… 四十

製品成數表

號數	掩蒸重量後（兩）	成鮮對於生時數	完全乾燥後對於生鮮時之成數	曬後第二日對於生鮮時之成數	曬後第一日對於生鮮時之成數	掩蒸後對於生鮮時之成數	曬後第三日對於生鮮時之成數	曬後第二日對於生鮮時之成數
一	7	6.3	2.7	2.8	3.5	6.3	3.4	4.3
二	6.1	7.1	2.9	3.3	3.5	7.1	2.6	3.7
三	6.5	6.8	2.7	3	3.3	6.8	2.8	3.2
四	6.3	6.3	2.6	2.7	2.9	6.3	2.6	3.5
五	6.2	6.9	2.5	2.8	2.9	6.9	2.7	3.6
六	6.1	7.6	2.6	3.1	3.2	7.6	2.9	3
七	6	8	3.3	3.4	3.6	8	2.8	4
八	5.8	6.4	3.1	3.3	3.4	6.4	3.1	3.4
九	5.6	6.6	2.7	3	3.3	6.6	3	4.5
十	6.3	7	2.5	3.2	3.3	7	2.9	3.6
總重量或總成數	斤兩 3 13.9	6 9	二成七分	三成一分	三成三分	六成九分	二成九分	三成七分
均量平成或均重數平	6.19	6.9						

图 3-30 《干制试验报告》,《水产》第三期（1920 年 9 月）

水　產

號數	原料除去內臟後對於生鮮時之成數	曬後第一日之對於生鮮時之成數
一	8.1	5.9
二	7.6	5.4
三	7.4	4.2
四	7.5	5
五	7	5.5
六	7.5	4.6
七	8.4	6
八	8.3	5.2
九	7.1	5.3
十	8.2	5.5
平均成數	七成七分	五成三分

一　掩蒸前經過狀況

原料經腹開後。除去內臟而秤其重量。各有輕重其重者都係雌魚將近產卵之期故也。

其於洗滌後乾燥。前腹部每致向內彎曲故將背面向上。經一點鐘後表面已略現乾燥。即行反轉之。至日沒後即行收藏屋內平鋪於板上而放置之。其時水分已去全重量十分之四。其日乾時平均溫度為攝氏十八度第二日出曬後至收藏時表面已略見乾燥

觸足等已見乾固重量失去全重十分之六平均溫度二十度第三日至收藏時表面已

行乾固。水分失去全重十分之七平均溫度十八度半收藏後即行掩蒸（法見前）第一

日掩蒸其表面潮溼室內平均溫度十六度第二日掩蒸後表

面較第一日稍潤。而於肉面之兩側發現濃厚之白粉背部之背甲側部亦稍見白粉。見

成績

四十一

图 3-31 《干制试验报告》,《水产》第三期（1920 年 9 月）

成績

日平均溫度十五度半第三日上午取出時白粉全現背部除背甲表面外均有散存之

白粉下午卽行日乾是日室內平均溫度十五度綜錄掩蒸時經過狀況爲時二日有半。

而經過時間內天氣常雨溼度至高故室內製品易於吸受溼氣也。

二掩蒸後經過狀況

掩蒸後第一日乾燥後已形乾固蓋掩蒸時雖易受溼氣而其內面之水分已全行透出

於表面故第一日乾燥後失去水分較掩蒸後遙爲減少失去全重十分之八是日日乾

時。溫度爲二十一度半第二日乾燥後已完全乾固體形極堅白粉之發現局部尙不

完全背部則遙於腹部云是日日乾平均溫度二十三度半。

四十二

試驗結果

一．肉質　本品試驗時除掩蒸時在雨期外天氣至佳肉質並無變敗之現象惟頭部之

眼球周圍在掩蒸之後稍呈粘性又肉質當新鮮時已不肥滿故製品之肉質亦較薄也

二．色澤　本品市場之習慣以白粉發現之濃厚爲定評製品之佳者肉色淡黃表面全

係白粉形狀亦須整齊其白粉發現之多少全恃掩蒸時之適宜與否爲準其所現之白

粉俗名白花本品試驗後腹部之白粉略爲完全惟背部則除背甲之兩側外餘則散存

图 3-32 《干制试验报告》，《水产》第三期（1920 年 9 月）

產　　　　　水

至少其原因一在於乾燥程度已過二當掩蒸時遭逢雨期之故

三成數　本品試驗後製品之成數已可窺見一班即原料除內臟後實得七成七分自

後依乾燥之時間漸自七成遞減至三成而至掩蒸後反增至七成就理論上言之增加

之度數決無增加如此之大容俟後日再續行試驗至製品完全乾固後實得二成七分。

較諸普通製品相去不遠惟本品之試驗祇為一次不敢決其餘一般製品而規以本試

驗之結果須續行數次之試驗而後可。

二．黃魚鯗

試驗目的

黃魚鯗為鹽乾品之一種亦為我國重要之食品國外之乾製品輸入我國者概無是種

製品惟亦因成法之限制不克推陳出新而暢銷於全國也本品試驗時即在馬蹟校外

實習場中目的亦以製品及副產物之成數為最初之着手然後再及於製法保存等但

初次試驗時因鹽漬桶之缺乏致與未試驗之魚體相混不克告厥成功自後黃魚已行

缺乏遂致停滯至為抱憾今祇以副產物魚膠之試驗記述於次。

甲．魚膠

成績

四十三

图 3-33 《干制试验报告》,《水产》第三期（1920 年 9 月）

成績

試驗方法

當原料於魚體中抽出後。即置於稀薄之明礬水中洗滌一次。即將附著之黑色網膜。自頭部除去之。然後以剪自質薄處垂直剪開。至尾部為止。乃行除去血膜。洗滌潔淨平置於簾上整理其形狀。而後日乾之。即得今將重量之變遷記之於次。

四十四

第三期

第一次試驗

原料個數	魚體重量	魚體除內臟後重量	原料重量	乾燥後重量	乾燥經過時間	日乾時平均溫度
個 10	兩 242	兩 208	兩 8	兩 2.5	時 8.5	24°
平均重量	24.2	20.8	0.8	0.25		

第二次試驗

原料個數	魚體重量	魚體除內臟後重量	原料重量	乾燥後重量	乾燥經過時間	日乾時平均溫度
個 10	兩 176	兩 144	兩 5	兩 2	時 8. 分 10	26.5°
平均重量	17.6	14.4	0.5	0.2		

图 3-34　《干制试验报告》,《水产》第三期（1920 年 9 月）

水 産

製品成數表

名目	魚原體料之對成於數生鮮	內原臟料後對之於成魚數體除	魚製體品之對成於數生鮮	內製臟品後對之於成魚數體除	製品對於原料之成數	第一次
總成數	成0.33	成0.38	成0.104	成0.12	成3.1	
平均成數	成0.033	成0.038	成0.0104	成0.012	成0.31	

名目	魚原體料之對成於數生鮮	內原臟料後對之於成魚數體除	魚製體品之對成於數生鮮	內製臟品後對之於成魚數體除	製品對於原料之成數	第二次
總成數	成0.28	成0.34	成0.11	成0.14	成4	
平均成數	成0.028	成0.034	成0.011	成0.014	成0.4	

試驗時經過狀況

當魚體抽出魚鰾後其洗滌時有二三個原料之頭部已呈破碎狀態蓋手術不熟爲其原因之一。而斯時天氣漸熱。抽出後放置一小時故頭部膠質粗鬆易於損壞也。又乾燥後每致屈曲此乃乾燥後魚膠之特性凡屬片膠均呈如此現象。

成績

四十五

图 3-35 《干制试验报告》,《水产》第三期（1920 年 9 月）

期　　　三　　　第

成　績　　　　　　　　　　　　四十六

試驗結果

本品試驗共分二次。觀上表試驗之結果稍有差異。是蓋由於原料之厚薄而生其製品之成數對於原料第一次爲三成一分第二次爲四成以二次平均之則爲三成五分五。對於魚體之成數則遙爲減少第一次僅得百分之一餘第二次亦如之須後日續行試驗數次或可得正確之成數歟。

黃花魚鹽藏試驗

陳廷煕

一．試驗目的

黃花魚爲吾蘇大宗魚類其鹽藏品占吾蘇所出水產鹽藏品之第一位。是於蘇省水產界上之位置可知。至其鹽藏法則甚屬簡單魚與鹽相和而已。一般漁夫固已早有經驗。無庸再爲研究惜彼等經驗悉屬模糊而欠正確爰爲是項試驗以備將來之參考其目的有三。

（一）鹽量試驗　藉以知鹽量究與製品有何種關係

（二）保存試驗　藉以知保存期間與用鹽量之關係

（三）減量試驗　藉以供成本計算時之參考

图 3-36 《干制试验报告》，《水产》第三期（1920 年 9 月）

（二）黄花鱼盐藏试验

陈廷煦

本文原载于江苏省立水产学校校友会发行的《水产》第三期，民国九年九月（1920 年 9 月）

一、试验目的

黄花鱼为吾苏大宗鱼类，其盐藏品占吾苏所出水产盐藏品之第一位，是于苏省水产界上之位置可知。至其盐藏法，则甚属简单，鱼与盐相和而已。一般渔夫固已早有经验，无庸再为研究，惜彼等经验悉属模糊而欠正确。爰为是项试验，以备将来之参考，其目的有三。

（一）盐量试验　　藉以知盐量究与制品有何种关系

（二）保存试验　　藉以知保存期间与用盐量之关系

（三）减量试验　　藉以供成本计算时之参考

二、原料

以渔捞科对船渔获者为原料，距渔获时间约二日。

三、试验方法

照普通方法，鱼与盐相和，并无何等特殊之点，惟其时曾留意与食盐之平均附着鱼体，用盐量分二种。

甲种　用一成盐

乙种　用成半盐

如是盐渍后三日，再以甲乙二种各分为二，续加半成盐于其一，而以其余者干贮之。兹列表如左。

甲种 { （一）续加半成盐后复与盐液贮器中
　　　（二）离去盐液即行干贮

乙种 { （一）以半成盐渍附鱼体后复入器中贮之
　　　（二）离去盐液而干贮之

四、经过情形

月日	四月十三日	十五日	十七日	二十日	二十四日	二十七日	五月一日	三日	七日	十日	十四日	二十日
甲种（一）	着手试验	鱼体之鲜丽黄色略有褪去尚不失外观	色更变浓并无他变	略发腥臭	盐液较前稍变腥臭加甚	除前记诸象略行加甚外鱼体周围略带粘性	粘性较前更甚目力亦能辨识有白色粘液之存在	粘层前为白色自今日起变为黄色	黄色变浓	黄色粘液苑若糊状几与腐败马铃薯之表面同	黄色糊状物满布全体厚达分余发臭甚烈	所发之臭远达五丈
甲种（二）	同上	同上	同上	尚无上项臭味	略有腥臭	亦有粘液存在粘性尚弱	同上	同上	同上	一切形态与上项同惟层较薄	发臭较上稍弱黄色粘层厚亦盈分	发臭又烈
乙种（一）	同上	同上	同上	毫无变化	腥臭亦稍现	盐液变腥臭稍甚	粘性亦略现	粘性稍强	同前	粘层之存在目力亦可辨识	粘层由白转黄	与五月七日检查之甲种（一）模样相同但臭气更强
乙种（二）	同上	同上	同上	同上	同上	仍如前样	腥臭发现尚弱	腥臭加甚	同前	腥臭如前	粘气虽无发现周身枯稿异常外观亦劣	臭味甚盛可隐盖盖腥臭
备注					甲种（二）更强		甲种（一）较甲种（二）外观见劣					

附注

1. 气候之寒暖对于保存上有密切关系。四月十三日至五月二十日之气候，另有气象报告，故不录。

2. 行细菌检查后，知粘液之生成。主由一种双球菌，因细菌报告已详载，故亦不再细述。

上记系保存之经过，其间与盐量亦颇有关系，兹更就盐量对于风味之关系，据四月十九日之试食，得经过如下：

甲种味适，尚不失原来之风味。

乙种之味过咸，似不适口。

所举系十人中七人之批评，惟批评者皆苏省人，烹调用调味料，仅酱油一种。至其减量，则无论何种，皆自十二斤减至十斤四量。

五、试验结果

关于盐量者

（一）据一般之批评，用一成乃至成半盐者，制品风味最为佳良。

（二）较上稍多，则咸味过强，致失原来之良美风味；较上而少，则鱼带腥臭，亦难博食客之欢迎。

关于保存者

（一）盐渍后干贮者，保存力较大，附有盐液者，保存力较小，据经过情形，附有盐液者，即需用半成盐。其效力仍与少用半成盐之干贮者，殆相类似。

（二）用一成盐而干贮者，或用半成盐而带液者，皆经一星期而发腥臭，二星期后发生粘液，即不能供普通用，此后逐渐变腐。

（三）用二成盐而带液者，经十八日始发粘性，而不可供普通用。用成半盐而干贮者，则达四星期而尚不发粘。

（四）据此次试验结果，亦可知盐量愈多，保存力愈大，更可知保存效果。适与制品风味相反对。（除盐量过少时）

关于减量者

（一）百斤之鱼盐渍后，连同所用之盐约减至八十斤，故计算上尽可作盐鱼量为鲜鱼量之八〇％。

关于其他者

（一）据本次试验鱼经盐渍后，原有之美丽黄色将尽褪，然普通渔夫所用之法则不然，皆属灿烂可爱。按之今次方法，与普通稍异者，惟在彼则闷置舱内，我则露放钵中，是可知黄色之褪存，与空气大有关系，留意制品外观者，于此点不可不加注意焉。

成績

四十六

試驗結果

本品試驗共分二次觀上表試驗之結果稍有差異是蓋由於原料之厚薄而生其製品之成數對於原料第一次爲三成一分第二次爲四成以二次平均之則爲三成五分五。對於魚體之成數則遙爲減少第一次僅得百分之一餘第二次亦如之須後日續行試驗數次或可得正確之成數歟。

黃花魚鹽藏試驗

陳廷煦

一．試驗目的

黃花魚爲吾蘇大宗魚類其鹽藏品占吾蘇所出水產鹽藏品之第一位是於蘇省水產界上之位置可知。至其鹽藏法則甚屬簡單魚與鹽相和而已一般漁夫固已早有經驗。無庸再爲研究惜彼等經驗悉屬模糊而欠正確爰爲是項試驗以備將來之參考其目的有三。

（一）鹽量試驗　藉以知鹽量究與製品有何種關係

（二）保存試驗　藉以知保存期間與用鹽量之關係

（三）減量試驗　藉以供成本計算時之參考

图 3-37 《黃花鱼盐藏试验》，《水产》第三期（1920 年 9 月）

水　　　　　　產

二·原料

以漁撈科對船漁獲者爲原料距漁獲時間約二日。

三·試驗方法

照普通方法。魚與鹽相和。並無何等特殊之點惟其時曾留意於食鹽之平均附著魚體。

用鹽量分二種。

甲種　用一成鹽

乙種　用成半鹽

如是鹽漬後三日再以甲乙二種各分爲二續加半成鹽於其一而以其餘者乾貯之兹列表如左。

甲種{（一）續加半成鹽後復與鹽液貯器中
　　　{（二）離去鹽液卽行乾貯

乙種{（一）以半成鹽漬附魚體後復入器中貯之
　　　{（二）離去鹽液而乾貯之

成績

四十七

图 3-38　《黄花鱼盐藏试验》,《水产》第三期（1920 年 9 月）

第　三　期

四十八

月日	甲種（一）	甲種（二）	乙種（一）	乙種（二）	備註
四月十三日	著手試驗	同	同	同	
十五日	魚體之鮮麗黃色略有褪去尚不失外觀	同	同	同	上
十七日	色更變淡並無他變	同	上	同	上
二十日	略發腥臭	毫無上項臭味	腥臭亦稍現	同	上
二十四日	鹽液較前稍濁腥	略起腥臭	鹽液變甚腥臭甚	仍如前樣	甲種（二）較強
二十七日	除頭記號現象略行加甚外魚體周圍	亦有粘液存在性稍弱	腥臭識稍甚	腥臭發現尚弱	甲種（二）乙種（二）外觀較見劣
五月一日	粘液之存在略更甚色粘亦能辨前黃色自白	同	同	同	上
三日	力起變帶黃色今形前為白色自粘屑	上	上	上	前
七日	黃色變濃	上	粘性稍強	腥臭加甚	同前
十日	黃色粘液宛若薯之表面與腐敗馬鈴狀同著	同惟屑層較薄一切形態與上略	粘屑之存在目力亦得辨	腥臭如前	
十四日	全體色黃綢狀物遍布分餘發滿臭甚烈厚	發臭較上稍盈分黃色粘屑層厚亦稍	粘屑由白轉黃	粘身雖無異常現外觀亦劣周氣枯稿	

图 3-39　《黄花鱼盐藏试验》,《水产》第三期（1920 年 9 月）

產　　　　　　　　水

關於鹽量者

成　績

五·試驗結果

至其減量則無論何種皆自十二斤減至十斤四量。

所舉係十人中七人之批評惟批評者皆蘇省人烹調用調味料僅醬油一種。

乙種之味過鹹似不適口。

甲種味適尚不失原來之風味。

九日之試食得經過如下。

上記係保存之經過其間與鹽量亦頗有關係茲更就鹽量對於風味之關係據四月十

附註　1. 氣候之寒暖對於保存上有密切關係四月十三日至五月二十日之氣候。

另有氣象報告故不錄。

2. 行細菌檢查後知粘液之生成主由一種雙球菌因細菌報告已詳載故亦

不再細述。

二十日　所發之臭遠達五丈　發臭又烈

與五月七日檢查之甲種（一）模樣相同但臭氣甚強

臭氣甚盛可隱　蓋腥氣

四十九

图 3-40　《黄花鱼盐藏试验》,《水产》第三期（1920 年 9 月）

第　三　期

貯藏成績

（四）據一般之批評用一成乃至二成牛鹽製品風味最爲佳良。

（五）較上稍多則鹹味過強致失原來之良美風味較上而少則魚帶腥臭亦難博

食客之歡迎。

關於保存者

（一）鹽漬後乾貯者保存力較大附有鹽液者保存力較小據經過情形附有鹽液

者即用牛成鹽其效力仍與少用牛成鹽之乾貯者殆相類似。

（二）用一成鹽而乾貯者或用成牛鹽而帶液者皆經一星期而發腥臭二星期後

發生粘液。

（三）用二成鹽而帶液者經十八日始發粘性而不可供普通用用成牛鹽而乾貯

者即不能供普通用此後逐漸變腐。

者則達四星期而尚不發粘。

（四）據此次試驗結果亦可知鹽量愈多保存力愈大更可知保存效果適與製品

風味相反對（除鹽量過少時）

關於減量者

（一）百斤之魚鹽漬後連同所用之鹽約減至八十斤故計算上儘可作鹽魚量爲

五十

图 3-41 《黄花鱼盐藏试验》，《水产》第三期（1920 年 9 月）

產　　　　　水

鮮魚量之八〇%。

關於其他者

（一）據本次試驗魚經鹽漬後。原有之美麗黃色將盡褪然普通漁夫所用之法則不然皆屬燦爛可愛按之今次方法與普通稍異者惟在彼則閟置艙內我則露放缽中是可知黃色之褪存與空氣大有關係留意製品外觀者於此點不可不加注意焉。

鯽魚鹽藏試驗

陳廷煦

一．試驗目的

鯽魚亦為我蘇大宗魚類其鹽藏品每年出產頗多。製法雖未完美價值尚稱不賤。故在我蘇水產界上亦占重要位置本次試驗原有目的有三。

（一）求用鹽量之適當
（二）知種種保存期間
（三）得正確之減量

以期將來製造時有所借鏡繼見廣東產之同項鹽藏品名曹白鯗者頗受食客歡迎且

成績

五十一

图 3-42 《黄花鱼盐藏试验》,《水产》第三期（1920 年 9 月）

（三）鳓鱼盐藏试验

陈廷煦

本文原载于江苏省立水产学校校友会发行的《水产》第三期，民国九年九月（1920 年 9 月）

一、试验目的

鳓鱼亦为我苏大宗鱼类，其盐藏品每年出产颇多。制法虽未完美，价值尚称不贱，故在我苏水产界上，亦占重要位置。本次试验，原有目的有三。

（一）求用盐之适量

（二）知种种保存期间

（三）得正确之减量

以期将来制造时有所借镜。继见广东产之同项盐藏品，名曹白鲞鱼者，颇受食客欢迎，且价又高数倍，故［曹白鱼之制法试验］亦为本试验之目的之一。

二、原料

原料于马迹校外实习场购买。在彼处先加一度盐渍，二日后，由舟运校。到校之日，鱼体略有臭气，似已倾于腐败，此或初次加盐未曾适当之故，以未赴马迹，亦不知其究竟。盐量实验，因之必难正确。保存时间，自亦难以断定，是以本次试验，势不得依预定目的进行，惟有勉为曹白鱼之实验而已。

三、试验方法

曹白鱼制法无从查考，今次共用二法。

（一）以运到之原料，周身及腹内均附以充分之盐，照普通法排入桶中。盐渍数日后，取出干燥之。

（二）以运到之原料，照（一）法处理后，头向下插入盐中，俾腹内残存之盐液容易泻出，桶底穿以细孔，使泻出之盐液流出桶外，如是放置数日。取出干燥之。

四、试验经过

兹将种种经过情形，分条录之如左。

（一）鱼愈新鲜，鳞愈难脱

（二）干燥、应用阴干法，倘用日干，则因太阳之逼射，体内成分或有渗出。其结果体面发生红色斑点，致外观大损。

（三）鱼体内水分愈少愈佳。故（一）法似不及（二）法。

（四）由二法所得者。身肉非常坚硬，色泽亦较鲜丽。与市贩品几相似。

（五）由（一）法所得者，外观甚劣，体肉不惟柔软，且又有疏松现象。

（六）干燥时当悬垂，不宜平置，悬垂时不惟腹内水液容易流出，且蒸发面积加大，干燥亦易。

（七）潮湿之日，不可行干燥，否则鱼体不特未见干燥，抑且吸湿，其结果蓄湿之处必至发臭气生粘液，此虽由用盐品质之如何而有不同之结果，但无论如何，此种关系必难免。

（八）盐藏时间过于短促。则试品即经干燥，仍能变坏，长则百无妨碍。

五、试验结果

以二法所得之制品，各依普通曹白鱼调理法加以调理，经试食后，都云鱼体中心略带臭气，且肉又柔软，风味亦与广东产者有异，考其原因不外下列二种。

（一）原料欠鲜为最大原因（盖原料到校时已略发臭气）

（二）制法或未适当

下年拟就此二点加以研究，继续试验。

水　　　產

鮮魚量之八〇％。

關於其他者

（一）據本次試驗魚經鹽漬後原有之美麗黃色將盡褪然普通漁夫所用之法則
不然皆屬燦爛可愛按之今次方法與普通稍異者惟在彼則悶置艙內我則
露放缽中是可知黃色之褪存與空氣大有關係留意製品外觀者於此點不
可不加注意焉。

鰳魚鹽藏試驗

陳廷煦

一·試驗目的

鰳魚亦爲我蘇大宗魚類其鹽藏品每年出產頗多製法雖未完美價值尚稱不賤故在
我蘇水產界上亦占重要位置本次試驗原有目的有三。

（一）求用鹽量之適當

（二）知種種保存期間

（三）得正確之減量

以期將來製造時有所借鏡繼見廣東產之同項鹽藏品名曹白鯗者頗受食客歡迎且

成績

五十一

图 3-43 《鳓鱼盐藏试验》,《水产》第三期（1920 年 9 月）

期　　　三　　　第

成　績

價又高數倍。故『曹白魚之製法試驗』亦爲本試驗目的之一。

二．原料

原料於馬蹟校外實習場購買。在彼處先加一度鹽漬二日後由舟運校到校之日魚體略有臭氣似已傾於腐敗此或初次加鹽未曾適當之故以未赴馬蹟亦不知其究竟鹽量試驗因之必難正確保存時間自亦難以斷定是以本次試驗勢不得依預定目的進行惟有勉爲曹白魚之試驗而已。

三．試驗方法

曹白魚製法無從查考今次共用二法。

（一）以運到之原料周身及腹內均附以充分之鹽照普通法排入桶中鹽漬數日後取出乾燥之。

（二）以運到之原料照（一）法處理後頭向下插入鹽中俾腹內殘存之鹽液容易瀉出。運桶底穿以細孔使瀉出之鹽液流出桶外如是放置數日取出乾燥之。

四．試驗經過

茲將種種經過情形分條錄之如左。

五十二

图 3-44　《鰳鱼盐藏试验》,《水产》第三期（1920 年 9 月）

水　産

（一）魚愈新鮮鱗愈難脫。

（二）乾燥應用陰乾法倘用日乾則因太陽之逼射體內成分或有滲出其結果體面發生紅色斑點致外觀大損。

（三）魚體內水分愈少愈佳故（一）法似不及（二）法。

（四）由二法所得者身肉非常堅硬色澤亦較鮮麗與市販品幾相似。

（五）由（一）法所得者外觀甚劣體肉不惟柔軟且又有疏鬆現象。

（六）乾燥時當懸垂不宜平置懸垂時不惟腹內水液容易流出且蒸發面積加大。乾燥亦易。

（七）潮溼之日不可行乾燥否則魚體不特未見乾燥抑且吸溼其結果蓄溼之處必至發臭氣生粘液此雖由用鹽品質之如何而有不同之結果但無論如何。此種關係必難免。

（八）鹽藏時間過於短促則製品即經乾燥仍能變壞長則百無妨礙。

五·試驗結果

成績

以二法所得之製品各依普通曹白魚調理法加以調理經試食後都云魚體中心略帶

五十三

图 3-45　《鰳鱼盐藏试验》,《水产》第三期（1920 年 9 月）

臭氣。且肉又柔軟。風味亦與廣東產者有異。考其原因不外下列二種。

(一)原料欠鮮爲最大原因(蓋原料到校時已略發臭氣)

(二)製法或未適當

下年擬就此二點加以研究繼續試驗。

貝扣試驗報告

八年十二月

蘇以義
王禮儀

我國貝扣製造業在五四以前通國祇三數家。其時出品甚少。故市肆亦不經見。其大部分之鈕子。皆以日本輸入之高瀨貝製品充之。五四而後。日貨爲國人所吐棄。而彼三數家者。僅僅以十數人之工力。勢不能應各地之需要。由是閧風與起。設機趕製者踵相接。祇滬上一隅。驟增至五六家之多。亦不可謂不盛矣。惜其皆牟利之不暇。對於學術上之研究。不能稍假餘力。爲逐漸改良之地。即偶有所得。實狃於營業上之習慣。祕不示人。本校外合社會情形。內審事業緩急。製造方面。旣列貝扣於四種切要之一。自當力圖改進。冀有成效。第以其他職務上之牽累。不能潛心研究。多效綿薄。是所憾耳。茲就三四月來試驗所得。摭錄一二。作報告如次。

一. 原料

图 3-46 《鳓鱼盐藏试验》,《水产》第三期(1920 年 9 月)

四、《水产》（第四期）（摘选）

岱山黄鱼鲞调查报告

第六届制造科

本文原载于江苏省立水产学校校友会发行的《水产》第四期，民国十一年七月（1922 年 7 月）

民国十年五月吾级赴浙之岱山实习黄鱼鲞制造法，并于工作余暇调查斯业之概况。惟未能博访周咨斯难免语言不详。更加以方言隔阂，互难通晓。则舛误乖讹之处尤恐不一而足也。越一月归校汇集同学六人调查之所得。厘订之计得六条，曰岱山鱼鲞事业发达史曰现状曰各种组织曰原料收买情形曰制品销售情形曰制造方法。

（一）岱山黄鱼鲞事业发达史

岱山附近本为黄鱼主要之渔场，渔商萃集于此。于南宋时已称稠密，明季中叶倭寇专据东南沿海，官厅以岱山孤居海外恐居民有接济粮食于倭寇之患，遂命迁往内地。由是岱山骤成荒区。至倭寇渐灭。渔民又络续来岱。清季中叶，岱山复渐与旺。初渔民所捕之鱼前以交通滞阻之故，不能一时均行销售，但岱山又为产盐富饶之区。遂将所余之鱼用最经济方法盐而藏之。是实黄鱼鲞制造之始也。考今渔商公所（为制造黄鱼鲞诸厂家集合而设）之名从渔而不从鱼，盖因以前渔而兼商之由也，业是之厂家最初来自外埠。强半镇海哈浦之人，后岱山人见利权之外溢，遂争设厂家互相竞争。由是有老渔商公所及新渔商公所之分。前者由客帮（即外埠之人）厂家所设，后者由岱帮（即本埠之人）厂家所设也。业黄鱼鲞者因岱山鱼盐产额丰富，价格低廉，生产费小而销路极广。由是厂家林立，至今不下数百家云。

（二）现状

近五年间黄鱼产额每年可捕四万数千担，近二年间约倍半之。其价初盘四十五文左右，终盘三十余文，至鱼鲞之输出，各种鱼鲞不同，每年瓜鲞约计一万五千件，每件七八元不等。老鲞约三千件。大者每件十余元，小者六七元。潮鲞亦约三千件，每件五六元左右云。

奉化帮渔船之在岱山附近者约三百余只，在衢山附近者约二百余只，罗门帮约六十余艘。台州帮共有小对船一千对，计二千艘云。

奉化渔行共有十二家，其他行家之属于何帮则未得要领焉。

岱山公所凡十六处。曰新渔商公所曰老渔商公所曰定岱新渔商公所曰同丰公所，以上四所由行家组织者也。曰义和公所曰义安公所曰协和公所曰楼凤公所，以上四所属于奉化帮者也。曰庆安公所曰人和公所，隶于罗门帮者也。曰温岭公所曰台州公所，由小对船设立者也。他若东门帮之太和公所，台州帮之南定公所，皆有名。至安澜公所则不详其属于何帮，而稽查公所则别具特性焉。附各公所中现任董事姓名录。

新渔商公所	汤尔规
义和公所	孙振麒
义安公所	吴锐东
协和公所	王挟峰
栖凤公所	章绅甫
庆安公所	钱国华
台州公所	赵一琴
温领公所	包卓人
人和公所	朱云水
南定公所	朱云水
老渔商公所	费梦舟
同丰公所	费梦舟
太和公所	陈宇襄
稽查公所	卢必寿
安澜公所	

定岱新渔商公所　　　张水亭

该地厂家三百五十余所，属于新渔商公所之厂户，大者计五十户，小者计二十户。大者每年出鲞件千余件，（鳓鱼螟蜅海蜇随收）小者二三百件至四五百件不等。属于老渔商公所者规模较大之厂二十余家，中等之厂六七家。

（三）各种组织

（甲）公所

（1）公所之种类

公所有由厂家组织者，有由渔民组织者，前者曰厂家公所，后者曰捕船公所。举例言之，则新渔商公所老渔商公所均厂家公所也。奉化帮之义和罗门帮之庆安皆捕船公所也。

（2）公所之经费

公所经费之供给随其种类而不同，厂家公所则有由厂家供给之，捕船公所则由渔民供给之，厂家输运制品均由公所指定之船装载，公所负保护之责，厂家运货除水脚外每件须纳手续费（俗称过印费）一角，以充公所经费，此厂家公所之情形也，至于捕船公所则每船（或每对）年纳五六元或一二元。亦有视渔获物之丰歉而定者。如庆安公所每船年纳六元，台州渔洋公所则每对（小对船）年纳一元半云。

（3）公所之职务

公所之职务在代表厂家或渔民而保护其利益也，详见（5）。

（4）公所内部之组织

公所内部之组织各公所亦不一致，大抵设董事一人，（年俸约二三百元）事务员（俗称柱手人）三五人不等。

（5）公所对于各方面之关系

（A）对于渔民之关系

捕船公所代表渔民而保护其利益，凡渔民与行家厂家等发生交涉，均由捕船公所担任办理。厂家公所则与渔民不发生直接关系。

（B）对于厂家之关系

厂家公所代表厂家而保护厂家利益，如捕船公所议价太高，厂家公所可代表厂家出与捕船公所交涉。厂家与他方面发生交涉，亦由厂家公所担任办理，至捕船公所则与厂家不发生直接关系。

（C）对于鱼行之关系

公所受理鱼行对于厂家或渔民之交涉，而捕船公所之议价鱼行亦参预其间也。

（乙）鱼行

鱼行者介绍厂家与渔民卖买之中间人也。鱼行联络渔民将其所捕之鱼介绍售与厂家，就中抽取佣金，鱼行之种类亦随渔民而分，如奉化帮罗门帮东门帮等是也，兹将鱼行对于各方面之关系及其内部组织分述如下。

（1）鱼行之内部组织

执行鱼行内外一切事物者一人，俗名阿大，随白鲜船往外秤货者俗名先生，其数随鱼行联络渔船之多少而定，大约每驳一人，尚有预备员二人，以备渔船归港时往秤货者。（此情形详原料收买情形条）

（2）鱼行对于各方面关系

（A）对于公所之关系　详（甲）(5)(C)

（B）对于厂家之关系

为厂家介绍行头船（详原料收买情形条）并取厂家佣金百分之三，（照鱼价计算）每日鱼行售于厂家之鱼数及鱼每斤之市价均由鱼行以小票通知厂家。

（C）对于渔民之关系

鱼行联络渔户其数随鱼行之大小而不一。通常约六七驳左右，一驳者即渔船四艘，运送船（俗名白鲜船）一艘也。厂家之定头钱由鱼行转交渔民，其数须略多，并须代渔民购办渔具粮食等事，俟后渔民所捕之鱼悉数售于鱼行，由鱼行售与厂家，鱼行取渔民之佣金约须百分之五。

（丙）厂家

（1）厂家内部之组织

视厂家规模之大小而不一律，大抵厂主一人，（公司则为经理）账房一人，头脑（指挥工人）一人。管厂（司杂务）十人左右。工人十数人乃至数十人，头脑管厂工人等均须隔年冬季预先雇定。酌付定钱，在工资内扣算。

（2）厂家对于各方面之关系

（A）对于公所之关系　见（甲）（5）（B）

（B）对于鱼行之关系　见（乙）（2）（B）

（C）对于渔民之关系　渔民渔获之丰歉直接影响于厂家营业之盈亏。至于厂家之进货有由鱼行作中间人者。亦有向捕船直接收买者。（详情见第四条原料收买情形）其关系或为直接或为间接耳。

（四）原料收买情形　盐包含在内

黄鱼鲞之收买情形异常复杂。手续纷繁。盖无一定之方法，要在业斯业者之能否随机应变耳。今将收买情形一一分述如左：

（甲）小对船

可驾舢板直接向船主议价。银货两交，其在台州船户则有所谓台州先生者，作中间人。其佣钱五分。惟经台州先生手一时可不必交清银两亦其益也。

（乙）奉化船

先一年之九月至十二月间预付四百元定钱于奉化行家。翌年渔汛时可放舢板卸货回厂复码。其价由公所议定由渔行通知厂家，又放白鲜船一艘。在衢山附近卸货。惟每斤须减半文。白鲜船有先生一人。系行家委托，往捕船中卸货时，以船上旗号为记，至渔行佣钱厂家三分渔户五分。结算之时可照原价九五扣。

（丙）罗门船

须先放定钱五百元，用驳货船驳货，该船由渔行雇定。其上亦有旗号，至行家佣钱与奉化船一样。沈家门捕船之属于罗门行家者。其收买手续亦照罗门船例。其不属于罗门行家者，须预付定钱七百元。不问渔期终末。如黄鱼价额超出定钱，必须随时付清，并于付清之外预付一二百元以备下次渔汛之需。如渔汛已终，则直接算清可也。

（丁）东门船

买鱼时照公所议价每斤增加二文，不须预付定钱盖银货两交者也。行家佣钱渔户及厂家各五分，其秤量较好。惟所获黄鱼之外如有他种杂鱼。厂家亦须包收。其与罗门船完全相同，其售价不能因鱼杂而减低也。

附食盐之收买法

收买食盐手续简便，设厂家需盐可扎蒲于长竹竿上为记。已而有盐户送盐来。当面议价。有时即不有所表示而招揽生意者，亦复络绎不绝。此外往盐场买盐者亦有之。惟不多见耳。至于盐之价值视需要之多寡产量之丰歉而有差，大抵每担六角至八角云。

（五）制品销售情形

岱山黄鱼鲞之销售颇称便利，有船舶之装运，有鱼行之介绍卖买。有渔业公所之监视保护。而厂家只安坐待款而已。今将销售上之种种情形书之于左。

（甲）销路

因各地嗜好不同而各制品之销路亦大异。如老鲞都销于浙江、福建、香港、汉口、天津等处。淡鲞则主销浙江各地，潮鲞多数销于江苏，而汉口、天津居少数。瓜鲞以浙江为多。天津亦有之。兹录其销货最多之进口各埠于下。

老鲞　温州　杭州　绍兴　宁波

淡鲞　杭州　绍兴

潮鲞　吴淞　乍浦　浒浦　浏河　苏州

瓜鲞　杭州　绍兴　萧山　宁波　关家堰

除上列以外尚有下等之瓜鲞则主销于兰溪金华二处。

（乙）销期

销售各有一定之时期，若过定期则销路滞塞，售去困难，且价格因之低降也。

老鲞　六七月起至翌年一二月止

淡鲞　端午起至六月底止

潮鲞　第一汛末起至端午前后止

瓜鲞　与潮鲞相同

（丙）销售法

销售法有二种，一为间接销售法，一为直接销售法。

（1）间接销售法　销售之先如杭州温州等处之咸鱼行。每派行友一人到岱与厂家接洽，代销情形。或由厂家函知行家托其推销，而行家须抽代销之佣金。抽法各地不同。制品一件约取九四扣或再加九九四扣焉。厂家与行家接洽既终，乃将制品挑运于渔商公所所属之运船上。挑夫由船上雇定，每件挑资三分。每船可装七八百件，每件水脚因地方远近而不同。如至杭绍则为二角四分。至温州则为二角九分，其价目为渔商公所议定。公所预有知单通知厂家。开明至各地水脚。运船之上有类似船长职务者一人。此人须富有信用为公所与厂家所信托。装货既毕。厂家乃开一发票，由船长带交鱼行。运船出海时公所中出护舟一只，跟随于后，舟中置以军备作保护运船之用，故厂家对于渔业公所亦须纳税。计老渔商公所每件纳九分。新渔商公所纳一角，运船上销埠纳厘税一角半，由岱地渔业公所分处将制品称查一次重量。若有缺少则船长负责。盖公所信任厂家决不少称。确知船长之舞弊也。秤查后即运至鱼行以待主顾来买。行中乃出收条一纸寄与厂家。并附以最近各制品之市价焉。而上述制品自厂运至运船及抵鱼行诸费均由行家代付。俟制品售去后始行扣除也。

制品市价时有涨落，行家销货因时日之不同而厂家得价亦异。故厂家托鱼行代销之法有二种。一为不论时日价格之如何，一有主顾即行售去，一为销售时之价格。行家须预致函厂家求其同意然后出卖。盖精明斯业者每知先机以期善价。上述二法均由厂家预为通知也。制品出售后，行家即开清单一纸寄与厂家。歀亦附上，或转钱庄汇交。

销售时除上述诸费之外，因各地不同，尚有兰盆捐、（每件一分）财神捐、（每件二分）上岸费、驳运费、过塘捐、印花税、栈租、保险费等种种。故以卖价之百分率计算。诸费须去百分之十。而厂家仅得百分之九十而已。今录其清单一例如下：

四月初十陈林仁上　大瓜一件　一百二十四斤

计□□洋十元○一角九分五厘

付水脚　　　洋二角四分

付上河塘川　洋三角四分

付鳖税　　　洋一角五分

付兰盆捐　　洋一分

付财神捐　　洋二分

付公所费　　洋一角

付印花税　　洋一角

今付讫洋九元三角二分五厘

入戴忠春　辛酉四月十八日　浙绍　坤泰恒付讫清单

行家与一厂家代售之货已完时。再开一总清单与厂家结算一年中销售之总数也。

（2）直接销售法　此法为厂家与行家直接卖买，不抽佣金。惟用之者甚尠。一般小资本厂家急欲得资。顾卖价较市价低廉，或市上尚无定价预料将来市价低廉。及有其他特别关系者，颇多乐用之也。销售上诸费概归行家理之。

（丁）市价

制品市价为销地咸鱼行公所议定，而时有涨落。依去年市价每百斤老鲞约可售十六元。淡鲞十八元，潮鲞九元，半瓜鲞八元半。此仅就各种制品之顶圆顶白大瓜者言之。若依各制品之等级而言，须较市价各递减二三角焉。

附鱼胶销售情形

鱼胶销售情形与黄鱼鲞不同，其销售之期在渔汛之后至大暑为止。如长胶圆胶均输出国外为制胶良好原料。而片胶则除销沪地外尚销汉口天津等各大埠，专供食用。当渔汛一过，沪上海味行友（俗名收胶客人）接踵而来岱。至各厂及制胶之家出价收集，价格由岱地渔业公所议定。依去年价格片胶每斤一元二三角，长胶每斤一元一角，圆胶每斤一元二角。惟胶有优劣，价亦稍有变动，收集既毕。乃行包装。普通多用麻、布包围。鱼胶用绳捆结，每包约重一二百斤，雇舟装运沪埠，然后再输销国外与国内。

（六）制造方法

岱山黄鱼鲞制造方法颇为属简单，无充分之学理，仅依数十年之习惯，墨守递传之古法而已。今第就闻见所及者，胪述于次。尚祈吾水产同志起而改良之。

（甲）制造场

制造场在厂屋之中。四侧设置盐渍木桶，于桶旁接以抄盐盘。四周陈设用具，如刀橙木桶及鱼盐之容器。并无特别之设备，干燥场都在屋外或于山崖沙滩之上。

（乙）制造工人

工人均系预先订定。厂中视鱼之多寡而定人数之多少。普通每厂有十人至二十人。若在渔汛旺盛之时原料丰多之际。亦可临时招用。厂中择技术熟练经验丰富者一人为工头。制造时之经过至制品告成概归工头支配，工人对于工头取服从主义。工人职务分刀手拔胶抄盐盐渍数种。而日干包装概归管厂工人之职务也。工资因工人职务而异。刀手取得最多。其余均相同。鱼体自脊开至盐渍止。每担百文十分之八为全体均分。十分之二则再属刀手也，大水时厂中办伙食，小水不办。

（丙）制造法

制法分老鲞、淡鲞、潮鲞、瓜鲞四种。制造手续：分破体、去鳔肠、抄盐、盐渍、日干、包装六种。而淡鲞于日干之前，又须行抽淡洗涤之手续，惟因制品之不同而各手续中亦大异其趣焉。

（1）破体

此种工作，属之刀手，作工之时，工人先跨橙而坐。左手穿手套，取鱼置木橙，右手执刀，乃着手破体。而老、淡、潮瓜四种破体各异，兹详述于下。

老鲞　将鱼体尾部向前，脊部向右，用左手压固头部，乃以右手之刀，自左侧肛门起。斜向背部，沿脊鳍进行，垂直切下。至抵脊骨处，即向腹部平斜，直向头部切下，截至上颚骨为止。而在切口起端，须成圆弧状，再于尾部纵划一刀。

淡鲞　破法与老鲞相同。惟脊开时之刀，自肛门臀鳍间起。

　　潮鲞　破法亦同老鲞，惟脊开自臀鳍上部起而切口起端不若老鲞之成圆弧而稍成斜形耳。

　　瓜鲞　将鱼体尾部向前，腹部向右，不用脊开，即于鳃盖下一寸处。自腹部至脊部。斜切一刀，又自肛门左右处，与上刀痕平行划一刀。再将鱼体翻转于近脊鳍处，纵刀一切，深及于骨。而小形之鱼体，全身仅划一二刀亦可。

　　老淡二鲞，原料须取体大肉厚及新鲜者为必要，形小不甚新鲜者。以制潮、瓜、为宜。工人熟练者，每小时可破七八担。

　　（2）去鳔肠

　　此种工作，以成童为之，即以破后之鱼体，抽去其鳔。置入桶中，再取出鱼白、鱼卵等内脏，置于鳔肠桶中。老、淡、潮三鲞均如此。惟瓜鲞则仅于近鳃刀缝处，拔出其鳔，而肠、卵等则残留腹内也。

　　（3）抄盐

　　鳔肠既去，不经洗涤，即行抄盐，先以食盐堆积盐盘中，然后一人将鱼体插入盐中，一人则以食盐摩擦肉面，使各部平均。一人则斜叠。抄盐后之鱼体，三四尾陆续授与盐渍者。但瓜鲞于刀痕三处及鳃部，须多置食盐，其用盐之量。对于老瓜二种，约为四成。淡潮二种，约为三成半。然用盐宁多为佳。岱地工人，食盐与原料，并不秤定，均依历次之经验而得。

　　（4）盐渍

　　盐渍容器用圆形木桶，大小无定，盐渍时，一人立桶中，桶底先撒以食盐。乃受抄盐者之鱼体。头部向外，肉部向上。回转排列之，一层完毕，再撒食盐，层层排列，至将桶口乃止。于上部再撒多量食盐，但瓜鲞乱置不妨，无用排列。鱼既满桶，用竹帘盖其上，加石块压固之。

　　（5）浸渍

　　盐渍既久，盐分即渗透鱼体。体内水分，流出于外。其浸渍适度之日数，各有一定。若潮瓜二鲞，仅三四天，淡鲞约五日，而老鲞则较三日稍长耳，惟遇天雨连绵，不能干燥。虽经长时日之浸渍亦无十分妨碍焉。其浸渍中之鱼体，名曰卤片。小资本之工厂，在鱼汛旺盛时，因盐渍桶缺乏，亦有以卤片出售者。

（6）日干

于天气晴朗之日，即于盐渍桶中取出鱼体，在盐卤中洗涤一回。（淡鲞需经淡水浸淡及洗涤手续）移于干燥场中，先于地上铺以竹帘或稻草所编之席类。乃将鱼体整齐排列其上，受日光热力，渐渐干燥。下午翻转一次，至六时乃排列部内，收入屋中，明日再晒。但因制品之不同，鱼体之大小，而日干之方法与日干之日数各异。录之如下：

老鲞　日干日数：鱼体大者，晴天须十二天，中者十天，小者八天，均可完全干燥。晒时，上午背部向上，下午向下。第二天须将尾部拗向腹部，使干燥后，鱼之全体。殆成圆形。惟干燥务须十分完全，至骨髓中心毫无湿气乃止。干燥后，约当原料之四成。

淡鲞　与老鲞完全相同。

潮鲞　日干日数：无论大小，只须一日，不用拗尾。制品约为原料之五成半。

瓜鲞　日干日数：只须二三天，晒时须将鳃盖张开，上午晒鱼体右侧，下午晒左侧。制品约当原料之六成半。

干燥途中，若天气忽变，雨意将来，须迅速收入屋中，不然一沾雨点，未干者亦变败，已干者起黑点。惟过长时日之阴雨，不克干燥，致鱼变败。则不得不重行盐渍。既费盐量，又耗成数，为厂家所最厌忌也，然阴雨三四日，干燥一二日后之鱼体，尚可支持，不致腐败。

（7）包装

日干后，即行包装，容器均为篾制之篰，有大小二种，大者曰大篰，小者曰花篓。潮瓜二种，皆装大篰，老淡二种，则多装花篓。包装之前，容器内部，周围均铺稻草，用秤衡定，其重量大篰每只重十斤，花篓每只重八斤。用竹圈置于内侧，用防稻草紊乱，然后将鱼体斜叠一束，俗名一花。每花大者七尾，小者八九尾。头部向外，背部向下。平置篰中，四花作一层。层层排列，鱼体小者置于中央，大者置于上部。（排列二三层后须除去竹圈）每篰层数，因篰之种类与制品之不同及大小而不一定。若大篰之大瓜鲞，每篰约二十八花至三十花，鱼体为百尾至百十尾。若花篓之顶圆，老鲞每篰约为十四花，鱼体为百尾以下。籇篓每件重五十八斤，秤定后，上部加稻草一束。再覆以籇盖，乃将四周稻草向中央盘旋。盖满鱼体，用篾条连结籇盖与籇身，使全部紧固，于籇盖之上，注以厂名、鲞名及等级等，间有再附以墨印字签焉。

（丁）制品

制品既分老、淡、潮、瓜四种，但各制品中，鱼体时有大小厚薄不同，而分其等级。且异其名称焉，如老鲞淡鲞厚大者，称曰顶圆、大圆。次者曰大中、中圆。小者曰小圆。潮鲞中则有顶白、大白、大中、中白、建片。瓜鲞则大瓜、中瓜等名称。其中以顶圆、顶白、大瓜价格最大。而小圆、建片、中瓜为最小。

附

除上述四鲞以外，淡鲞中又有脚气鲞。瓜鲞中又有燕瓜鲞。二者为淡瓜二鲞中之上品。为定海县之脚溪、燕窝山二处之名产。而岱山制造者，甚少。今就二鲞之制法，略录一二，聊资参考。

脚溪鲞　取如淡鲞经盐渍后之鱼体。置于山涧之中，受涧水之冲激，漂淡咸味，再用刷洗刷洁白。乃排列于竹帘上，俟鱼稍干，将鱼尾弯曲，日干四五日。置于稻草中，使鱼体中水分渗出外部。经一夜再行日干，惟干燥时，常有蝇类飞集其上，于鳃内缝隙之处。每易着生虫蛆。须时时除去，而于脚溪之地，有一种植物，塞于鱼体各部。蝇虫每为之远避。日干七八日，已完全干燥，即可包装贩卖矣。

燕瓜鲞　择新鲜鱼体，亦如瓜鲞之先于左侧划二刀后，于右侧划一刀。惟左侧划二刀，与瓜鲞相反。拔胶后，盐渍约三四日取出。用淡水浸淡，洗涤洁净。日干二三日，即行包装。

（戊）副产物

制造黄鱼鲞时，副产物产出甚富，几有无一废弃者。若鱼胶、鱼卵，均为贵重之水产品，内脏盐卤亦为有用之物，今特胪举于次。

（1）鱼胶

鱼胶为副产物中之最主要者。厂中雇女工制造，或将水胶售出。制法即以拔出之鱼鳔（俗名为水胶）置于稀薄明矾水中。浸渍一二十分钟，乃取出，剥去外附黑包之网膜，用剪于质薄处，自头向尾部，垂直剪开，平铺台上，用海水温润，除去内部血膜，平置帘上，略整形状，于日光下，干燥半日，所成之制品，名曰片胶。此外尚有制长胶及圆胶二种，前者制法即以除去内膜后之鳔片数枚，叠成一块，粘成长形，再用手徐徐扯长，约三四尺，务使厚薄均匀，乃以悬挂竹竿上干燥之，晴天一日已完全干燥，而阴天须两三日，后者制法积叠鳔片数枚，扯成适当圆形，入于布片中，用木棍展平，俟各片尽行密者，且厚薄平均，即可取去布片而日干之，晴天一日已能干燥，普通每鱼百斤，可得水胶二斤半，而制品一斤，需水胶三斤，雌鱼之鳔，常较雄鱼质而良。斤胶、圆胶制造时，须取厚大之原料，故利益不良，而长胶制造时，非唯小形质薄者，可以混充其内。且裹肉等亦可附着于上，故利益倍佳，制品既成，包以麻袋，以待主顾。

（2）鱼卵

鱼卵亦颇贵重，制造之法，即于肠鳔桶中，择雄大色淡而卵膜不破者，于稀薄盐水中浸渍一回，取出排列竹帘上，干燥二三日即成。成数约当鲜卵之七成左右，每斤价格约四角左右，岱山、宁波等处，多供食用。

（3）内脏

内脏岱人亦供食用，鳔肠桶中，取去佳良之鱼卵后，滤去水分，加以食盐，稍形干燥，即可售卖，每元可购二三十斤。

（4）盐卤

即盐渍黄鱼后之卤汁，不加何种手续，即行贩卖，每担仅售四五十文，所得之资，多属管厂工人。或以之晒出食盐，再用以盐渍鱼类也。

（5）渣滓

为盐渍桶底部之渣淀，可用为肥料，每担可售一二角。

图 3-47　江苏省立水产学校校友会发行的《水产》
第四期封面（1922 年 7 月）

產　　　　水

池價　池價每畝約百餘元池每個一畝至十餘畝。

池之肥瘠與放養數　池有肥瘠之分耕田及人烟稠密之地肥泥色呈黑色者較白色

者肥放養數用之而異普通每畝放長一寸魚秧八千尾內草魚五千尾

池深　池普通深約一丈。

菱湖附近魚池　菱湖附近如六庫嚴家匯集港等地均有魚池。

青草魚不宜混雜說　青魚與草魚據當地人言不宜混養否則不能同時成長也

養殖青魚之不經濟　青魚價值雖昂然飼養中死亡率甚大食料又貴成長亦遲故不

甚經濟。

● 岱山黃魚鯗調查報告　　第六屆製造科

民國十年五月吾級赴浙之岱山實習黃魚鯗製造法并於工作餘暇調查斯業之概況。

惟未能博訪周咨斯難免語言不詳更加以方言隔閡互難通曉則舛誤乖訛之處尤恐

不一而足也越一月歸校彙集同學六人調查之所得釐訂之計得六條日岱山魚鯗事

業發達史日現狀日各種組織日原料收買情形日製品銷售情形日製造方法。

（一）岱山黃魚鯗事業發達史

調查　十七

图 3-48 《岱山黄鱼鲞调查报告》,《水产》第四期（1922 年 7 月）

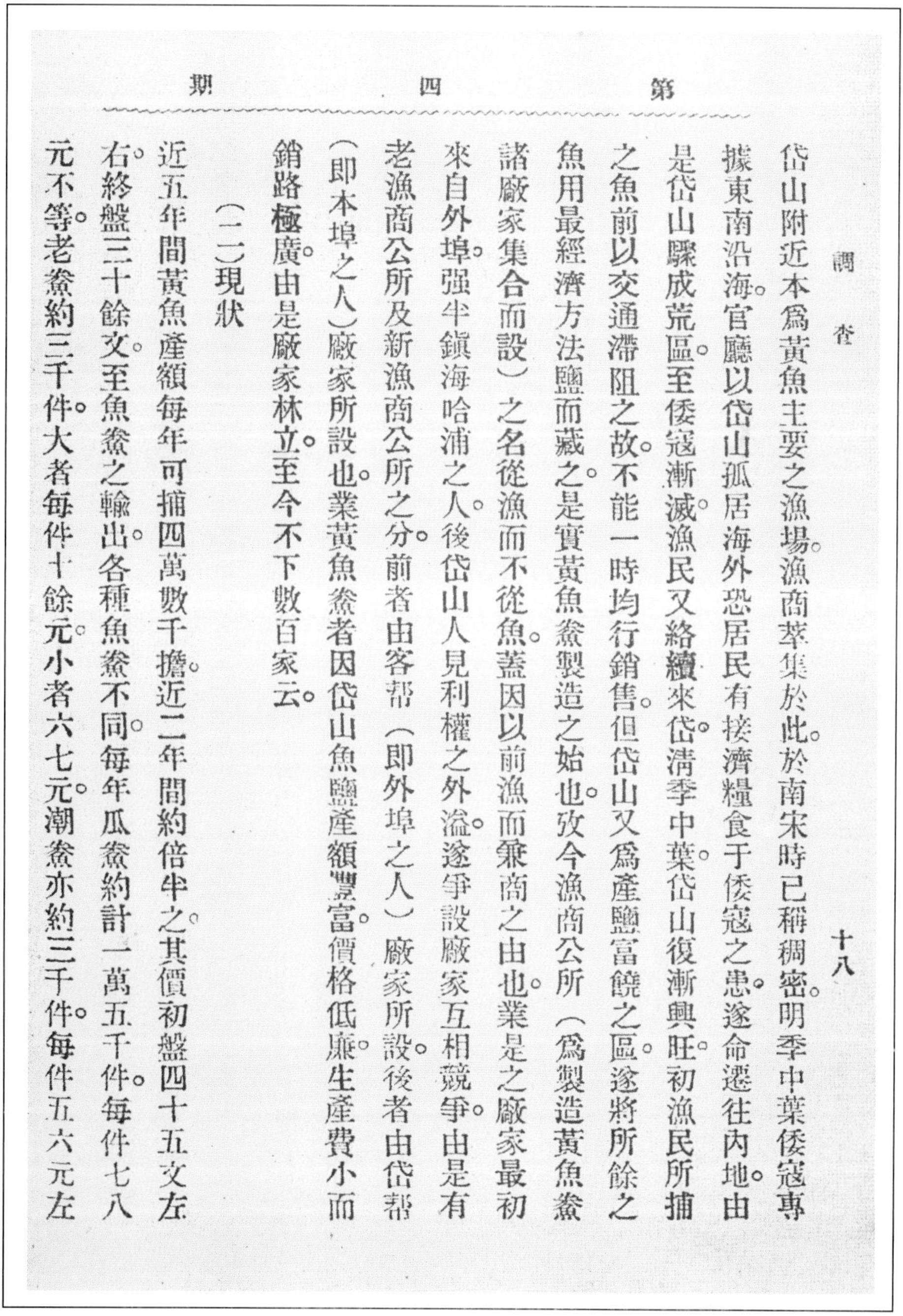

期　　四　　第

調查

岱山附近本爲黄魚主要之漁場。於南宋時已稱稠密明季中葉倭寇專

據東南沿海官廳以岱山孤居海外恐居民有接濟糧食于倭寇之患遂命遷往內地由

是岱山驟成荒區至倭寇漸滅漁民又絡續來岱清季中葉岱山復漸與旺初漁民所捕

之魚前以交通滯阻之故不能一時均行銷售但岱山又爲產鹽富饒之區遂將所餘之

魚用最經濟方法鹽而藏之是實黄魚鯗製造之始也效今漁商公所（爲製造黄魚鯗

諸廠家集合而設）之名從漁而不從魚蓋因以前漁而兼商之由也業是之廠家最初

來自外埠強半鎮海哈浦之人後岱山人見利權之外溢逐爭設廠家互相競爭由是有

老漁商公所及新漁商公所之分前者由客幫（即外埠之人）廠家所設後者由岱幫

（即本埠之人）廠家所設也業黄魚鯗者因岱山魚鹽產額豐富價格低廉生產費小而

銷路極廣由是廠家林立至今不下數百家云

（二）現狀

近五年間黄魚產額每年可捕四萬數千擔近二年間約倍半之其價初盤四十五文左

右終盤三十餘文至魚鯗之輸出各種魚鯗不同每年瓜鯗約計一萬五千件每件七八

元不等老鯗約三千件大者每件十餘元小者六七元潮鯗亦約三千件每件五六元左

十八

图3-48　《岱山黄鱼鲞调查报告》，《水产》第四期（1922年7月）

水　産

右云。

奉化帮渔船之在岱山附近者約三百餘隻在衢山附近者約二百餘隻羅門帮約六十餘艘台州帮共有小對船一千對計二千艤云。

奉化漁行共有十二家其他行家之屬於何帮則未得要領焉。

岱山公所凡十六處曰新漁商公所曰老漁商公所曰定岱新漁商公所曰同豐公所以上四所由行家組織者也。曰義和公所曰義安公所曰協和公所曰樓鳳公所以上四所屬於奉化帮者也。曰慶安公所曰人和公所隸於羅門帮者也。曰溫嶺公所曰台州公所由小對船設立者也他若東門帮之太和公所台州帮之南定公所皆有名至安瀾公所則不詳其屬於何帮而稽查公所則別具特性焉附各公所中現任董事姓名錄。

調查

新漁商公所　　湯爾規

義和公所　　　孫振麒

義安公所　　　吳銳東

協和公所　　　王挾峯

樓鳳公所　　　章紳甫

十九

图 3-49　《岱山黄鱼鲞调查报告》，《水产》第四期（1922 年 7 月）

調查

慶安公所　　　錢國華

台州公所　　　趙一岑

溫領公所　　　包卓人

人和公所　　　朱雲水

南定公所　　　朱雲水

老漁商公所　　費夢周

同豐公所　　　費夢周

太和公所　　　陳宇襄

稽查公所　　　盧必壽

安瀾公所

定岱新漁商公所　張水亭

該地廠家三百五十餘所屬於新漁商公所之廠戶。大者計五十戶。小者計二十戶。大者

每年出鯗件千餘件（鰳魚蝦蛹海蜇隨收）小者二三百件至四五百件不等屬於老漁

商公所者規模較大之廠二十餘家中等之廠六七家。

二十

图 3-49　《岱山黄鱼鲞调查报告》,《水产》第四期（1922 年 7 月）

水　產

（三）各種組織

（甲）公所

(1)公所之種類　公所有由廠家組織者有由漁民組織者前者曰廠家公所

後者曰捕船公所。舉例言之則新漁商公所老漁商公所均廠家公所也。奉化幫之義和

羅門幫之慶安皆捕船公所也。

(2)公所之經費　公所經費之供給隨其種類而不同廠家公所則由廠家供

給之捕船公所則由漁民供給之廠家輸運製品均由公所指定之船裝載公所負保護

之責廠家運貨除水腳外每件須納手續費（俗稱過印費）一角以充公所經費此廠家

公所之情形也至於捕船公所則每船（或每對）年納五六元或一二元亦有視漁獲物

之豐歉而定者如慶安公所每船年納六元台州漁洋公所則每對（小對船）年納一元

半云。

(3)公所之職務　公所之職務在代表廠家或漁民而保護其利益也詳見(5)。

(4)公所内部之組織　公所内部之組織各公所亦不一致大抵設董事一人。

事務員（俗稱柱手人）三五人不等

（年俸約二三百元）

調查

二十一

图 3-50　《岱山黄鱼鲞调查报告》，《水产》第四期（1922 年 7 月）

第　四　期

調查

(5)公所對於各方面之關係

（A）對於漁民之關係　捕船公所代表漁民而保護其利益凡漁民與行家廠家等發生交涉均由捕船公所擔任辦理廠家公所則與漁民不發生直接關係。

（B）對於廠家之關係　廠家公所代表廠家而保護其利益如捕船公所議價太高廠家公所可代表廠家出與捕船公所交涉廠家與他方面發生交涉亦由廠家公所擔任辦理至捕船公所則與廠家不發生直接關係。

（C）對於魚行之關係　公所受理魚行對於廠家或漁民之交涉而捕船公所之議價魚行亦參預其間也。

（乙）魚行

魚行者介紹廠家與漁民賣買之中間人也。魚行聯絡漁民將其所捕之魚介紹售與廠家就中抽取佣金魚行之種類亦隨漁民而分如奉化幫羅門幫束門幫等是也兹將魚行對於各方面之關係及其內部組織分述如下。

（1）魚行之內部組織　執行魚行內外一切事務者一人俗名阿大隨白鮮船往外秤貨者俗名先生其數隨魚行聯絡漁船之多少而定大約每駁一人尚有預備員

二十二

图 3-50　《岱山黄鱼鯗调查报告》,《水产》第四期（1922 年 7 月）

水　　産

二人以備漁船歸港時往秤貨者(其情形詳原料收買情形條)。

(2)魚行對於各方面之關係

(A)對於公所之關係　詳(甲)(5)(C)

(B)對於廠家之關係　為廠家介紹行頭船(詳原料收買情形條)並取

廠家佣金百分之三(照魚價計算)每日魚行售於廠家之魚數及魚每斤之市價均由魚行以小票通知廠家。

(C)對於漁民之關係　魚行聯絡漁戶其數隨魚行之大小而不一通常約有六七駁者即漁船四艘運送船(俗名白鮮船)一艘也廠家之定頭錢由魚行轉交漁民其數須略多並須代漁民購辦漁具糧食等事俟後漁民所捕之魚悉數售於魚行由魚行售與廠家魚行取漁民之佣金約須百分之五。

(丙)廠家

(1)廠家內部之組織　視廠家規模之大小而不一律大抵廠主一人(公司則為經理)帳房一人頭腦(指揮工人)一人管廠(司雜務)十人左右工人十數人乃至數十人頭腦管廠工人等均須隔年冬季預先僱定酌付定錢在工資內扣算。

調査

二十三

图 3-51 《岱山黄鱼鲞调查报告》,《水产》第四期（1922 年 7 月）

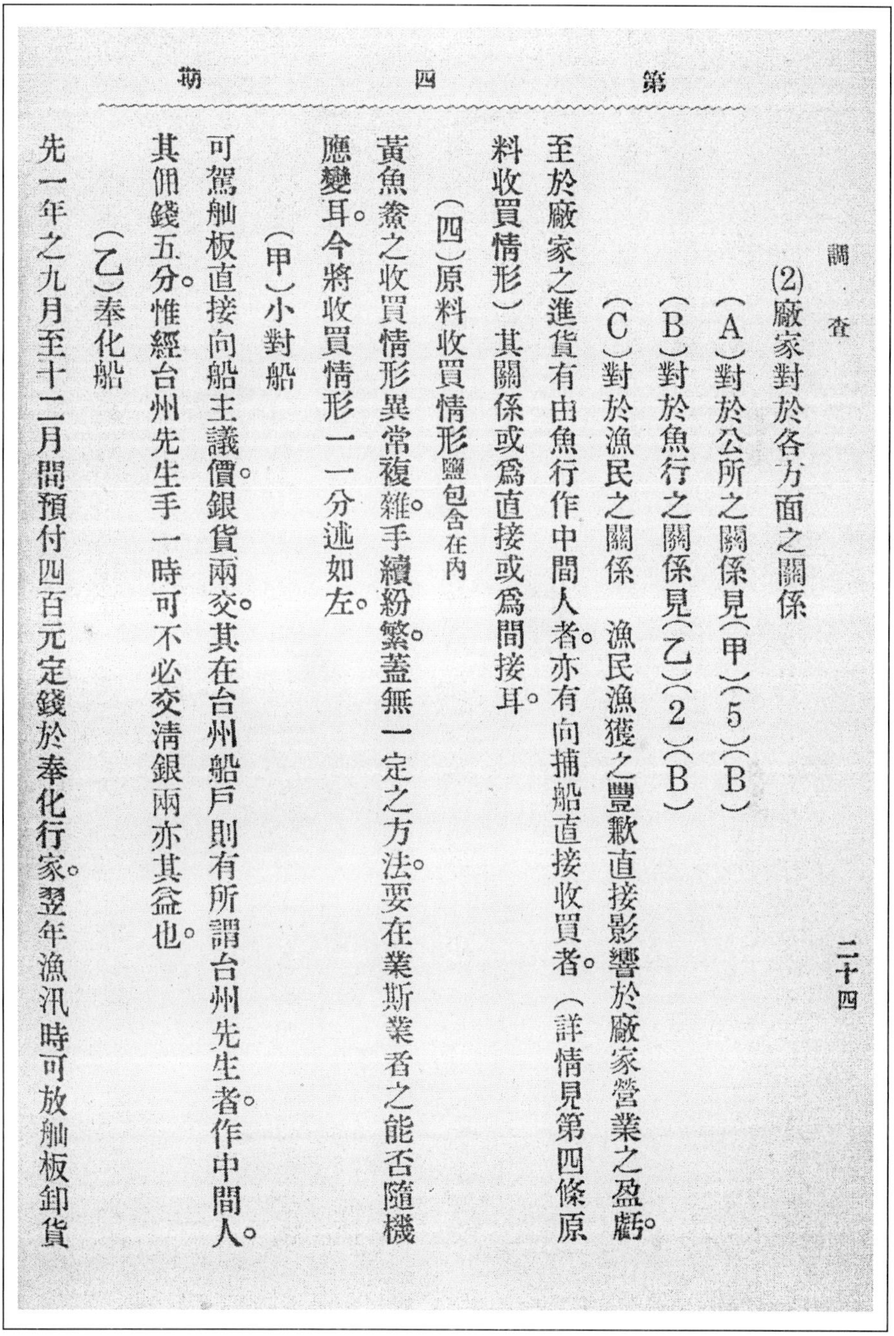

第四期

調查

二十四

(2)廠家對於各方面之關係

(A)對於公所之關係見(甲)(5)(B)

(B)對於魚行之關係見(乙)(2)(B)

(C)對於漁民之關係　漁民漁獲之豐歉直接影響於廠家營業之盈虧。(詳情見第四條原料收買情形)其關係或為直接或為間接耳

至於廠家之進貨有由魚行作中間人者亦有向捕船直接收買者

(四)原料收買情形鹽包含在內

黃魚鯗之收買情形異常複雜手續紛繁蓋無一定之方法要在業斯業者之能否隨機應變耳今將收買情形一一述如左

(甲)小對船

可駕舢板直接向船主議價銀貨兩交其在台州船戶則有所謂台州先生者作中間人。其佣錢五分惟經台州先生手一時可不必交清銀兩亦其益也。

(乙)奉化船

先一年之九月至十二月間預付四百元定錢於奉化行家翌年漁汛時可放舢板卸貨

图3-51　《岱山黄鱼鲞调查报告》,《水产》第四期（1922年7月）

水　　　　産

回廠復碼其價由公所議定由漁行通知廠家又放白鮮船一艘在衢山附近卸貨惟每

斤須減半文白鮮船有先生一人係行家委托往捕船中卸貨時以船上旗號爲記至漁

行佣錢廠家三分漁戶五分結算之時可照原價九五扣

（丙）羅門船

須先放定錢五百元用駁貨船駁貨該船由漁行雇定其上亦有旗號至行家佣錢與奉

化船一樣沈家門捕船之屬於羅門行家者其收買手續亦照羅門船例其不屬於羅門

行家者須預付定錢七百元不問漁期終未如黃魚價額超出定錢必須隨時付清並於

付清之外預付一二百元以備下次漁汛之需如漁汛已終則直接算清可也

（丁）東門船

買魚時照公所議價每斤增加二文不須預付定錢蓋銀貨兩交者也行家佣錢漁戶及

廠家各五分其秤量較好惟所獲黃魚之外如有他種雜魚廠家亦須包收其與羅門船

完全相同其售價不能因魚雜而減低也

附食鹽之收買法

收買食鹽手續簡便設廠家需鹽可紮蒲包於長竹竿上爲記已而有鹽戶送鹽來當面

調查

二十五

图 3-52 《岱山黄鱼鲞调查报告》,《水产》第四期（1922 年 7 月）

第 四 期

調查

二十六

議價。有時即不有所表示而招攬生意者。亦復絡繹不絕此外往鹽場買鹽者亦有之。惟不多見耳至於鹽之價值視需要之多寡產量之豐歉而有差大抵每擔六角至八角云

（五）製品銷售情形

岱山黃魚鮝之銷售頗稱便利有船舶之裝運。有魚行之介紹賣買有漁業公所之監視保護而廠家祇安坐待歟而已今將銷售上之種種情形書之於左

（甲）銷路

因各地嗜好不同而各製品之銷路亦大異。如老鮝都銷於浙江、福建、香港、漢口、天津等處。淡鮝則主銷浙江各地。潮鮝多數銷於江蘇。而漢口、天津居少數瓜鮝以浙江為多天津亦有之茲錄其銷貨最多之進口各埠於下。

老鮝　溫州　杭州　紹興　寧波

淡鮝　杭州　紹興

潮鮝　吳淞　乍浦　瀏浦　瀏河　蘇州

瓜鮝　杭州　紹興　蕭山　寧波　聞家堰

除上列以外尚有下等之瓜鮝則主銷於蘭溪金華二處。

图3-52　《岱山黄鱼鲞调查报告》，《水产》第四期（1922年7月）

水　產

（乙）銷期

銷售各有一定之時期。若過定期則銷路滯塞。售去困難。且價格因之低降也。

老鯗　六七月起至翌年十二月止。

淡鯗　端午起至六月底止。

潮鯗　第一汛末起至端午前後止。

瓜鯗　與潮鯗相同

（丙）銷售法

銷售法有二種一為間接銷售法。一為直接銷售法。

（1）間接銷售法　銷售之先如杭州溫州等處之鹹魚行。每派行友一人到岱與廠家接洽代銷情形。或由廠家函知行家託其推銷。而行家須抽代銷之佣金抽法各地不同。製品一件約取九四扣。或再加九九四扣為廠家與行家接洽既終。乃將製品挑運於漁商公所所屬之運船上挑夫由船上雇定。每件挑資三分。每船可裝七八百件。每件水脚因地方遠近而不同。如至杭紹則為二角四分。至溫州則為二角九分。其價目為漁商公所議定公所預有知單通知廠家開明至各地水脚運船之上有類似船長職務

調查

二十七

图 3-53 《岱山黄鱼鯗调查报告》,《水产》第四期（1922 年 7 月）

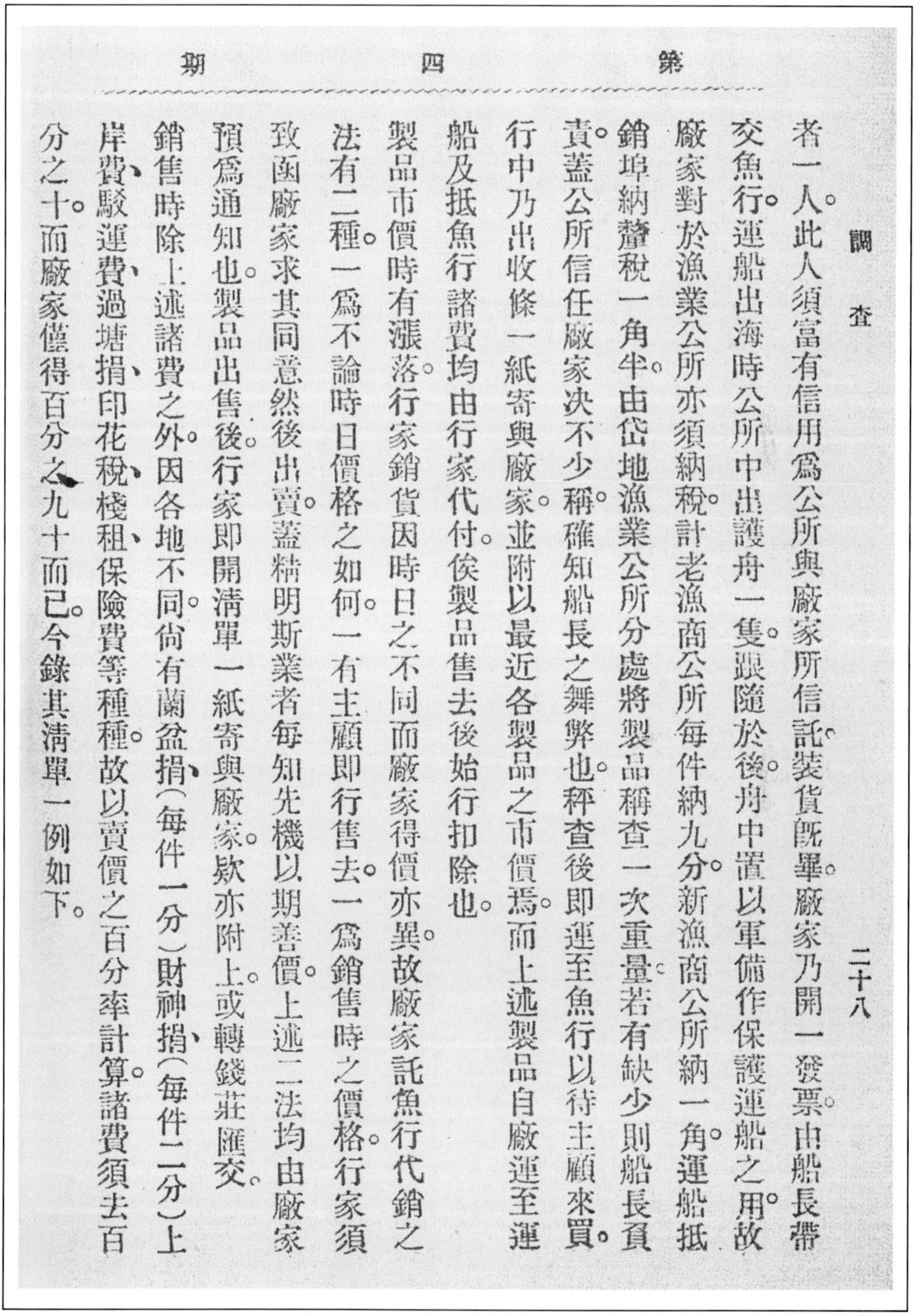

第　四　期

調查

二十八

者一人。此人須富有信用爲公所與廠家所信託裝貨既畢廠家乃開一發票由船長帶交魚行。運船出海時公所中出護舟一隻跟隨於後舟中置以軍備作保護運船之用故廠家對於漁業公所亦須納稅計老漁商公所每件納九分新漁商公所納一角運船抵銷埠納釐稅一角半由岱地漁業公所分處將製品稱查一次重量若有缺少則船長負責蓋公所信任廠家決不少稱確知船長之舞弊也秤查後即運至魚行以待主顧來買。行中乃出收條一紙與廠家並附以最近各製品之市價焉而上述製品自廠運至運船及抵魚行諸費均由行家代付俟製品售去後始行扣除也。製品市價時有漲落行家銷貨因時日之不同而廠家得價亦異故廠家託魚行代銷之法有二種一爲不論時日價格之如何一有主顧即行售去一爲銷售時之價格行家須致函廠家求其同意然後出賣蓋精明斯業者每知先機以期善價上述二法均由廠家預爲通知也製品出售後行家即開清單一紙寄與廠家。欵亦附上或轉錢莊匯交銷售時除上述諸費之外因各地不同尚有蘭盆捐（每件一分）財神捐（每件二分）上岸費駁運費過塘捐印花稅棧租保險費等種種故以賣價之百分率計算諸費須去百分之十。而廠家僅得百分之九十而已今錄其清單一例如下。

图 3-53　《岱山黄鱼鲞调查报告》，《水产》第四期（1922 年 7 月）

水　　　　　産

四月初十陳林仁上　大瓜一件　一百二十四斤　芎

計奴燊洋十元〇一角九分五厘

付水腳　　洋二角四分

付上河塘川洋三角四分

付鰲稅　　洋一角五分

付蘭盆捐　洋一分

付財神捐　洋二分

付公所費　洋一角

付印花稅　洋一分

今付訖洋九元三角二分五厘

入戴忠春　辛酉四月十八日　紹坤泰恒付訖清單

(2)直接銷售法　此法為廠家與行家直接賣買不抽佣金惟用之者甚尠一

行家與一廠家代售之貨已完時再開一總清單與廠家結算一年中銷售之總數也。

般小資本廠家急欲得資願賣價較市價低廉或市上尚無定價預料將來市價低廉及

調查

二十九

图 3-54 《岱山黄鱼鲞调查报告》,《水产》第四期（1922 年 7 月）

調查

有其他特別關係者頗多樂用之也銷售上諸費概歸行家理之。

（丁）市價

三十

製品市價爲銷地鹹魚行公所議定而時有漲落依去年市價每百斤老鯗約可售十六

元淡鯗十八元潮鯗九元半瓜鯗八元半此僅就各種製品之頂圓頂白大瓜者言之若

依各製品之等級而言須較市價各遞減二三角焉。

附魚膠銷售情形

魚膠銷售情形與黃魚鯗不同其銷售之期在漁汛之後至大暑爲止。如長膠圓膠均輸

出國外爲製膠良好原料而片膠則除銷滬地外尙銷漢口天津等各大埠專供食用當

漁汛一過滬上海味行友（俗名收膠客人）接踵來岱至各廠及製膠之家出價收集價

格由岱地漁業公所議定依去年價格片膠每斤一元二三角長膠每斤一元一角圓膠

每斤一元二角惟膠有優劣價亦稍有變動收集旣畢乃行包裝普通多用蔴布包圍魚

膠用繩捆結每包約重一二百斤雇舟裝運滬埠然後再輸銷國外與國內。

（六）製造方法

岱山黃魚鯗製造方法頗屬簡單無充分之學理僅依數十年之習慣墨守遞傳之古法

图 3-54　《岱山黄鱼鯗调查报告》，《水产》第四期（1922 年 7 月）

水　　　産

而已。今第就聞見所及者臚逃於次。倘祈吾水產同志起而改良之。

（甲）製造場

製造場在廠屋之中四側設置鹽漬木桶。於桶旁接以抄鹽盤四周陳設用具。如刀檞木桶及魚鹽之容器並無特別之設備。乾燥場都在屋外或於山巖砂灘之上。

（乙）製造工人

工人均係預先訂定廠中視魚之多寡而定人數之多少。普通每廠有十八至二十八。若在漁汛旺盛之時原料豐多之際。亦可臨時招用廠中擇技術熟練經驗豐富者一人為工頭。製造時之經過至製品告成概歸工頭支配。工人對於工頭取服從主義。工人職務分刀手拔膠抄鹽鹽漬數種而日乾包裝概歸管廠工人之職務也。工資因工人職務而異。刀手取得最多其餘均相同魚體自脊開至鹽漬止每擔百文十分之八為全體均分。十分之二則再屬刀手也。大水時廠中辦伙食。小水不辦。

（丙）製造法

製法分老鯗淡鯗潮鯗瓜鯗四種。製造手續分破體、去鰾腸、抄鹽鹽漬、日乾包裝六種。而淡鯗於日乾之前又須行抽淡洗滌之手續惟因製品之不同而各手續中亦大異其趣

調　查

三十一

图 3-55 《岱山黄鱼鲞调查报告》，《水产》第四期（1922 年 7 月）

第四期

調查

焉。

（1）破體

此種工作屬之刀手作工之時工人先跨橙而坐左手穿手套取魚置橙右手執刀乃著

手破體而老淡潮瓜四種破法各茲詳述於下。

老鯗 將魚體尾部向前脊部向右用左手壓固頭部乃以右手之刀自左側肛門起斜

向背部沿脊鰭進行垂直切下至抵脊骨處即向腹部平斜直向頭部切下截至上顎骨

為止而在切口起端須成圓弧狀再於尾部縱割一刀。

淡鯗 破法與老鯗相同惟脊開時之刀自肛門臀鰭間起。

潮鯗 破法亦同老鯗惟脊開自臀鰭上部起而切口起端不若老鯗之呈圓弧而稍成

斜形耳。

瓜鯗 將魚體尾部向前腹部向右不用脊開即於鰓蓋下一寸處自腹部至脊部斜切

一刀又自肛門左右處與上刀痕平行割一刀再將魚體翻轉於近脊鰭處縱切一刀深

及於骨而小形之魚體全身僅割一二刀亦可。

老淡二鯗原料須取體大肉厚及新鮮者為必要形小不甚新鮮者以製潮瓜為宜工人

三十二

图3-55 《岱山黄鱼鯗调查报告》，《水产》第四期（1922 年 7 月）

水　　　　　　產

調查

熟練者每小時可破七八擔。

(2) 去鰾腸

此種工作以成童爲之即以破後之魚體抽去其鰾置入桶中再取出魚白魚卵等內臟。置於鰾腸桶中老淡潮三煮均如此惟瓜煮則僅於近鰓刀縫處拔出其鰾而腸卵等則殘留腹內也。

(3) 抄鹽

鰾腸既去不經洗滌即行抄鹽先以食鹽堆積鹽盤中然後一人將魚體插入鹽中一人則以食鹽摩擦肉面使各部平均一人則斜登抄鹽後之魚體三四尾陸續授與鹽漬者。但瓜煮於刀痕三處及鰓部須多置食鹽其用鹽之量對於老瓜二種約爲四成淡潮二種約爲三成半然用鹽甯多爲佳岱地工人食鹽與原料並不秤定均依歷次之經驗而得。

(4) 鹽漬

鹽漬容器用圓形木桶。大小無定鹽漬時。一人立桶中桶底先撒以食鹽乃受抄鹽者之魚體頭部向外肉部向上廻轉排列之一層完畢再撒食鹽層層排列至將桶口乃止於

三十三

图 3-56 《岱山黄鱼鲞调查报告》,《水产》第四期（1922 年 7 月）

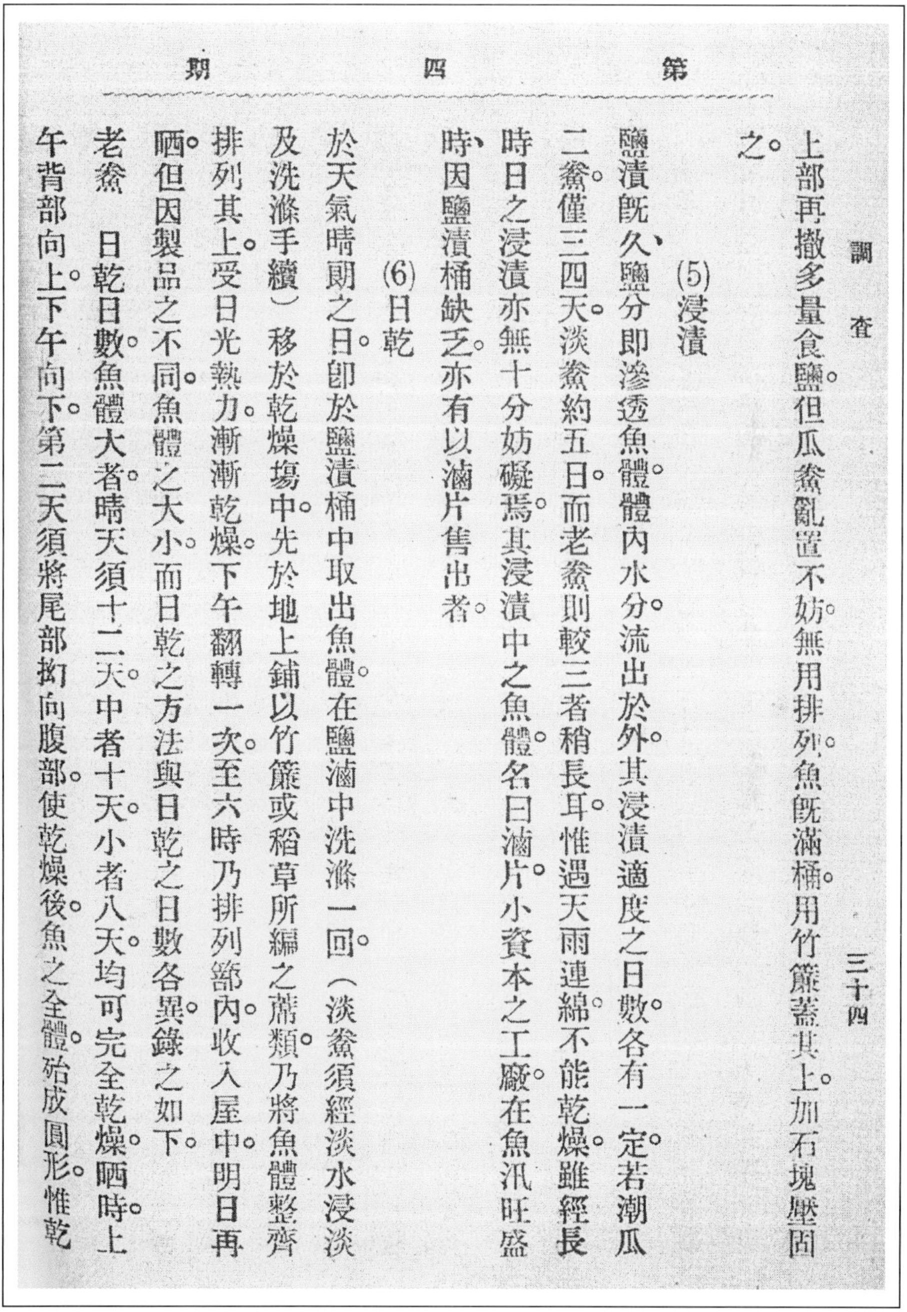

第　四　期

調查

三十四

上部再撒多量食鹽但瓜鯗亂置不妨無用排列魚既滿桶用竹籤蓋其上加石塊壓固之。

(5)浸漬

鹽漬既久鹽分即滲透魚體體內水分流出於外其浸漬適度之日數各有一定若潮瓜二鯗僅三四天淡鯗約五日而老鯗則較三者稍長耳惟遇天雨連綿不能乾燥雖經長時日之浸漬亦無十分妨礙焉其浸漬中之魚體名曰滷片小資本之工廠在魚汛旺盛時因鹽漬桶缺乏亦有以滷片售出者

(6)日乾

於天氣晴朗之日即於鹽漬桶中取出魚體在鹽滷中洗滌一回(淡鯗須經淡水浸淡及洗滌手續)移於乾燥場中先於地上鋪以竹籤或稻草所編之蓆類乃將魚體整齊排列其上受日光熱力漸漸乾燥下午翻轉一次至六時乃排列節內收入屋中明日再晒但因製品之不同魚體之大小而日乾之方法與日乾之日數各異錄之如下

老鯗　日乾日數魚體大者晴天須十二天中者十天小者八天均可完全乾燥晒時上午背部向上下午向下第二天須將尾部扣向腹部使乾燥後魚之全體砭成圓形惟乾

图 3-56 《岱山黄鱼鲞调查报告》,《水产》第四期（1922 年 7 月）

水　産

調查

燥務須十分完全至骨髓中心毫無濕氣乃止乾燥後約當原料之四成

淡鮝　與老鮝完全相同。

潮鮝　日乾日數無論大小祗須一日不用拘尾製品約當原料之五成半

瓜鮝　日乾日數須二三天晒時須將鰓蓋張開上午晒魚體右側下午晒左側製品約當原料之六成半

乾燥中途若天氣忽變雨意將來須迅速收入屋中不然一沾雨點未乾者易變敗已乾者起黑點惟遇長時日之陰雨不克乾燥致魚變敗則不得不重行鹽漬既費鹽量又耗成數爲廠家所最懍忌也然陰雨三四日後乾燥一二日後之魚體尚可支持不致腐敗

(7)包裝

日乾後即行包裝容器均爲篾製之節有大小二種大者曰大節小者曰花簍潮瓜二種皆裝大節老淡二種則多裝花簍包裝之前容器內部周圍勻鋪稻草用秤衡定其重量大節每只重十斤花簍每只重八斤用竹圈置於內側用防稻草紊亂然後將魚體斜疊一束俗名一花每花大者七尾小者八九尾頭部向外背部向下平置節中四花作一層層層排列魚體小者置於中央大者置於上部(排列二三層後須除去竹圈)每節層數

三十五

图 3-57 《岱山黄鱼鲞调查报告》,《水产》第四期（1922 年 7 月）

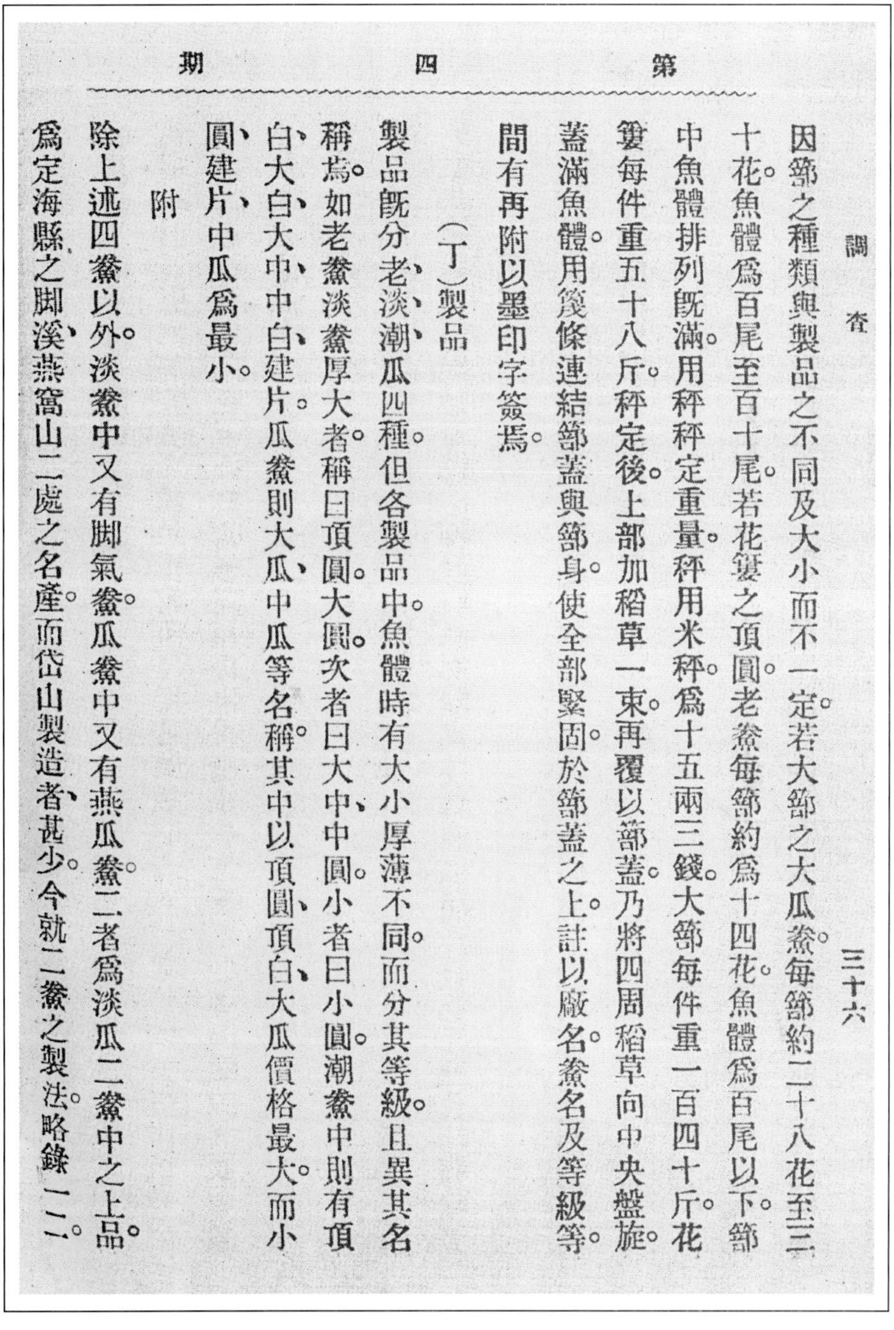

調查

三十六

因節之種類與製品之不同及大小而不一定若大節之大瓜鮝每節約二十八花至三十花魚體為百尾至百十尾若花鍰之頂圓老鮝每節約為十四花魚體為百尾以下節中魚體排列既滿用秤秤定重量秤用米秤為十五兩三錢大節每件重一百四十斤花

夔每件重五十八斤秤定後上部加稻草一束再覆以節蓋乃將四周稻草向中央盤旋

蓋滿魚體用篾條連結節蓋與節身使全部緊固於節蓋之上註以廠名鮝及等級等

間有再附以墨印字簽焉

（丁）製品

製品既分老、淡、潮、瓜四種但各製品中魚體時有大小厚薄不同而分其等級且異其名

稱焉如老鮝淡鮝厚大者稱曰頂圓大鼠次者曰大中中圓小者曰小圓潮鮝中則有頂

白大白大中中白建片瓜鮝則大瓜中瓜等名稱其中以頂圓頂白大瓜價格最大而小

圓建片中瓜為最小。

附

除上述四鮝以外淡鮝中又有脚氣鮝瓜鮝中又有燕瓜鮝二者為淡瓜二鮝中之上品。

稱為如老鮝淡鮝厚大者稱曰頂圓大鼠次者曰大中中圓小者曰小圓潮鮝中則有頂

為定海縣之脚溪燕窩山二處之名產而岱山製造者甚少今就二鮝之製法略錄二二

图 3-58 《岱山黄鱼鮝调查报告》,《水产》第四期（1922 年 7 月）

產　　　　　　　水

聊資參攷。

脚溪鮺　取如淡鮺經鹽漬後之魚體置於山澗之中受澗水之衝澄漂淡鹹味再用刷

洗刷潔白乃排列於竹簾上俟魚稍乾將魚尾彎曲日乾四五日置於稻草中使魚體中

水分滲出外部經一夜再行日乾惟乾燥時常有蠅類飛集其上於鰓內縫隙之處蠅

着生蟲蛆須時除去而於脚溪之地有一種植物塞於魚體各部蠅蟲每爲之遠避日

乾七八日已完全乾燥即可包裝販賣矣。

燕瓜鮺　擇新鮮魚體亦如瓜鮺之先於左側割二刀後於右側割一刀惟左側之二刀

與瓜鮺相反拔膠後鹽漬約三四日取出用淡水浸淡洗滌潔淨日乾二三日即行包裝

（戊）副產物

臟鹽滷亦爲有用之物今特臚舉於次。

製造黃魚鮺時副產物產出甚富幾有無一廢棄者若魚膠、魚卵。均爲貴重之水產品内

（1）魚膠

魚膠爲副產物中之最主要者廠中雇女工製造或將水膠售出製法即以拔出之魚鰾。

（俗名水膠）置於稀薄明礬水中浸漬二二十分鐘乃取出剝去外附黑包之綢膜用剪

調查

三十七

图 3-58　《岱山黄鱼鮺调查报告》,《水产》第四期（1922 年 7 月）

調查

於質薄處。自頭向尾部垂直剪開平鋪檯上用海水溫潤除去內部血膜平置簾上略整

形狀於日光下乾燥半日所成之製品名曰片膠。此外尚有製長膠及圓膠二種前者製

法即以除去內膜後之鰾片數枚疊成一塊粘成長形再用手徐徐扯長約三四尺務使

厚薄均勻乃以懸掛竹竿上乾燥之晴天一日已完全乾燥而陰天須兩三日後者製法

積疊鰾片數枚扯成適當圓形入於布片中用木棍展平俟各片盡行密着且厚薄平均

即可取去布片而日乾之晴天一日已能乾燥普通每魚百斤可得水膠二斤半而製品

一斤需水膠三斤雌魚之鰾常較雄魚質厚而良斤膠圓膠製造時須取厚大之原料故

利益不良而長膠製造時非唯小形質薄者可以混充其內且裏肉等亦可附着於上故

利益倍佳製品既成包以蔴袋以待主顧。

(2)魚卵

魚卵亦頗貴重製造之法即於腸鰾桶中擇雄大色淡而卵膜不破者於稀薄鹽水中浸

漬一回取出排列竹簾上乾燥二三日即成數約當鮮卵之七成左右每斤價格約四

角左右岱山甯波等處多供食用。

(3)內臟

三十八

图 3-59　《岱山黄鱼鲞调查报告》,《水产》第四期（1922 年 7 月）

水　　　　　　　　　　產

內臟岱人亦供食用鰾腸桶中取去佳良之魚卵後濾去水分加以食鹽稍形乾燥即可售賣每元可購二三十斤

(4)鹽滷

即鹽漬黃魚後之滷汁不加何種手續即行販賣每擔僅售四五十文所得之資多屬管廠工人或以之晒出食鹽再用以鹽漬魚類也。

(5)渣滓

為鹽漬桶底部之渣澱可用為肥料。每擔可售一二角。

集美學校水產科來稿　張榮昌

廈門之漁業

魚類第一

廈門之重要魚類如左：

魚名	體色	體長	漁場	漁期
紅花魚	黃	四呎餘	金門外海	九月—一二月
嘉臘魚	赤	四呎	金門外海至澎湖附近	七——一

調查

三十九

图 3-59　《岱山黄鱼鲞调查报告》,《水产》第四期（1922 年 7 月）

五、《江苏省立水产学校十寅之念册》(摘选)

技术部试验成绩

本文原载于《江苏省立水产学校十寅之念册》，壬戌年冬月，1922年11月

本校分渔捞、制造、养殖三科，除养殖科方始增设养殖场尚在筹备时代外，渔捞、制造两科宜有以成绩曝布于社会。惟历年设备都以省款竭蹶，不能按照计划进行。即万不可少者，犹因陋就简，故于实验上颇觉困难。然苟可以就藉省之经费而得以实施习练者，无不尽力设法使所学皆得收实利之效，且于学生实习外复设技术部为各科技术员试验各种技术之用。翼有所阐明而改良之，以为教授上之参考与实施时之准，则此区区苦衷差可告慰于社会者也。兹就技术部各种试验成绩之较可记者，略述于次。至其详细有发刊之报告（本校校友会发行之水产杂志中此类报告甚多），在可参证焉。

……

（乙）制造科
鱼类罐头制造试验

鱼类肉质柔软，极易腐败。虽有干燥盐藏等法得以贮藏较久，惟制品风味与新鲜者迥异。本校乃取各种鱼类加以调理，制成各种罐头食物，使鱼类之风味不稍变且得贮藏长久。结果颇见良好，其最佳者制成已经七年，而品质尚未丝毫变坏云。

鱼类盐藏试验

鱼类之可用食盐贮藏者，种类极多，不遑枚举。本校就各种试验结果，知用盐愈多，其保存力必愈大。然深以用盐愈多，则咸味愈强，以致鱼之风味愈不适口为憾。因是一二年来，曾发见（现）用盐即使较少，保存力仍可依旧之方法。惜结果尚未臻完美耳。

水产动物采精制试验

江浙近海产海豚甚富，无识渔民尊为海神，莫敢捞捕，故亦从无利用之者。本校曾以其皮制革，以其白肉用加热法采取其油，所得者色浓味臭，似无甚利用。继乃加以精制，即得色淡黄而稍有臭气之油类。

水产动物油硬化试验

即以前项所得稍有臭气之海豚油，用触煤法添加轻素，结果得无臭无味而形似牛脂之白色固状脂肪。按有色有臭之油类，倘一经硬化，其用即大著。凡肥皂、蜡烛等之制造皆可应用矣。

制盐试验

以制粗盐，用再制法处理后得洁白而又粒细之盐。用炭（碳）酸钠、石灰等药品精制后，所得之盐色更白，盐化钠几占全部。

加热用灶试验

水产制造上加热之应用颇多，除蒸气加热外，普通用直接火热者居多，惟吾国灶之构造对于燃料一层素不注意。本校为节省燃料起见，根据完全燃烧及余热利用之原理，造成合式之灶，试验结果所省燃料可达一半以上。

鱼鳞制胶试验

鱼类鳞片中含有胶质，惟普通除一部分以之作肥料外，大都废弃不用。本校因向岱山及淞沪等处收买黄鱼、青鱼等鳞作为采胶原料，历经试验，成绩渐佳。所得制品固形胶色淡，透明，品味颇优。液体胶并可作照相制版之用，且胶液抽出后之渣，犹含多量之磷酸，仍不失肥料之价值。

皮革制造试验

海兽鱼皮都可制革，且其价值有非陆产皮革所能企及者，惟我国目下尚无捕获专业。故此类原料搜集非易，除遇有海产原料外，常以陆产皮代用。应用最新方法仿制各种皮革，结果尚见良好，惟设备简单，手续上不无困难耳。

贝壳利用试验

贝壳利用，除所制纽扣已于江苏第二次地方物品展览会得有一等奖外，并以贝壳制成弈具，亦颇受社会欢迎。

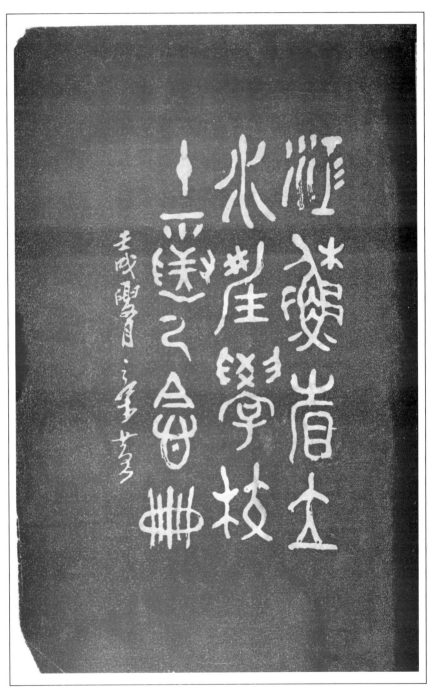

图 3-60 《江苏省立水产学校十寅之念册》封面（1922 年 11 月）

技術部試驗成績

本校分漁撈製造養殖三科除養殖科方始增設養殖場尚在籌備時代外漁撈製造兩科宜有以成績曝布於社會惟歷年設備都以省款竭蹶不能按照計劃進行卽萬不可少者猶因陋就簡故於實驗上頗覺困難然苟可以就藉省之經費而得以實施習練者無不盡力設法使所學皆得收實利之效且於學生實習外復設技術部爲各科技術員試驗各種技術之用冀有所闡明而改良之以爲教授上之參攷與實施時之準則此區區苦衷亦可告慰於社會者也茲就技術部各種試驗成績之較可記者略述於次至其詳細有發刊之報告（本校校友會發行之水產雜誌中此類報告甚多）在可參證焉

（甲）漁撈科

鱭魚棉綫刺網試驗

鱭魚又名栲仔魚我蘇漁民咸以絲網捕之漁獲雖豐但絲價昂貴成本太重致利益減少本校有鑒於此乃用四本棉綫編製同樣之網幷於同時作比較試驗頗得良好結果今將其雙方比較列表於左

種類	網價	漁獲物數量	網之重量	網之耐久力
棉綫網	價賤二分之一	相等	較重三分之一	質地堅靱不易切斷
絲網	價昂	相等	較輕	易於切斷

觀上表所述棉綫網價旣低廉且不易切斷是較勝於絲網雖質量稍重但於江河內作業關係甚少故用棉綫網捕之得認爲良好漁具

技術部試驗成績

一

图3-61　《技术部试验成绩》,《江苏省立水产学校十寅之念册》(1922年11月)

恃理想所能推測本校千九年十月起至十年十一月止繼續試驗比較得失以備參考所得結果另具報告

（乙）製造科

魚類罐頭製造試驗

魚類肉質柔軟極易腐敗雖有乾燥鹽藏等法得以貯藏較久惟製品風味與新鮮者迥異本校乃取各種魚類加以調理製成各種罐頭食物使魚類之風味不稍變且得貯藏長久結果頗見良好其最佳者製成已經七年而品質尚未絲毫變壞云

魚類鹽藏試驗

魚類之可用食鹽貯藏者種類極多不遑枚舉本校就各種試驗結果知用鹽愈多其保存力必愈大然深以用鹽愈多則鹹味愈強以致魚之風味愈不適口為憾因是一二年來曾發見用鹽即使較少保存力仍可依舊之方法惜結果尚未臻完美耳

水產動物採精製試驗

江浙近海產海豚甚富無識漁民罕為海神莫敢撈捕故亦從無利用之者本校曾以其皮製革以其白肉用加熱法採取其油所得者色濃味臭似無甚利用繼乃加以精製即得色淡黃而稍有臭氣之油類

水產動物油硬化試驗

即以前項所得稍有臭氣之海豚油用觸媒法添加輕素結果得無臭無味而形似牛脂之白色固狀脂肪按有色有臭之油類倘一經硬化其用即大著凡肥皂蠟蠋等之製造皆可應用矣

製鹽試驗

以製粗鹽用再製法處理後得潔白而又粒細之鹽用炭酸鈉石灰等藥品精製後所得之鹽色更白鹽化鈉幾占全部

技術部試驗成績

三

图3-62 《技术部试验成绩》，《江苏省立水产学校十寅之念册》(1922年11月)

技術部試驗成績

加熱用灶試驗

水產製造上加熱之應用頗多除蒸氣加熱外普通用直接火熱者居多惟吾國灶之構造對于燃料一屑素不注意本校爲節省燃料起見根據完全燃燒及餘熱利用之原理造成合式之灶試驗結果所省燃料可達一半以上

四

魚鱗製膠試驗

魚類鱗片中含有膠質惟普通除一部分以之作肥料外大都廢棄不用本校因向岱山及淞滬等處收買黃魚青魚等鱗作爲採膠原料歷經試驗成績漸佳所得製品固形膠色淡透明品位頗優液體膠幷可作照相製版之用且膠液抽出後之渣猶含多量之燐酸仍不失肥料之價值

皮革製造試驗

海獸魚皮都可製革且其價値有非陸產皮革所能企及者惟我國目下尙無捕獵專業故此類原料搜集非易除遇有海產原料外常以陸產皮代用應用最新方法仿製各種皮革結果尙見良好惟設備簡單予續上不無難耳

貝壳利用試驗

貝壳利用除所製鈕扣已于江蘇第二次地方物品展覽會得有一等獎外幷以貝壳製成弊具亦頗受社會歡迎

图 3-63 《技术部试验成绩》,《江苏省立水产学校十寅之念册》(1922 年 11 月)

六、《水产学生》
（江苏省立水产学校学生会月刊第一期）（摘选）

水产品之一般制造法

郑伦显

本文原载于江苏省立水产学校学生会发行的《水产学生》（江苏省立水产学校学生会月刊第一期），民国十八年十一月（1929 年 11 月）

鱼介各类，虽为吾人之重要食品，然非随时随地所可得者，必先从事渔捞，方可得新鲜之鱼介；惟新鲜鱼介离水后，即失其生活机能，而引起细菌之繁殖，故尤必须设法保持其鲜度，以免陷于腐败而不可食，是以制造尚焉。但制造方法，种类繁多，有防腐剂者，有施行干燥或封藏，或浸渍者；有施行加热，断气，或冷却者；要亦须视物品种类，地方气候，食用者之嗜好而定。总以无害卫生，可供不时之需为目的。今择其重要之制作法，述之于左，其亦吾道所乐闻欤！

（一）干制法

水产物在新鲜状态中，含有水分，约百分之七十——百分之八十，此多量之水分，为细菌繁殖时之必需品；生鲜水产物，放置空气中，暂时即起腐败者，即是故也。若干燥之，使水分减少，则细菌之发育，即能阻止，腐败之现象，因亦不现，此干制法之所以为保存食品方法之一也。

（1）素干法：不加任何工程，水洗后，即行干燥，其制品：如鱼翅，鱼肚，鱿鱼，明府鲞，海贼及海产各种藻类等。

（2）盐制法，其制品：如盐干，鳕黄鱼等，鱼小者，用全形；中者，先加腹开，或脊开；大者，先切成适宜之形状，然后用盐渍之，以收缩其筋肉，增加其风味，继乃干燥之。

（3）煮干法：先以原料，经一度之煮熟，而后干燥者，其煮熟之前，所加工程，尚有三种：一、煮熟后，即行干燥者；二、煮熟前，经一度之盐渍者；三、煮熟后，用焙干法干燥者。其制品：如海参，干鲍，干虾，淡菜等。

（4）灸鲍法：即制造工程中有灸焙之操作者，其制品：如日本之鲣，鳓，等。

（5）熏干法：以鱼介类，先加盐渍后，入室熏内，赖烟舆熟之作用，使奏长时间贮藏之效力者也。其制品：如熏□，熏鳗，等。

（6）冻干法。先经冻结，而后干燥者。即以富含寒天质之海藻，先行晾白，与水共煮，取出其寒天质，然后利用严寒，使之冻结，更赖日光之照射，使所存水分融解，蒸散，而后制成者也。其制品：如洋菜是。

（二）盐藏法

盐藏云者，即以食盐为主，使贮藏鱼介类，以期其经久不腐败之谓。乃水产物贮藏法中，最简便最通行之方法也。自大鱼以至小鱼，多应用之，本法之所持以防腐者，即为食盐。因食盐有起寒收敛之作用，盐鱼介类一经盐渍，即起冷却，并有去水之功效，予细菌以不宜之机会，于是乃奏贮藏之效力，是种贮藏□，□干制法为□，□□□□□□贮藏，则非用多量之食盐不可，但用盐愈多，则碱味愈强，对于风味方面，则甚为快感也。故盐藏品，可分为二种：有以食味为主，而用少量食盐者；有以保存为主，而用多量食盐者；要皆随需要之情形不同，然亦不可一概而论也。实则盐量之多少，尚有别种关系在焉：

（1）天气温暖时，用盐较多。

（2）远距离输送时，用盐较多。

（3）原料不新鲜者，用盐较多。

盐藏品之优劣，与所用之盐甚有关系，故所用之盐，须加选择，其标准如下：

（1）盐色洁白

（2）盐味强咸，而不带苦味。

（3）吸湿性较弱者。

盐藏法，大则为盐渍，与盐水渍，二种。盐渍法者：则鱼体，与盐交互混积之谓也，盐水渍者：则先浸渍其中是也。但或种之盐藏品，亦有兼用二法者，前者称假渍；后者称本渍。

（三）罐藏法

罐藏法者，将鱼介类充填于洋铁罐，或玻璃罐内，而密封之，以防外气之侵入，更加热力，扑减内部之细菌，以期得长久之贮藏，乃食品贮藏上最进步之方法也，就其制造上手续言之：分含气式，脱气式，二种，罐头密封后，即行加热杀菌者，为含气式；先加一度之热力，驱出罐内膨胀之空气，而后密封加热者，为脱气式。就其内容物之风味言之，则可分为下列数种：

（1）水煮制：水煮制者，以新鲜之原料，用全形式，或经适当之切截者，不加任何调理，即行置入罐内，添加适当之清水，或稀薄之盐水，而后密封加热者也。此种内容物，具有其固有之风味，得由需用者之嗜好，于临食时，适当调理之。

（2）加味制：加味制者，于原料中先行种种调味料及香，辛，料，继而或煮，或烤，或熏，或煤以制成即可食用之制品。而后始行装入罐内用密封加热以制之；此种制品于开罐后，即可供食用。

（3）油渍制：此种制法，流行于欧美，乃以新鲜之原料，先经适当处理，再入稀薄盐水中，加以适当之盐味除去水分，暂热于已经微热之油锅内，而后装入罐中，注入橄榄油少许，再行密封加热，即成。

（4）醋渍法：此种制品，亦为欧美人所嗜食，其法：将渍净原料，先经淡盐渍，盐水渍者；或经油煤，种种手续者；装入罐内，然后加以醋液，再加辛，香，料少许，密封后，加热，杀菌，即成。除上列数种外，犹有糖渍之一种，但水产罐头品，无有用此法者，故略之。

（四）冷藏法

冷藏法，为世界最新式最进步之食品贮藏法，即以新鲜鱼介类，安置冷所，阻止细菌之发育，使达长期保存之目的煮也，此法分为二种：即冰藏法，冷却法，是也。冰藏法者：应用之冰液化潜热，以达其冷藏之目的，其所用之冰，分天然水，与人造冰两种；惟于冰藏时，和以适量之食盐，或盐化錏，盐化钙，等药品，使其起寒更甚，若用冰块贮藏鱼介时以冰块较细，且与鱼体不相接触为宜；在鱼体冷藏前，并须经一度之预备冷却方可。冷却法者；应用液体之气化潜热，使室内空气冷却，而达其冷藏之目的者也，此法亦分二种；即直接冷却法，与间接冷却法是也。直接冷却法者；即以其气管直接布置冷却室内而冷却者也，间接冷却法；亦称为盐水冷却法，即将盐水先经冷却，然后送入冷室内，而冷却者也，冷却室亦分为二种，一曰普通冷却室，一曰地下冷却室，惟室之周围，必须密闭，且均须有绝缘之装置。

以上四种之水产物保存法，为现行之普通者，故约略述之，其有志于水产品制造事业者，幸留意焉。

图 3-64　江苏省立水产学校学生会发行的《水产学生》
（江苏省立水产学校学生会月刊第一期）封面（1929 年 11 月）

水產品之一般製造法

鄭食鱉

魚介各類，雖爲吾人之重要食品，然弄團時間地所可得者，必先從事漁撈，方可得薪鮮之魚介；

懼薪鮮魚介離水後，即失其生活機能，而引起細菌之繁殖，故尤必須設法保持其鮮度，以免陷於腐敗而不可食，是以製造留爲。但製造方法，種類繁多，有防腐劑者，有施行乾燥或封藏，或浸漬者；有施行加熱，蒸氣，或冷卻者；要亦須視物品種類，違方氣候，食用者之嗜好而定。總以無害衛生，可供不時之需爲目的。今擇其重要之製作法，述之於左，其亦吾道所樂聞歟！

（一）乾製法：

水產物在薪鮮狀態中，含有水分，約百分之七十——百分之八十，此多量之水分，爲細菌繁殖時之必需品；生鮮水產物，放置空氣中，暫時即起腐敗者，即是故也。若乾燥之，使水分減少，則細菌之發育，即能困止，腐敗之現象，因亦不現，此乾製法之所以爲保存食品方法之一也。

（1）素乾法：不加任何工程，水洗後，即行乾燥，其製品：如魚翅，魚肚，鯗魚，明府鯗，海蜇及海產各種藻類等。

（2）鹽乾法，其製品：如鹽乾，鹹黃魚等。魚小者，用全形；中者，先加腹開，或者開；大者，先切成適宜之形狀，然後用鹽漬之，以緊縮其肉，增加其風味，粗乃乾燥之。

（3）煮乾法：先以原料，經一度之煮熟，而後乾燥者，其煮熟之前，所加工程，倒有三種：一，煮熟後，即行乾燥者？二，煮熟前，經一度之鹽漬者；三，煮熟後，用焙乾法乾燥者。其製品：如海蜇，乾鮑，乾蝦，淡菜等。

（4）炙鮑法：即製造工程中有炙焙之操作者，

图 3-65 《水产品之一般制造法》，《水产学生》

（江苏省立水产学校学生会月刊第一期）（1929 年 11 月）

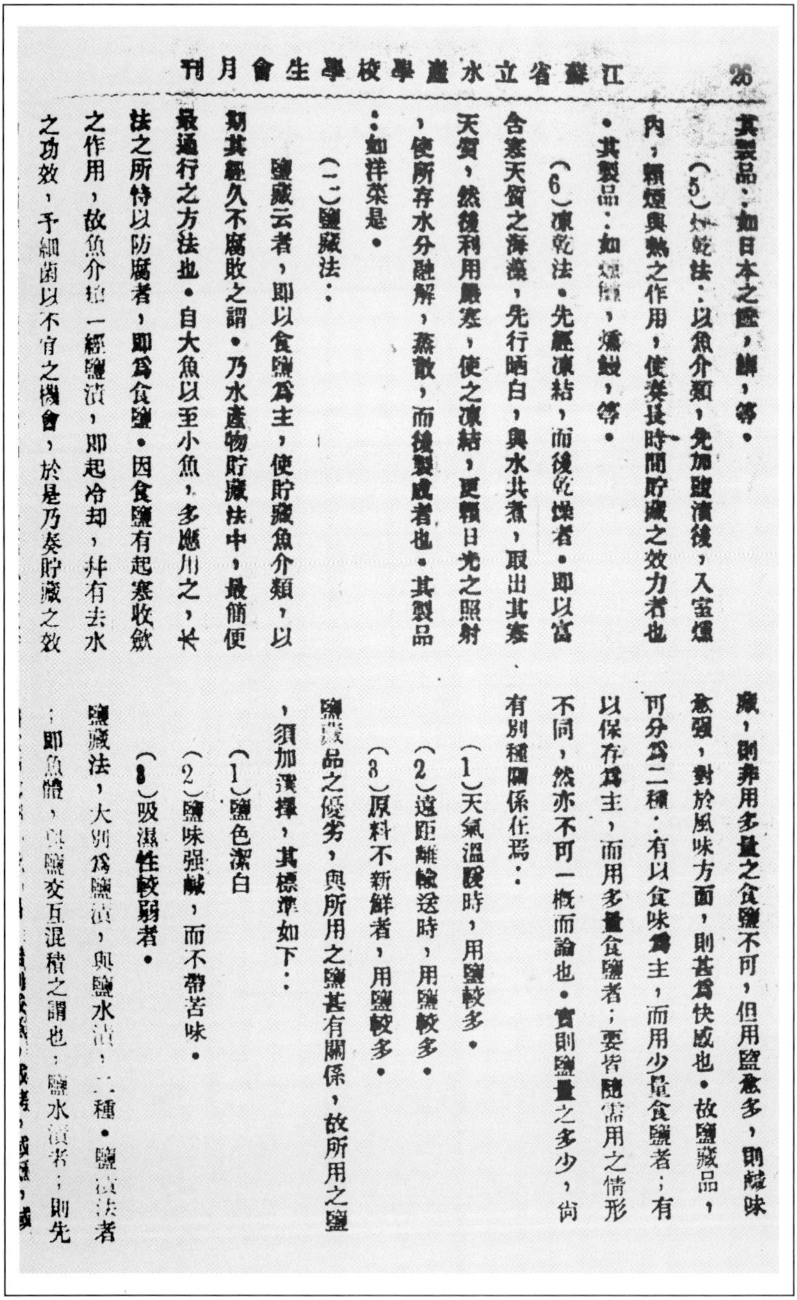

江蘇省立水產學校學生會月刊　25

其製品，如日本之鹽，鰹，等。

（5）燻乾法：以魚介類，先加鹽漬後，入室燻內，賴煙與熱之作用，使奏延時間貯藏之效力者也。其製品：如燻魚，燻蟹，等。

（6）凍乾法：先歷凍結，而後乾燥者也。即以富含寒天質之海藻，先行晒白，與水共煮，取出其寒天質，然後利用嚴寒，使之凍結，更賴日光之照射，使所存水分融解，蒸散，而後製成者也。其製品，如洋菜是。

（二）鹽藏法：

鹽藏云者，即以食鹽為主，使貯藏魚介類，以期其經久不腐敗之謂。乃水產物貯藏法中，最簡便最適行之方法也。自大魚以至小魚，多應用之，其法之所特以防腐者，即為食鹽。因食鹽有起寒收歛之作用，故魚介垣一經鹽漬，即起冷却，并有去水之功效，予細菌以不宜之機會，於是乃奏貯藏之效

藏，則弗用多量之食鹽不可，但用鹽意多，則鹹味意強，對於風味方面，則甚齎快感也。故鹽藏品，可分為二種。有以食味為主，而用少量食鹽者；有以保存為主，而用多量食鹽者；要皆隨需用之情形不同，然亦不可一概而論也。實則鹽量之多少，尚有別種關係作焉：

（1）天氣溫暖時，用鹽較多。

（2）遠距離輸送時，用鹽較多。

（3）原料不新鮮者，用鹽較多。

鹽藏品之優劣，與所用之鹽甚有關係，故所用之鹽，須加選擇，其標準如下：

（1）鹽色潔白

（2）鹽味強鹹，而不帶苦味。

（3）吸濕性較弱者。

鹽藏法，大別為鹽漬，與鹽水漬二種。鹽漬法者，即魚體，呈鹽交互混積之謂也。鹽水漬者，則先

图 3-66　《水产品之一般制造法》,《水产学生》
（江苏省立水产学校学生会月刊第一期）（1929 年 11 月）

第　　　　期　　27

，前者稱假漬：後者稱本漬。

（三）罐藏法：

罐藏法者，將魚介類充填於洋鐵罐，或玻璃瓶內，而密封之，以防外氣之侵入，更加熱力，撲滅內部之細菌，以期得長久貯藏，乃食品貯藏上最進步之方法也。就其製造上手續言之：分含氣式、脫氣式二種，罐頭密封後，即行加熱殺菌者，為合氣式；先加一度之熱力，驅出罐內膨脹之空氣，而後密封加熱者，為脫氣式。就其內容物之風味言之，則可分為下列數種：

（1）水煮製：　水煮製者，以新鮮之原料，用全形式，或輕適當之切截者，不加任何調理，即行置入罐內，添加適量之清水，或稀薄之鹽水，而後密封加熱者也。此種內容物，具有其固有之風味，得由需用者之嗜好，於臨食時，適當調理之。

（2）加味製：　加味製者，於原料中先行種種燥以製成即可食用之製品。而後始行裝入罐內用密封加熱以製之；此種製品於開罐後，即可供食用。

（3）油漬製：　此種製法，流行於歐美，乃以新鮮之原料，先經適當處理，再入稀薄鹽水中，加以適當之鹽味除去水分，暫熱於已經微熱之油鍋內，而後裝入罐中，注入橄欖油少許，再行密封加熱，即成。

（4）醋漬製：　此種製品，亦為歐美人所嗜食，其法：將漬淨原料，先經淡鹽漬，鹽水微者；或輕油爆，種種手續者；裝入罐內，然後加以醋液，再加辛，香，料少許，密封後，加熱，殺菌，即成。除上列數種外，猶有糖漬之一種，但水產罐頭品，無有用此法者，故略之。

（四）冷藏法：

冷藏法，為世界最新式最進步之食品貯藏法，即以新鮮魚介類，安置冷所，阻止細菌之發育，使達長

图 3-67　《水产品之一般制造法》，《水产学生》
（江苏省立水产学校学生会月刊第一期）（1929 年 11 月）

江蘇省立水產學校學生會月刊　　　　28

期保存之目的者也，此法分爲二種：即冰藏法，冷

却法，是也。冰法藏者：應用之冰液化潛熱，以達

其冷藏之目的，其所用之冰，分天然冰，與人造冰

兩種；惟於冰藏時，和以適量之食鹽，或鹽化鈣，

鹽化鈣，等藥品，使其起寒更甚，若用冰塊貯藏魚

介時以冰塊較細，且與魚體不相接觸爲宜；在魚體

冷藏前，并須經一度之預備冷却方可。冷却法者；

應用液體之氣化潛熱，使室內空氣冷却，而達其冷

藏之目的者也，此法亦分二種；即直接冷却法，與

間接冷却法是也。直接冷却法者；即以其氣管直接

布置冷却室內而冷却者也，間接冷却法；亦稱爲鹽

水冷却法，即將鹽水先經冷却，然後送入冷却室內

，而冷却者也，冷却室亦分爲二種，一曰普通冷却

室，一曰地下冷却室，惟室之周圍，必須密閉，且

均須有絕緣之裝置。

以上四種之水產物保存法，爲現行之普通者，

故約略述之，其有志於水產品製造事業者，幸留意

焉，

图 3-68 《水产品之一般制造法》，《水产学生》
（江苏省立水产学校学生会月刊第一期）（1929 年 11 月）

参考文献

1. 潘迎捷，乐美龙.上海海洋大学传统学科、专业与课程史［M］.上海：上海人民出版社，2012.

2. 上海市地方志编纂委员会.上海市级专志.上海海洋大学志［M］.上海：华东师范大学出版社，2016.

3. 汪洁.上海海洋大学档案里的捕捞学［M］.上海：上海三联书店，2020.

后　记

　　上海海洋大学水产品加工及贮藏工程学起源于民国元年（1912年）江苏省立水产学校初创时设立的制造科。一百多年来，水产品加工及贮藏工程学与学校同发展共命运，与国家经济建设需要和产业发展相始终。该学科从无到有，从稚嫩、逐步完善到日臻强大，承担着为国家创造财富、开展科学研究和国际合作的重任，为国家培养和输送了大批教育、科研、行政管理、企业经营管理等高级专业人才，承担的国家级、省部级项目，多次获国家级、省部级科技进步奖等奖项，为我国食品科学技术的进步和水产事业的发展作出了重要贡献。

　　时光清浅，岁月阑珊。水产品加工及贮藏工程学科百余年发展足迹，在学校档案馆厚重的卷帙里，留下了珍贵的印记。打开尘封记忆，再现精彩瞬间，传承学科文脉，传播海大精神，不仅是兰台人的职责，也是兰台人的使命和担当。

　　为充分挖掘学校初创时设立的、具有百余年历史的三大传统优势学科（捕捞学、水产养殖学、水产品加工及贮藏工程学）发展历程中的点点滴滴，编撰《上海海洋大学档案里的捕捞学》《上海海洋大学档案里的水产养殖学》《上海海洋大学档案里的水产品加工及贮藏工程学》三部著作，反映三大学科发展的历史脉络，帮助人们更好地了解学科发展的动因和演变规律，为学科未来发展提供借鉴和启迪，编者历经数载，克服种种困难和不便，利用节假日、寒暑假等在卷帙浩繁的档案库房中，进行大量而深入艰苦的档案原始材料的搜寻、挖掘、筛选、考证、研究、提炼、辑录以及文稿的撰写等工作。

"前事不忘后事师，自来坟典萃先知。"今世赖之知古者——档案，后世赖之知今者——档案。抹净尘埃，黄卷生辉，前轨可迹。百余载艰苦创业，筚路蓝缕；百余载栉风沐雨，砥砺前行；百余载桃李芬芳，薪火相传。

本书素材来源于学校档案馆现存馆藏档案（1915—2023）。需要说明的是，在编撰中，对于档案原始史料中使用繁体字的，统一使用简化字；对于未加标点的，重新进行标点；对于错字，在错字后用圆括号"（　）"标明正字；对于增补的漏字，亦用圆括号"（　）"标明；对于残缺的字，每个字用一个空方格"□"表示；对于删节部分，用省略号"……"表示；此外，为保持档案原貌，所选档案原始史料中涉及有误者，原文照录，未作改动，以利于读者参考和研究；对于原文中需要说明的问题，则以脚注"［1］""［2］"……标明。然而，尽管如此，仍难免存在一些讹误，恳请读者不吝指正。

本书编辑出版得到学校党政领导的高度重视和大力支持，得到学校"一流学科"文化建设项目的资助和支持。校长万荣教授亲自为本书作序，在此深表敬意和感谢！分管档案工作的学校党委副书记吴建农研究员对书稿编撰工作的关心、支持和帮助，在此谨表谢意！学校党委常委、宣传部部长郑卫东研究员、食品学院院长谢晶教授、研究生院院长王锡昌教授、档案馆馆长宁波副研究员、食品学院陈舜胜教授等对本书进行审阅和指导，在此深表谢意！

在本书编撰中，得到档案馆领导、全体同仁们的关心和支持，上海三联书店出版社方舟编辑等为本书高质量的付梓出版付出了辛勤劳动，编者的家人默默无闻的关心和支持，在此一并致谢。

因馆藏资源、编撰时间和编者水平有限，书中疏漏和不当之处，恳请读者批评指正。

汪　洁

2024 年 3 月 26 日

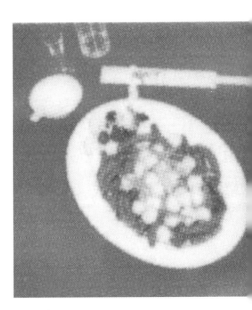
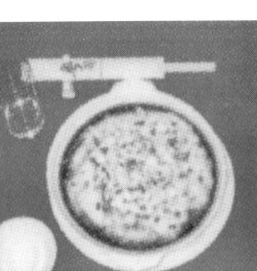
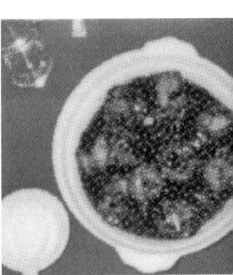

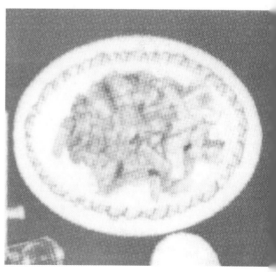

图书在版编目（CIP）数据

上海海洋大学档案里的水产品加工及贮藏工程学 / 汪洁主编 .
-- 上海：上海三联书店，2024.1
ISBN 978-7-5426-8350-2

Ⅰ.① 上… Ⅱ.① 汪… Ⅲ.① 水产品加工②水产品 - 贮藏
Ⅳ.① S98

中国国家版本馆 CIP 数据核字（2024）第 009277 号

上海海洋大学档案里的水产品加工及贮藏工程学

主　　编 / 汪　洁

责任编辑 / 方　刖
装帧设计 / 一本好书
监　　制 / 姚　军
责任校对 / 王凌霄
校　　对 / 莲　子

出版发行 / 上海三联书店
　　　　　（200041）中国上海市静安区威海路 755 号 30 楼
邮　　箱 / sdxsanlian@sina.com
联系电话 / 编辑部 :021-22895517
　　　　　 发行部 :021-22895559
印　　刷 / 上海惠敦印务科技有限公司

版　　次 / 2024 年 1 月第 1 版
印　　次 / 2024 年 1 月第 1 次印刷
开　　本 / 655mm×960mm 1/16
字　　数 / 350 千字
印　　张 / 28.5
书　　号 / ISBN 978-7-5426-8350-2/ K · 756
定　　价 / 168 .00 元

敬启读者，如发现有书有印装质量问题，请与印刷厂联系 021-63779028